鹿鸣心理

西方心理学大师译丛

梦的意义

构建精神分析临床研究与非临床研究的桥梁

THE SIGNIFICANCE OF DREAMS
Bridging Clinical and Extraclinical Research in Psychoanalysis

〔英〕彼得·冯纳吉 〔德〕霍斯特·卡切尔勒
〔德〕玛丽安·鲁辛格-博莱伯 〔英〕大卫·泰勒 编

耿 峰 郑 诚 王建玉 李 璐 蔡琴凤 杨静月 刘 钰 译
李晓驷 郑 诚 审校

PETER FONAGY HORST KÄCHELE
MARIANNE LEUZINGER-BOHLEBER
DAVID TAYLOR

重庆大学出版社

译者序

美梦成真

三年前突然接到重庆大学出版社有限公司的邀请，请我负责一本书的翻译。虽然此前我和这家出版社没有任何联系，但看到这本书的书名《梦的意义：构建精神分析临床研究与非临床研究的桥梁》之后，我还是欣然接受了任务，因为这本书的书名、内容深深地打动了我。

梦的意义——试想，谁不做梦？谁不想知道那千奇百怪、令人五味杂陈的梦究竟是何意义？更何况我本人就是以擅长解梦自居，怎能不想知道继弗洛伊德《梦的解析》问世一百多年后，在现今社会、文化和科学背景下人们是如何看待梦的呢？构建精神分析临床研究与非临床研究的桥梁——作为一个同时还承担教学和科研任务的精神科的临床医师和精神分析治疗师不正是急于获得有关精神分析当然也包括梦的理论的实证研究结果吗？不正梦想能有代表现代科技最高水平的技术来说明精神分析的理论包括精神分析关于梦的理论是正确的和科学的吗？不正渴望着精神分析治疗包括梦的临床应用能为其他学科的医学同道所接受并由此推动精神分析事业的发展吗？

但是翻译工作真正实施起来，远没有我想象的那么顺利。第一个现象就是翻译团队中没有一个人按期交稿，甚至还有刻意回避我的迹象。

这和当初组团时的那种热火朝天的积极状态形成了鲜明的对比。究其原因，与我所在的医院安徽省精神卫生中心（合肥市第四人民医院）当时正处于创建三级甲等专科医院、迎接专家评审的关键时期有关，那时所有的医务人员都在持续地、全力以赴做好这件关系到医院发展大局的工作，哪里还有时间顾及翻译？但这不是问题的全部，最主要的原因在于这本书的翻译确实有很大的难度。

这本书是题为"精神分析的发展"的系列丛书的一卷，丛书的主题就是精神分析的进展。作为本丛书中的一卷，本书聚焦的就是关于做梦以及梦的理论和梦的临床意义的最新研究成果。相对于其他学科而言，精神分析的理论本来就较为晦涩难懂，对精神分析的治疗过程包括释梦的过程以及对潜意识逻辑的理解，人们更是所知甚少。现在要把这最难懂的内容与最尖端的神经科学的知识和现代化的研究方法和技术结合起来，翻译的难度可想而知。一天完不成一页纯属正常，为一段落的翻译要查阅相关资料、反复考量，也是家常便饭。

但翻译进度缓慢的背后，则是这本书涉及了大量先前不为我们所知的新知识、新方法和新观点。如：

除了经典的"潜意识愿望满足"的功能，Strunz提出梦还有如下功能：1.梦是睡眠生理现象的副产品；2.适应功能；3.创造功能；4.防御功能；5.负面作用，如在梦魇中重复体验创伤；以及6.所谓"需求功能"，如心理治疗时的梦。

除了经典的通过自由联想的方法释梦，现在还有诸如表述法（Enunciation method）、"莫泽法"（Moser method）和临床精神分析法等多种释梦的方法。临床工作中，不仅要注意梦本身的意义，还要注意

"梦的交流意义"；如何区别创伤性的梦与反映冲突的梦；如何根据显梦的变化来判断精神分析治疗的疗效，等等。

我们在阅读本书时自然也会学到很多与驱力、冲突、创伤、依恋、象征相关的理论及从所附的诸多案例中领略到精神分析大师们是如何从事临床精神分析工作，包括是如何与缺少梦的儿童进行精神分析工作的。

本书也介绍了许多最新实证研究的结果以及如何将最新的神经科学的发现进行应用的精神分析理论研究和临床实践。

睡眠时的 REM 期还可以分为两个亚期：僵直期和位相发作期。位相性的 REM 活动对内源性刺激的贡献最大，并对减少反思意识的作用最强。即位相发作期反思功能几乎完全暂停，因而此时的梦最具真实感。

动物实验已经表明存在颅内自我刺激系统。Ellman 等的研究则已经进一步证实内源性刺激和 REM 睡眠两者属于同一神经系统，且二者之间呈互反关系。Ellman 提出人类有高内源性刺激和低内源性刺激不同生物学基础。因此同一种母亲的照料行为对具有不同的内源性刺激水平的婴儿来说，效果就不同。Ellman 在实验室研究的基础上，从发展的角度看待潜意识的精神生活，对梦的功能提出了新的认识。他认为婴儿既是寻求快乐的也是寻求客体的，在理想的发展条件下，两者是协调的，而非对立的。梦与早期发展过程密切相关，也是人们调节自我和解决问题的形式之一。

Ellman 的研究是把实验室的基础研究与临床研究结合起来，把生物医学与精神医学结合起来，把神经科学理论与精神分析的理论结合起来，把弗洛伊德关于婴儿是寻求快乐的驱力理论与 Fairbairn 提出的婴儿是寻求客体的客体关系理论结合起来，并由此得出令人信服的新的整合性的驱力理论。这无疑是对精神分析发展的非常重要的贡献。正因为如此，本书的主要编辑者也是"精神分析的发展"系列丛书的重要编辑者 Peter Fonagy 在他的评论中写道：最后，我想强调一下，在我看来，Ellman 的工作方案在精神分析理论构建中具备"灯塔奖"的资格。

该书最后也提到了梦与经典文学创作问题。我相信相关章节有助于提高大家对艺术的鉴赏能力，并对人性有升华性的理解，其中一部分人也会有将书中提到的原著找来亲自看一遍的冲动，比方说将 Stanley Kubrick 根据《绮梦春色》改编的著名影片《大开眼戒》（少儿不宜）看一遍。

本书中提到的一些研究进展也让本人深受鼓舞。我坚信：有些梦，可以根据显梦的内容直接对梦进行分析，而无须梦者对梦的自由联想。换言之，梦是一门特殊外语。如果谁能掌握这门外语的基本语法规律和一定量的词汇量，就可以大致理解一篇由这种特殊语言书写的文章的大意，而本书就有如何通过显梦对梦进行分析的研究。

本书可圈可点之处不胜枚举。我强烈建议读者首先阅读本书中由彼得·冯纳吉亲自为本书撰写的"导言"，其中不仅有对该书内容提纲挈领的简介，更有站在历史和哲学的高度对精神分析所做的振聋发聩的评论。相信大家阅后都会对精神分析充满信心并希望它得到进一步的发展。

鉴于上述种种原因，本书不仅能让精神分析学家和心理治疗师从中获益，也会让精神科医师、神经科医师、科研工作者、教育工作者、社会科学家及对个体和文化的创造力感兴趣的人们获益。当然，其中也包括对自己的梦感兴趣的普通大众。

最后，我要感谢重庆大学出版社对我的信任和邀请，正是有了这次的机会首先使我自己获得了充电的机会，让我更有信心在研究梦的道路上继续前行。

我要感谢翻译团队中的每一个人，他（她）们作为临床医师／心理治疗师，本身有着极为繁重的临床、教学、科研、防治、宣教等诸多工作，他（她）们也都有着自己的家庭和要做的其他工作，但他（她）们都义无反顾地抽出了宝贵的时间，尽己所能，为翻译工作做出了各自的贡献。

我也要谢谢我的家人，给予我极大的支持，使我能经常心无旁骛地有大量时间坐在电脑面前。

当然，我更要感谢原著作者们的伟大贡献，因为没有他们的艰辛努力和智慧的付出，就不可能有我们今天的"美梦成真"。

李晓驷　2020年8月25日于合肥

编者简介

Peter-André Alt

　　曾就读于柏林自由大学学习德国语言和文学、政治学、历史和哲学，于 1984 年获得博士学位，并于 1993 年完成了教授论文。自 1995 年起，他一直担任德国语言和文学的全职教授，先后就职于波鸿鲁尔大学（1995—2002）和维尔茨堡大学（2002—2005），2005 年后进入柏林自由大学。Alt 出版了 16 本关于 17 世纪到 20 世纪德国文学的著作，包括现代早期的文学寓言和赫尔墨斯神智学（hermeticism）、梦的文学与文化史、启蒙运动、邪恶美学（aesthetics of evil）、精神分析和文学、弗里德里希·席勒（Friedrich Schiller）和弗朗茨·卡夫卡（Franz Kafka）相关著作。他的出版记录还包括在国际期刊上发表的 90 篇文章和在德国报刊（其中包括《法兰克福汇报》和《南德意志报》）上发表的大量文章。2007—2009 年，他担任自由大学哲学与人文系的系主任；2007—2010 年，他担任自由大学学术委员会委员。2007—2010 年，他是弗里德里希·施莱格尔文学研究院的发言人，2008 年之后，他一直担任达勒姆文学研究学院的院长。2010 年 5 月 12 日，Alt 当选为柏林自由大学第七任校长。

Tobias Baehr

德国霍夫海姆专科医院从事精神疾病和心身疾病治疗的临床心理学家。他曾在法兰克福西格蒙德·弗洛伊德研究院担任科研员。他为有关跨学科研究的出版物提供了帮助，包括问卷调查验证、睡眠和梦的研究以及神经科学中的成像技术研究。

Emil Branik

医学博士，从事儿童、青少年和成人的精神病学和心理治疗顾问工作；精神分析师（DGPT）；德国汉堡艾斯克莱皮奥斯医院儿童青少年精神病学和心理治疗科主任。他在儿童、青少年和成人的临床精神病学和心理治疗领域以及身心医学领域（尤其是住院心理治疗方面和移民及大屠杀后的心理问题方面）发表了大量的作品。

Steven Ellman

曾是纽约城市大学研究院的教授，任临床心理学博士项目负责人。在纽约城市大学执教三十年后退休，现担任名誉教授。他发表了七十多篇论文，内容涉及精神分析、睡眠和梦及动机的神经生理学。著有《弗洛伊德的技术论文：当代观点》（Karnac, 2002）、《当理论发生碰撞时：精神分析思想的历史性和理论性整合》（Karnac, 2010）。他曾两次担任精神分析培训与研究学院（IPTAR）主席、项目主管，并任IPTAR的培训师和监督师。他还在纽约大学精神分析和心理治疗博士后项目点担任临床教授，同时是独立精神分析协会联盟（CIPS）的首任主席。CIPS是美国的独立于国际精神分析协会（IPA）的全国性专业组织。他是IPA的会员，之前曾任IPA执行委员会委员。

Tamara Fischmann

独立聘任的医学博士导师，精神分析师（DPV/IPA），任法兰克福西格蒙德·弗洛伊德研究院工作人员和科研员，是精神分析实证研究的首席方法学家，专门从事梦的研究。她出版的作品主要与生物伦理的跨学科研究、梦的研究、依恋与注意缺陷多动障碍（ADHD），以及神经科学中的成像技术研究相关。

Peter Fonagy

博士，英国不列颠学会会员（FBA），精神分析学弗洛伊德纪念教授，伦敦大学学院（UCL）临床、教育和健康心理学研究部门的负责人。他是伦敦安娜·弗洛伊德中心的首席执行官，是 UCL 合作伙伴心理健康项目的主管，并且是国家改善儿童和青少年获得心理治疗机会计划的临床负责人。他是得克萨斯州休斯敦贝勒医学院的门宁格精神病学和行为科学部门儿童和家庭项目的顾问。他在耶鲁大学儿童研究中心和哈佛大学麦克莱恩医院担任客座教授。他是 25 种期刊的编委会委员，现任国际精神分析协会研究委员会的主席。他是一位临床心理学家，也是英国精神分析学会儿童和成人分析方面的培训师和督导师。

Birgit Gaertner

博士，心理学家和精神分析师（DPV / IPA），德国法兰克福应用科学大学的精神分析心理学教授。她的研究领域包括早期预防、孕期精神动力学和早期母婴互动，以及具有ADHD症状的儿童的临床分类。

Lorena Katharina Hartmann

心理学硕士，德国法兰克福西格蒙德·弗洛伊德研究院工作人员，博士研究生（研究方向是依恋和心智化）。

Stephan Hau

斯德哥尔摩大学心理学系的临床心理学教授，私人执业的精神分析师，1990—2004年任德国法兰克福西格蒙德·弗洛伊德研究院的研究员。他的研究专业领域包括梦的实验研究、心理治疗研究、社会心理学和大规模群体行为等方面。

Juan Pablo Jiménez

智利大学（圣地亚哥）精神病学教授，兼任东部精神病学和心理健康系主任及伦敦大学学院的客座教授。他是智利精神分析协会的培训师和督导师，也曾担任数个要职，包括智利精神分析协会主席（1994—1998），国际精神分析协会（IPA）的众议院议员和理事会代表（1994—1996），拉丁美洲精神分析联合会的主席，FEPAL（2007—2008），以及 IPA 国际研究委员会和概念整合委员会的委员。他的研究领域集中在临床认识论方面，也致力于临床精神分析与实证研究之间的整合。

Vladimir Jović

医学博士，贝尔格莱德私人诊所的精神病学家和精神分析师，科索夫斯卡米特罗维察市普里什蒂纳大学心理学学院哲学系的助理教授，并在位于塞尔维亚贝尔格莱德的国际援助网络酷刑受害者康复中心担任顾问。

Horst Kächele

曾任德国乌尔姆大学心身医学和心理治疗门诊主任（1990—2000年），也曾担任斯图加特心理治疗研究中心的主任（1988—2004年），目前在柏林国际精神分析大学任教。他是国际精神分析协会的培训师，以及心理治疗研究协会的会员。

Katrin Luise Laezer

博士，目前就读于德国卡塞尔大学，正在撰写其精神分析心理学的博士后论文。她在法兰克福西格蒙德·弗洛伊德研究院担任讲师和研究助理，研究方向集中于儿童的早期发育和受虐待情况、预防、依恋、注意缺陷多动障碍和对立违抗性障碍（ODD）等方面。她目前在法兰克福精神分析学院接受精神分析培训。

Marianne Leuzinger-Bohleber

德国卡塞尔大学精神分析心理学教授，法兰克福西格蒙德·弗洛伊德研究院院长。她是德国精神分析协会的培训师，也是瑞士精神分析学会的会员。她担任国际精神分析协会（IPA）研究委员会的副主委、德国精神分析协会（DPV）研究委员会主委以及伦敦大学学院的客座教授，也是神经心理分析学会"行动小组"的成员。她的研究方向包括精神分析的临床和临床外研究、发展性精神分析、早期预防、精神分析与神经科学之间的对话，以及当代德国文学。

Hanspeter Mathys

哲学博士，曾就读于苏黎世大学学习临床心理学、病理学和神学。他是瑞士几家精神病医院的临床心理学家，也是苏黎世大学临床心理学、心理治疗和精神分析专业的高级研究员，主要研究梦的交流。他还在苏黎世从事私人执业的精神分析实践工作。

Nicole Pfenning-Meerkoetter

临床心理学家，法兰克福西格蒙德·弗洛伊德研究院研究员。她正在撰写博士学位论文，内容与当代精神分析研究中知识产生的条件相关。自 2005 年以来，她一直接受精神分析培训（德国精神分析协会）。她的研究方向聚焦于依恋、疗效研究和抑郁症等方面。

Bent Rosenbaum

　　精神病学专家、医学博士，哥本哈根大学健康科学学院临床研究副教授，哥本哈根大学心理学研究所教授。他是丹麦私人执业的精神分析师，也是丹麦精神分析学会的培训师；曾担任丹麦精神分析学会（2004—2011 年）主委，目前是项目委员会和研究委员会的主委。他是 IPA 新小组委员会的欧洲主席，曾于 1998 年至 2000 年担任丹麦精神病学会主委。他专门研究针对精神病患者的精神分析心理治疗和人格障碍患者的精神分析、普通心理学和发展心理学、创伤、自杀学、团体分析以及符号学。

Michael Russ

　　医学博士，临床神经心理学家，专门研究认知神经学、神经心理学和 fMRI（功能性磁共振成像）。他在德国法兰克福西格蒙德·弗洛伊德研究院担任科研员，研究方向是乙酰左旋肉碱（LAC）抑郁症研究的 fMRI 调查。

Margaret Rustin

　　塔维斯托克暨波特曼国家健康服务基金会的儿童和青少年心理咨询师，曾担任儿童心理治疗方面的负责人（1985—2007 年）。她是伦敦精神分析研究院的名誉会员。她在儿童心理治疗理论和实践及精神分析教学方面有着诸多讲座和作品。她曾参编《近距离婴儿观察》(*Closely Observed Infants,* Duckworth, 1989)、《儿童精神病状态》(*Psychotic States in Children,* Karnac, 1997)、《儿童心理治疗评估》(*Assessment in Child*

Psychotherapy, Karnac, 1999），以及《工作讨论：从儿童和家庭治疗的反思性实践中学习》（*Work Discussion: Learning from Reflective Practice in Work with Children and Families,* Karnac, 2008）等著作，也与 Michael Rustin 一同合著了《爱与丧失的故事》（*Narratives of Love and Loss,* Verso, 1987）和《镜映自然：戏剧性的精神分析和社会》（*Mirror to Nature: Drama Psychoanalysis and Society,* Karnac, 2003）。她在伦敦从事私人执业。

Brigitte Schiller

儿童和青少年心理治疗师，培训委员会委员，德国法兰克福分析性儿童和青少年心理治疗研究院的门诊部主任。

Aglaja Stirn

独立聘任的医学博士导师，德国汉堡西部的心身医学与心理治疗诊所主任。她就职于法兰克福大学医院精神病学、身心医学和心理治疗门诊，擅长领域包括心理治疗医学、心理治疗、团体分析和性学治疗。她出版的作品主要与进食障碍、躯体矫正、佛教艺术和印度东北部，以及神经科学中的成像技术研究有关。

David Taylor

英国精神分析学会的培训师和督导师，国际精神分析协会临床研究分会主委。目前他正在担任塔维斯托克（Tavistock）长程研究的临床主任，该研究旨在评估精神分析心理疗法在治疗慢性和难治性抑郁症（TADS）方面的疗效。此前，他是塔维斯托克暨波特曼国家健康服务基金会的一名心理治疗顾问，并在 2000—2005 年担任医疗总监。他的作品包括他与英国广播公司（BBC）播出有关塔维斯托克的电视剧同步出版的《谈话疗法》及一些文章，内容包括抑郁、梦、人格的精神病方面及精神冲突之本质等。他常年获邀到澳大利亚、巴西、印度、美国和中国举办讲座，并定期在海德堡、维也纳及其他欧洲核心城市进行督导和教学。

Sverre Varvin

医学博士、哲学博士，奥斯陆大学附属的挪威暴力和创伤应激研究中心的培训师和督导师，也是挪威精神分析学会的高级研究员。他的主要研究领域是创伤和受创伤患者的治疗、治疗过程、创伤性的梦及精神分析培训。他曾在 IPA 担任各种要职，包括副主席和董事会代表。目前，他是布拉格国际公共事务委员会（IPAC）方案委员会的候任主委和中国委员会的委员。

Rudi Vermote

执业精神分析师，IPA 正式会员。他是比利时鲁汶天主教大学精神病学系、心理学系和性与家庭科学系的精神病学教授。他在鲁汶天主教大学科隆北格校区校精神病学中心担任精神分析心理治疗研究生培训部门的主任，以及住院心理治疗、住院患者和日间患者治疗部门的主任。他的实证研究涉及人格障碍治疗的进展结果。他曾就 Bion 关于精神变化方面的概念做过讲座和出过著作。他现任比利时精神分析学会的主席，是《比利时—荷兰精神病学杂志》（*Tijdschrift voor Psychiatrie*）和《国际精神分析杂志》（*International Journal of Psychoanalysis*）的编委会委员。十年来，他在欧洲精神分析联合会（European Psychoanalytical Federation, EPF）发起的精神分析工作小组内一直表现非常活跃。

Lissa Weinstein

　　纽约城市大学临床心理学博士点的副教授，毕业于纽约精神分析研究院。她的研究方向包括神经生物学和精神分析之间、睡眠和梦之间及电影和文学研究之间的交互作用。她所获奖项众多，包括与 Arnold Wilson 一起获得了"小海因兹·哈特曼奖"，因为他们关于精神分析理论与实践的杰出出版物和有关列夫·维果茨基（Lev Vygotsky）的论文，以及因撰写《读懂大卫：一个母亲和读写障碍儿子的艰难旅途》（*Reading David: A Mother and Son's Journey through the Labyrinth of Dyslexia*）而获得了国际读写障碍协会（International Dyslexia Association）所颁发的"玛格丽特·马雷特奖"。目前她的研究集中于复现（repetition）在精神分析过程中以及在克服创伤状态方面的作用。她关于电影的论文曾出现在《投射》（*Projections*）、《投射阴影》（*Projected Shadows*）和《精神分析探究》（*Psychoanalytic Inquiry*）当中。最近，她在《小说》（*Fiction*）中发表了一篇名为"视觉和声音以外的维度"（"A Dimension of More than Sight and Sound"）的文章。

（郑诚翻译　李晓驷审校）

系列编者前言

　　精神分析自诞生后历经百年沧桑，已成长为严谨、独立的思想传统，其善于挑战既定事实的特点在多数文化领域中得以显著保留。最关键的是，精神分析思想衍生出一种治疗精神障碍和性格问题的方法，即精神动力学心理疗法，它在大多数国家（至少在西方世界）已成为日益兴盛的传统。随着循证医学的不断发展，建立在随机对照试验和脑功能研究基础上的精神动力学心理疗法业已能够求得科学领域的正统地位，却仍然保留其在人类主观性方面的独特视角，此举令它在人文学科和所有系统式研究人类文化的领域一直保有一席之位。

　　现在生物学派的精神科医生们总是受到精神分析师的挑战，一如当年在世纪之交的维也纳，弗洛伊德时代的神经疾病专家们也饱受诟病。如今的文化评论员们无论对精神分析的思想支持与否，都不得不重视潜意识动机、防御、早年经历造成的影响，以及精神分析师为 20 世纪的文化所提供的不计其数的探索与发现。21 世纪的思想蕴含了上世纪精神分析所挖掘出的诸多理念。有些评判家意欲寻找精神分析体系中的漏洞甚或摧毁其根基，但往往不过是以彼之矛攻彼之盾。近期一些认知行为治疗师对精神动力学疗法的攻击正是如此。但口诛笔伐之后，这些评判家还是不得不赞许精神分析对认知治疗的理论和技术所做出的贡献。他们着眼于自家学派在经典思想基础上的进展，却对精神动力学疗法的进步避而不谈。此类批判之所以武断，是因为它们仍然只盯着精神分析半个世纪前甚至七八十年前的思想裹足不前。

　　不论是精神分析的认识论和概念，还是其临床主张都容易引发热议。我们可以理解为精神分析或许就是具备这种惹人争议的特性。原因何在？因为精神分析在质疑人类动机方面具备无与伦比的深度，而且无论其解释对错与否，精神分析的认识论都要求它直面人类经历中的终极难题。还有谁能同时考虑性虐待当中施暴者与受害者双方的动机？还有哪种学科会将新生儿甚至腹中胎儿的主观性视作严肃的课题？这门发现了梦之意义的学科仍在不懈地追寻与探索最光辉与最野蛮的人性。它还竭力去理解两个个体之间发生的最微妙的主观互动，相互拼搏于冲破各自为对方在他们通向世界共同发展的道路上所选择和创造的重重障碍。我们对生存的生理基础——基因、神经系统、激素功能——有了新的理解之后，不是要取代精神分析，反倒迫切地需要出现一门同时涉及记忆、欲望和意义的补充性学科。人们开始认识到，它可以（甚至在生物学层面）对人类的适应性产生影响。在社会性的环境中若要理解个体生物宿命（biological destiny）的表现，我们除了研究主观体验之外又能如何呢？

　　所以难怪精神分析总能吸引我们的文化当中最活跃的那部分知识分子。这些人绝不只有从事精神分析工作的临床医生或心理治疗师。他们是来自众多学科领域的佼佼者，有精神疾病的生物派研究者，也有文学、艺术、哲学和历史等学科的学者。人们总是渴望解释各种体验的意义。精神分析因致力于对主观性的理解，在满足这种求知宿命（intellectual destiny）方面一直处于领先地位。许多国家的大学里研究精神分析的热情都在不断高涨，这并不让人意外，正因为现代科学（包括现代社会科学）总是出现理解上的局限，才推动了这一趋势。本系列丛书的目标旨在满足这种求知欲，正是这些求知欲曾促进教育项目获得圆满成功。精神分析师的大胆解释正好对上了人类探索行为背后意义的基本需求，简直是及时雨、雪中炭。有些人可能认为精神分析式解释带有推测的性质，但我们不应忘记，在诸多对行为、感觉和认知的描述中，咨询室里产生的精神分析式探索已经被证明是意义深远的、易于理解的。现在不会有人怀疑童年期性欲的现实性，无论如何不再有人相信意识层面的心理就能代表主观性的边界。潜意识冲突、防御、将早年关系的特质编入后期人际功能的心理结构，以及依恋与照顾他人的动机，都是早期精神分析的代表性发现，而今已成为21世纪的文化中不可分割的一部分。

　　本系列丛书的主题聚焦于精神分析的进展——所以此系列的标题也正是"精神分析的发展"。在我们看来，精神分析不仅有着辉煌而丰富的历史，也将拥有一个激动人心的未来，它会因为我们对心理的理解受到科学、哲学和文学探索的启发而发生翻天覆地的变化。我们承诺将不分具体对象、不针对特定的专业派别，而是从学术角度发起知识层面的挑战，去系统地探索意义和解释。不过，如果本系列丛书可以与心理治疗群体和那些胸怀慈悲、乐于助人者作些特别的交流，我们也倍感欣慰。

　　希望本系列丛书能传递出那种由古往今来精神分析思想的探索过程中所生发而出的学术激情，我们每年都乐于在学生身上看到这种昂扬的兴致。盼望与本系列作者和编者的合作将有助于让全世界的学生、学者和从业者们能够理解这些想法。

Peter Fonagy, Mary Target, Liz Allison
伦敦大学学院

（郑诚翻译　李晓驷审校）

序　言

　　我很荣幸受邀为这本内容丰富精彩的书作序。本卷的要点基于第12届约瑟夫·桑德勒研讨会上的论文演讲和讨论，其主题是"梦的意义：构建精神分析临床研究与非临床研究的桥梁"。

　　约瑟夫·桑德勒研讨会此前多年都在伦敦召开，但自2008年之后有幸得到西格蒙德·弗洛伊德研究院的赞助与Marianne Leuzinger-Bohleber教授的鼎力支持，后多次在法兰克福顺利举办。1984年，当Joseph Sandler获得伦敦大学学院弗洛伊德纪念教授的头衔时，他觉得精神分析师们普遍具有闭门造车的倾向，便很想化解这一趋势。据他观察，精神分析师会将大多数工作时间耗费在临床上，他们在积累大量的临床知识后，又会很自然地去寻找志同道合的同事们分享并讨论这些临床概念化的观点。这确实源源不断地繁衍出丰硕的精神分析思想，但却忽视了那些在机构中从事研究工作的精神分析同道，以及对精神分析理论的某些方面也做过调查、提过质疑的实验心理学家和神经生物学家们所做的工作。为了使这一趋势得到矫正，Joseph Sandler定期召开涉及各种精神分析中心议题的国际会议，邀请精神分析的从业者、临床医生和学术研究者们，共同分享与探讨他们的新思想。他想让精神分析师讨论学术论文，让学者讨论精神分析有关概念和临床的讲座。这种新颖的方法实施起来并不容易，但极受欢迎，为精神分析的广泛传播敞开了大门。在他英年早逝一年之后，Peter Fonagy 在国际精神分析协会的支持下，创立了"约瑟夫·桑德勒研讨会"，并定于每年三月的第一个周末举行。

在过去的十年里，其中一些特别出彩的会议为作品集的出版奠定了基础。这本关于梦的意义的书来得特别及时，它讨论并阐述了梦在概念化、用途和解释等方面那些重要且新颖的理解和变化。在此我想对 Peter Fonagy、David Taylor、Marianne Leuzinger-Bohleber 和 Horst Kächele 就同意担当本卷编辑一事表示感谢，同时也向西格蒙德·弗洛伊德研究院和国际精神分析协会致以由衷的谢意，他们以其特有的方式对本书的出版做出了卓越的贡献。

Anne-Marie Sandler

目　录

导　言

Marianne Leuzinger-Bohleber、Peter Fonagy

早在西格蒙德·弗洛伊德撰写《梦的解析》之前，人们就已经开始留意并试图理解自己的梦，把梦视作神灵的预兆，或者是内心激烈冲突的一种表达。《圣经》里被囚于牢中的梦者和术士 Joseph，获邀去解释法老"七只瘦母牛和七只肥母牛"之梦。听完此梦后，Joseph 说，"神已将所要作之事指示法老了"（《创世纪》，41:25）。《哈姆雷特》中年轻的王子指出梦可以敲醒自以为是的人："如果不做那些噩梦，我恐怕还缩在壳里，以为自己是万物之王"（《哈姆雷特》，2.2.234）。

梦也是绘画作品中反复出现的主题，本书英文原著封面即瑞士画家 Johann Heinrich Füssli 所作《梦魇》的复制品。《梦魇》是他最著名的画作，有数个版本，都创作于1781年前后。

如今的精神分析治疗是否仍然认为释梦是通往潜意识的一条"捷径（via regia）"？

精神分析中梦的临床研究之若干评论

几个世纪以来艺术家们似乎已经见识到了梦的作用，而且做梦和能记住梦是人类创造力和解决问题能力的一部分，因此也关系到心理的健康。那些记不住自己梦的人便失去了很多与潜意识交流的机会，也就很难与自己的思想对话，以及为当下和过往的问题寻求到象征性和创造性的解决办法。基于此，Bohleber（2011）提到了"创造性潜意识"的概念。

如果个体在精神上、躯体上的自主性受到极度限制，会导致失去做梦的能力。反过来，这些人所处的体系或社会也将失去他们的创新和创造性解决问题的能力。其后果非常严重，特别是对教育领域，但更容易影响到心理和生理健康领域。所以本书不仅能让精神分析学家和心理治疗师感兴趣，也会吸引教育工作者、教育者和社会科学家，以及对个体和文化的创造力感兴趣的人们。

这些观点多数是从精神分析的临床研究发展而来。一位非常成功的管理者在 20 世纪 90 年代德国精神分析协会主导的一项大型随访研究中接受采访时这样说道：

> 长程精神分析带来的最重要的结果是让我能持续地与自己的潜意识对话，这为我指明了内心的方向，让我有种"脚踏实地"的感觉，且能做我自己。打个比方，如果我有很长一段时间都记不住自己的梦境，就会意识到我得退后一步反思反思，以免迷失自我。如果我否认自己的精神和心理也需要一些内在空间，好让它们能在我的梦境和幻想中得以表达，那会给我带来严重的后果。如果忽略这些，我会渐渐失去创造力和那种尽管在日常工作中需要面对很多挑战，但我还在过着自己的生活的基本感受。若是不注意这些，我终将得病——那就说明某些事情有些过了……（患者 ZA，参见 Leuzinger-Bohleber, Rüger, Stuhr & Beutel, 2002, p. 92）

这只是无数案例中的一个。导言毕竟篇幅有限，我们无法概述数量庞大的关于梦的精神分析文献。在精神分析电子出版物的档案库中，有超过 19 000 篇文章提到了梦，有趣的是，这类文章被引用的模式在精神分析的发展史当中基本维持不变。

为方便读者了解当前关于梦的临床论述，我们选取了 4 篇论文，它们是在于 2011 年 8 月 5 日在墨西哥城举办的国际精神分析协会第 47 届大会上做的有关梦的主题报告。4 篇论文的作者分别是 Elias Mallet da Rocha Barros（圣保罗），Luis J. Martín Cabré（马德里）， Harold P. Blum（纽约）和 Fred Pine（纽约）。（上述论文均已于会议之前发表在《国际精神分析杂志》2011 年第 92 卷上。）这些文章阐释了现代临床上关于梦的理论的几条脉络：（1）梦是思想的前象征性过渡阶段（pre-symbolic transitional stage），在患者处理情感材料（特别是令人崩溃性的或创伤性的材料）时发挥着关键作用；（2）梦是全面了解患者潜意识态度和前意识想法的关键，尤其在与临床情境有关的时候；（3）有相当长的一段时间，在躺椅上谈梦都是在患者与分析师之间建立的复杂交流模式的一部分，它承载着有关移情和反移情沟通各个方面的内容。数十年来，这些观点一直活跃在临床分析论述之中，而最新的例证表明它们仍然热度不减。在回顾了这些核心问题之后，我们接着介绍现代精神分析关于梦的其他要点。

凡是临床上可以发声的人（可能也是现代精神分析的代言人），似乎在这一点上都赞同弗洛伊德的看法，即释梦仍然是一条重要的、认识潜意识的"捷径"。与此同时，他们都强调精神分析师在治疗中对梦的解析不仅可以探究潜意识的愿望（这是弗洛伊德观点的关键之处），还有助于洞察原初客体关系的特征、创伤以及心理活动的其他特点。

梦为临床开辟了一条通道，让我们可以借此走进初级心理过程，即尚未心智化的心理过程，此时心理现象仍然被体验为是躯体上或感知觉的现象。因此，对于大多数当代精神分析师而言，梦提供了一个难得的通往潜意识和前意识幻想及想法的机会。Da Rocha Barros 将梦比作一个"私人剧场"，"意义在此处得以产生和转化"：

> 患者的梦就好比一位剧作家揭开了这位患者的心理现实中非常私人化的一幕戏剧，并展现了它形成的方式以及自早年起被转变的过程……由梦表演出的（这种）心理编纂功能是潜意识的一种思考形式，即将情感转变为记忆和心理结构。它还包含了一个能使意义得到理解、建构和转换的过程。（Da Rocha Barros, 2011, p. 270）

换句话说，正如上文所列，梦的首要临床功能是处理情感生活，并与心智化、开创内部世界、创造主观性等能力有关。（Fonagy, 2007）

Martín Cabré（2011）认为，梦除了主观性的建构，在临床工作中还有双重价值。首先，对于分析性空间里占主导地位的情感而言，梦是无可比拟的信息来源。所以它们能在建构性工作中起到不可或缺的作用。其次，梦可以激活和象征那些因创伤性体验而受到阻滞的情感，这些创伤性体验曾被储存在内隐记忆之中，可追溯至关系生活的最初阶段，以及前象征性、前语言性心理功能的时期。因此，梦为精神分析的重建工作开辟了道路。

Martín Cabré 表示，从临床观点来看，分辨出创伤性和非创伤性梦境非常重要。Ferenczi（1931）指出，创伤性的梦恐怕很难被理解为是潜意识愿望的满足，但它们确实有可能让创伤性体验的威力有所减轻。Ferenczi 将其称为"创伤化解"（traumatolysis）——即 Martín Cabré 所说的一个"创伤性体验可以借此消退和解除"的过程（2011, p. 273）。

Blum（2011）阐述了梦的临床沟通功能，指出梦一般都具备沟通的功能，但在临床情境下尤为突出。它们可被视作被分析者向分析师送出的礼物或传递出的奇妙讯息。梦可能有助于我们对从未显露端倪的早年客体关系进行深入的了解。在谈论梦并努力去理解其含义的过程中，分析师和被分析者的感觉（多数是视觉）和情感方面的内容得以改变。因此显梦不应仅仅被视作梦的隐意的封皮。隐梦的内容同样包含着与早年客体关系、冲突、焦虑等有关的重要的潜意识内涵。所以，精神分析式访谈往往是在由表及里地探索梦的意义。

Pine（2011）否认梦在临床工作中具有特殊作用。在一次国际记者项目（IJP）中的一场辩论中（Pine, 1998）他提出：其他信息，比如对移情—反移情的观察，对被分析者在分析情境中和分析情景外的"相遇时刻"（Stern & the Process Study Group, 1998）的报告，以及失误等，在帮助洞察患者的潜意识幻想和过程方面的作用与梦不相上下。

近期，另一些有关梦的临床讨论开始聚焦于噩梦和创伤后的梦。令人惊讶的是，这些内容直到今天才成为精神分析文献的主题。甚至就在过去数十年间，创伤已经成为国际精神分析的中心议题的背景之下，这种忽视仍然屡见不鲜。由于创伤后的噩梦显然不能属于愿望的满足，所以弗洛伊德将其单独归为一类（1933a）。即便是如今，许多精神分析师仍然认为创伤后的梦不存在隐义。Lansky（1995, p. 8）这样形容该观点：

　　弗洛伊德关于创伤性噩梦本质的假设相当于是创伤性噩梦的一个隐性模型。这些假设在很大程度上获得了精神分析和非精神分析思想家的认可，它们是：（1）噩梦扮演了创伤的具体创伤性质；（2）噩梦不存在重要的隐义，也就是说，它更像是一个饱含情感张力的记忆，而不是真正的梦；（3）相应的，其显梦也不再是梦发挥防御功能或是扮演愿望的满足之后转化而成的产物；（4）因此，噩梦的场景中呈现出的那些通常涉及对外在危险的恐惧（偶尔也包含意识层面的悔恨）的冲突，是治疗中需要处理的核心或唯一冲突；以及（5）噩梦本身即是应激反应的一部分，这与炎症是身体组织反应的一部分道理相同，噩梦的存在（某种程度上）是受在显梦中表现出的创伤所驱动的。

Lansky 对上述假设提出了质疑，其依据包括 Adams-Sylvan 和 Sylvan（1990），Blitz 和 Greenberg（1984），Jones（1910），Kohut（1977），Lidz（1946），Mack（1965, 1970），Moses（1978），Wisdom（1949）等人对精神分析文献的评论，以及睡眠研究者 Fischer, Byrne, Edwards 和 Kahn（1970）的论文。

Lansky 本人在西洛杉矶退伍军人医疗中心的精神疾病住院部开展了一项大型临床研究。在 1987—1993 年，所有患者——多数是越南战争的退伍军人——都接受了关于噩梦的问卷调查。同时以临床访谈和精神分析治疗的方式对他们的噩梦进行了调查。这些工作让 Lansky 的研究组"得以有机会一探创伤后噩梦之究竟"（ Lansky, 1995, p. 5 ）。他概述其总结如下：

其中心思想……确实是支持修正过的愿望满足的概念，要理解它必须理解如下方面：羞耻感、自恋受损、自恋性暴怒以及它们与破坏性心态之间有关联，这意味着哪怕能在令人极度恐惧的梦境中拥有一个完好无缺的自我意识，也可被视作一种愿望（p. 6）。

因此，针对创伤性的梦进行工作可能会产生重要的疗效，Juan Pablo Jiménez、Margaret Rustin 和 Marianne Leuzinger-Bohleber 在本书中的案例报告可以证明这一点。

最近备受关注的还有一个有趣的临床现象，即所谓的反移情梦。它指的是分析师的梦中出现了某个患者或是包含了患者的特征。对于某些作家来说，比如 Zwiebel（1985），分析这样的梦有助于理解当前患者和分析师之间的潜意识交流。

当代精神分析的跨学科研究和理论多元主义

当代精神分析对梦的研究还有另一个领域，即*概念研究*（参见 Leuzinger-Bohleber & Fischmann, 2006），这也是第 47 届 IPA 大会的主题。

精神分析的三个核心概念——潜意识、性、梦——被纳入了旨在发展乃至整合现存诸多精神分析理论的主题论文中。显然，梦仍然被视作当代精神分析的核心现象之一。

上述提到的墨西哥城的主旨演讲嘉宾们似乎一致认为，在与患者的临床工作中获得的资料打造了精神分析中一片独特的发现领域。弗洛伊德（1927a）在他著名的构想"一揽子研究"（Junktim Forschung）中提到了这个观点，即治疗和研究之间有着不可分割的关联。这种关联在当代力求发展精神分析概念和理论的过程中也十分明显。

但演讲嘉宾们在对当代精神分析概念研究的理解上也存在明显分歧。

尤其是他们对发展精神分析有关梦的核心概念的方式有所不同，这似乎与他们对精神分析作为一门科学学科的地位持有不同立场密切相关（参见 Ahumada & Doria-Medina, 2010; Leuzinger-Bohleber, Dreher & Canestri, 2003）。有些作者认为，理论性说明甚或理论性整合——这也是大会的中心目标——都可以借由精神分析学家通过在本学界内部组织讨论而实现。另一些人持反对意见，认为精神分析的创新发展将取决于同外部的科学及社会领域的交流。这包括与其他科学家以及政治家、舆论界和艺术界的跨学科国际性对话。

后一种立场的激进派构想源自 Steven Ellman（2010），他的观点在 2011 年 IPA 大会最后一个主题会上引发了争议，本书对此也有收录。Ellman 描述了他在睡眠和梦方面的大量实验性研究，阐述了他如何利用跨学科知识进行了新的理论整合。最终他将弗洛伊德和 Fairbairn 的理论相融合，形成了一个新的驱力理论。它从发展的角度看待潜意识的精神生活，并对梦的功能提出了新的认识。Ellman 认为婴儿既是寻求快乐的也是寻求客体的，而梦则与早期发展过程密切相关。此外他还认为，终其一生梦都是人们调节自我和解决问题的形式之一（参见他在本书中贡献的论点）。

演讲嘉宾们在当代精神分析的理论多元性方面也持不同立场。有些发言者的想法暗合了很多精神分析师的观点，即精神分析理论的多元化使得我们可以在复杂的临床材料中觉察到前所未有的新模式。这些模式此后可在我们联合患者一同获取知识时发挥作用。还有些发言者的观点也很有说服力，即从弗洛伊德派、后克莱因派、法国和美国的客体关系学派，或南美派的观点来审视临床材料，可形成特定的见解。通过转换到另一种理论立场，这些见解可能会得到深化、获得支持，但有时甚至会造成对立。其他发言者则认为，理论整合绝对是必要的。还有些人担心尝试这种整合是在冒险，可能会失去不同精神分析文化和地域所发展起来的概念上和临床上的丰富性（参见例如 Ferro, 2011）。

有些同事似乎较为赞同 Charles Hanly（2011）从认识论和方法论角度提出的观点，即精神分析若要更进一步实行多元化，将会导致精神分析理论化进程的四分五裂。反过来这也将使得各部门致力于培养折中派、随意派（anything goes）的现象不断激增。Hanly 警告说，这种方法可能会促使思维变得马虎，从而忽视了精神分析在理解"不可理解之事"（即患者那些复杂的、主要来自潜意识的心理现实）方面所作出的坚持不懈的努力。

即便是良性的多样化临床观点和基于理论的观察，也无法缓解我们在识别各种临床现象的理论性解释之间不可调和的矛盾时所带来的负担。这些矛盾应当成为精神分析性内部的对话的话题。通过这种对话，我们可以认识到出现在概念方法上的共性和分歧。这是进一步发展精神分析理论、寻找创新性整合方法，以及在 IPA 中营造一个受人尊重且富有成效的科学辩论氛围的先决条件。

精神分析、科学与社会之间关系的历史性回顾

在 2011 年 IPA 大会上出现的分歧之下，可能埋藏着有关精神分析本质的不同概念体系之间以及精神分析与其他科学研究领域之间本就一触即发的紧张局面。弗洛伊德本人也曾身陷此种对抗。他年轻时对哲学和人文科学兴趣极深，直到后来他才将非凡的热情转投入自然科学。他在 Ernst Brücke 的生理学研究所时，逐渐学会了以严谨的实证主义方式来了解科

学，此番影响贯穿了他的一生。但最终他还是放弃了那个时代的神经学，因为他意识到了它在方法论上的局限：这门科学不适合引领对心理本质的研究。

随着精神分析奠基性著作《梦的解析》的问世，弗洛伊德开创了"纯心理学"的新方法（1900a）。即便如此，他仍然认为自己是在以一个医生的身份做出精准的观察，与自然科学家的行为如出一辙。Joel Whitebook（2011）认为，弗洛伊德力求假设和理论可以经得起精确的实证性检验，此举保证了他不会只是带有个人偏见的天马行空般地进行猜测。正因如此，弗洛伊德作为一名"哲学家医生"才得以创立一门新的*"潜意识科学"*。在发展精神分析的过程中，他还发起了自然科学和人文科学之间的复杂对话。

这一对话可谓困难重重。Makari（2008）形象地描述了这一点，他提及精神分析师的内心难免存在一种挣扎，一面要再三努力地维护自己的分析师身份（即增强对精神分析门派的归属感，并且沿袭它特定的传统思想），另一面又要以开放性的态度应对非精神分析领域发起的挑战和探索（即学术研究或全球化社会的发展）。

精神分析作为一门学科——而不仅仅是分析师个人——不得不面对这样的身份问题。历史上它的地位曾受到过两种威胁。一方面，精神分析有可能被另一门学科吞并，其独特的方法论也可能被剥夺；另一方面，虽然它有可能保留自己的身份，但被边缘化为一个非科学的狂热组织或是一个秘密的宗教社团。

弗洛伊德最伟大、影响最深远的贡献之一，就是保持了精神分析学科的独立性和研究的整体性。他在1910年所创立的国际精神分析协会（IPA）很大程度上巩固了这些目的。通过创立这个机构，他拒绝将精神分析归属到医学、人文学科，或是文化科学门下。与此同时他创建的这个组织还有利于确立精神分析的身份并促进其方法论的严谨性。

Makari（2008）认为在大学之外建立一个忠实于精神分析的组织是好坏参半的一步，它疏远了重要的科学家同事们，比如 Eugen Bleuler，还导致了精神分析运动中一些著名的分裂事件——比如弗洛伊德就与荣格分道扬镳。根据 Makari 的细节描述，弗洛伊德决意摆脱那些"造反的小子"所带来的风波（p. 290f.）。从 IPA 中驱逐某些成员可能看起来像是弗洛伊德在一手掌控这个狂热组织。为避免这种情况，弗洛伊德竭尽全力要将精神分析定义为一门科学。

众所周知，至今人们仍在为充分理解精神分析的科学性而奋斗。从上文可知，这也是 2011 年 IPA 大会对梦的讨论中的一个潜在话题。

大会期间也有浮现出对精神分析在现代社会之角色的关注。精神分析比以往任何时候都更受政治、金融、医疗认可等方面接连不断的全球性竞争的影响。我们多数人都认为，精神分析既是治疗患者的有效方法，也是一个理论框架，可以对社会问题（比如暴力、反犹太主义、右翼激进派青少年、宗教狂热主义、恐怖主义等）进行更深入的了解。人们普遍认为，如果精神分析师能够以令人信服的方式展示和宣传他们在临床、文化领域那些独特且不可或缺的研究成果，那么他们就不会被边缘化。

但与此同时也存在一种风险，如果精神分析试图在社会中担当更加重要的角色，可能最终只能循规蹈矩于科学，此举对这种"潜意识科学（*Wissenschaft des Unbewussten*）"而言并不适用。一味地（尤其是借助那些盲从于专家的媒体）去争取公信力，会导致精神分析这种方法失去其复杂但独特的优势，即追求真正的自我觉察和自我探索。因此，在竭力要跟上主流的过程中，精神分析可能也失去了自我。

只有坚持分析性路线，我们这门学科才能为社会带来真正的价值。精神分析学派仍然相信，个体只有通过觉察自己生活中那些特殊的体验和经历如何决定了他们与众不同的感受、思维和行动的方式，才能探索他们独特的潜意识世界中的幻想和冲突，从而获得自我感知和身份认同。精神分析的存疑性的世界观依然是和所有人的资源与能力均无止境地走向商业化的时代思潮相对立的。

也正是部分地由于这种对立，精神分析才得以继续对当代文化作出必要的批判。所以精神分析学派向科学界、公众和媒体如实地传达其临床内外的研究——包括对梦的研究——是非常重要的（参见 Pfenning-Meerkötter，出版中）。

本卷将讨论上述争议性话题，以期有助于理解其中一种当代精神分析的核心临床现象与概念：梦。

简要概述本卷主旨及其科学背景

本卷收录的多数论文最初都发表在 2011 年 3 月于法兰克福举办的第 12 届年度约瑟夫·桑德勒研讨会上。当届会议的主题是"梦的意义：构建精神分析临床研究与非临床研究的桥梁"。此项主题与 Joseph Sandler 及其夫人 Anne-Marie Sandler 的工作高度一致。Sandler 夫妇对所有形式的精神分析研究都抱有独特而新颖的开放态度，并致力于搭建能够连接私人执业的精神分析师、机构与大学里的精神分析研究者和非精神分析学派研究者及知识分子的桥梁（参见 Anne-Marie Sandler 所撰写的序言）。

Sandler 夫妇崇高的立场非常难得：精神分析师与不同的方法论、认识论理念之间的对话并不总是开放、友好和富有成效的。精神分析与其他学科之间的关系也是如此。但许多分析师，包括其文章在本书中出现的这些作者，都继承了 Sandler 夫妇的传统。我们非常自豪能够在此介绍他们的一部分重要的贡献。

David Taylor（伦敦）是一位国际知名的精神分析流派的临床医师。他之前曾是塔维斯托克成人部和医学部的临床主任，目前担任塔维斯托克成人抑郁症研究部门的临床主任。近期，他与弗洛伊德研究院就其"LAC 抑郁症研究"项目开展了合作，他的《慢性抑郁症患者精神分析治疗手册》被用于该研究当中。他已撰写了数篇文章，在考虑科学性、概念性、经验主义和跨学科领域等问题的基础上，构建了精神分析临床研究与非临床研究之间的各种桥梁。在"精神分析关于梦与做梦的理论的研究的复苏"这一章中，Taylor 着眼于临床研究在进一步促进我们对梦和做梦的理解方面所起的作用。

Margret Rustin（伦敦）是当今最具国际知名度的儿童精神分析师之一。她在"当代儿童分析中的梦和游戏"这一章中，详细阐述了自己的临床观察，即儿童分析的同道们似乎很少在治疗中针对梦进行工作。她将这一现象与梦在 Melanie Klein 和 Anna Freud 的作品中所处的核心地位作了比较。Rustin 论点的有趣之处在于，这可能表明，儿童由于媒体曝光的增加和频繁接触过度的刺激等"童年期的变化"而导致中介空间不断紧缩。第二种假设是当代的儿童精神分析师所治疗的更多的是遭受严重早期创伤的儿童。这些儿童在象征化、心智化和做梦方面存在严重的缺陷。Rustin 通过让人印象深刻的案例阐释了她的观点，这些案例展现了儿童在做梦和游戏之间的平行关系（2011）。

智利精神分析学家和学者 Juan Pablo Jiménez（智利圣地亚哥）在他的"显梦就是现实的梦：释梦过程中理论与实践之关系的变化"这一章当

中讨论了当代临床医师对显梦的理解与前几代人有哪些不同。梦的解释不是建立在"对梦之象征意义的静态解读"上，也不仅仅建立在患者的联想上。相反，它是由分析师和被分析者在"共同建构"的基础上创造出来的。Jiménez 通过细致地解释对一位慢性抑郁症和重性创伤患者的精神分析会谈，阐述了这些观点——以及他那独具匠心的技巧。

Marianne Leuzinger-Bohleber（法兰克福）在她的"梦的变化——一位创伤性、慢性抑郁患者的精神分析"这一章中提出了另一个关于重性抑郁症创伤性患者的案例研究。她认为，梦的显意在品质上的变化以及梦的工作的变化，可被视作通过精神分析，患者的心理结构发生变化的当仁不让的分析性指标。这是 Leuzinger-Bohleber 数年的临床和非临床研究的主题（1987，1989）。正在进行的大型"LAC 抑郁症研究"项目中，梦的变化是调查治疗性转变的领域之一，并在高年资的精神分析师们的一些案例研究中有所展现。

除了上述专注于精神分析临床研究的作者，本卷还有几位撰稿人也介绍了各自对梦的实证性、实验性和跨学科研究。

Horst Kächele（德国乌尔姆市）是著名的年度乌尔姆市研讨会的主席，也是DFG（德国研究基金会）第129号特别研究领域"心理治疗进程"的负责人，启发了一代又一代的实证心理治疗研究者。Kächele 在"梦作为精神分析治疗的主题"这一章中，展现了他在20世纪70年代发起的关于梦的实证研究中的一些案例。在他最早的一项研究中，他和一名博士生发现，接受荣格式精神分析的人会梦到荣格流派的梦的象征元素，而接受弗洛伊德式精神分析的人则更常梦到弗洛伊德流派的梦的隐喻。在第二项研究中，他的研究小组运用了 Luborsky 和 Crits-Christoph（1990）的 CCRT（Core Conflictual Relationship Theme，核心冲突关系主题）

法对梦进行分析。最终，Kächele 总结了精神分析会谈中显梦的内容和梦的工作的变化，这部分工作在20世纪80年代由Leuzinger-Bohleber（1987，1989）放在第 129 号特别研究领域的框架下实施。在被广泛阅读的第三卷《精神分析实践》（*Psychoanalytic Practice*）中，Kächele 发表了关于他上述分析的一篇新的综述，对其中一些数据进行了重新分析，也再次回顾了"Amalie"（参见 Kächele et al., 2006）这个与梦相关的样本案例。

在"临门一脚——对 Juan Pablo Jiménez 和 Horst Kächele 的文章之讨论"当中，Rudi Vermote 比较了临床和实证两方面的研究。他强调了 Jiménez 和 Kächele 贡献的相似之处。Vermote 还特别指出，两人都兼具临床研究和实证研究工作者的开放性和好奇心。Vermote 通过列举三个临床案例，并借鉴了 Bion 和 Matte Blanco 等理论家的研究，说明找到适当的模型来解释复杂的临床现象困难极大。最终，他提出了一种似是而非的解决方案：一方面他提倡在每一个新的临床情境中保持激昂的开放态度；另一方面，他需要宏伟的、细致的理论模型来解释临床观察的结果。因此，他提出了一个精神分析概念性研究的宏大愿景。

本卷中就有关于这种宏大的概念性研究的两个极好的例子。第一个案例是由 Steven J. Ellman（纽约）提供的，呈现在他作为第一作者的"理论的碰撞：梦理论的整合与创新"这一章中。多年来，Ellman 一直是纽约城市大学一个对梦和睡眠进行实验研究的大型实验室负责人。他的神经生物学研究和实验研究侧重于 REM 睡眠（快速眼动睡眠）的功能、内源性刺激和早期母婴互动。他在该领域已经出版了几篇开创性的论文和著作。在本卷内出现的那一章中，他整理了关于梦的临床精神分析见解、梦的实验性研究的结果以及一些更加新颖的发展性研究。其成果是一个概念性的框架，它不仅给梦的研究和心理治疗中对梦的解释带来了新的曙光，而且揭示了潜意识心理生活当中最本质的方面。

第二个宏大的概念性章节名为"'一梦而已'：生理和发展对现实感的影响"，其第一作者是 Lissa Weinstein（纽约）。她在 Ellman 的实验室工作多年，也开展了与 Ellman 相似的概念整合工作。她以 REM 的梦和 REM 剥夺的研究为基础，进一步探索了做梦者的反思性心理状态。她认为在个体与个体之间，心理状态从质量上和数量上都存在巨大的差异。在这一章的第二部分，她将实验室得出的这些研究结果与依恋研究的见解联系了起来。她假定时间窗（time windows）对于早期自体发展而言至关重要，睡眠和梦的模式也在其中扮演了重要角色：初始客体（primary object）对婴儿生理性睡眠/梦的节律作出反应以及适应的方式，会对婴儿的发育产生戏剧性的影响。

Peter Fonagy（伦敦）在对这两篇文章进行讨论的过程中，强调了两位作者成功地将一个客体关系（或依恋）的模型与经典的弗洛伊德驱力模型进行了整合，他阐述了作者是如何修正了这两种方法，使其在一定程度上强调快乐，并且在探索客体关系理论时，使用大脑刺激这一比喻来描述他们研究驱力理论的方法，以及自我反思功能的作用。Fonagy 强调，通过简要地展示这两种结构的观点，去其糟粕，取其精华，使得它们能够相对顺畅地实现整合，或许还能推进共同的理论建构。

Ellman 和 Weinstein 这一章与另一个激动人心的研究领域密切相关，该领域自 20 世纪 50 年代以来一直争论不休。这个领域研究了梦在神经学和心理学方面的相关性。如前所述，弗洛伊德开创了一个纯粹的心理学学科，因为他意识到当时神经科学在方法论上的局限性。但他从未放弃过希望自然科学和神经科学未来可以发展到让我们"客观地"检测精神分析的某些基本假设。Habermas（1968）曾把这种期待称作"精神分析在唯科学论上的自我误解（ szientistisches Selbstmissverständnis der Psychoanalyse ）"。但如今，我们对大脑的理解取得了显著进展，许多当代精神分析师也得以像弗洛伊德所期待的那样，与自然科学之间进行了富有成效的交流，甚至在精神分析的核心领域（梦的领域）也是如此。

　　神经精神分析是特别值得注意的一门新兴的科学学科，它由 Mark Solms 和他的同事们所发展并保持领先地位。最一开始，是 Aserinsky 和 Kleitman（1955）所发现的 REM 睡眠将梦在心理学和生理学两个世界的研究区分开来。借助这种方式，Hobson 和 McCarley（1977）构建了一个后来为人所熟知的观点，即梦只不过是睡眠期间大脑皮层对"神经元刺激"（" Neuronenrauschen "）做出的相应解释。这被称作是梦的"纸篓理论"（ paper-basket theory ）。对于 Hobson 和 McCarley 来说，精神分析对于梦的潜意识涵义的探索是荒谬的。但在认真研究脑部病变的患者之后，Solms 和 Karen Kaplan-Solms 已经能够驳斥 Hobson 和 McCarley 的论点（ Kaplan-Solms & Solms, 2000 ）。最近在 Solms 和 Hobson 之间的论战中，Solms 的发现和论点赢得了许多知名科学家的支持。这被视为精神分析的巨大胜利（ Domhoff, 2005 ）。然而随着Hobson新作的出版（2009），这一争论仍在继续。他在新作中承认梦是有涵义的，而且梦旨在解决问题，但他否认这一心理过程存在潜意识的维度。

　　许多精神分析研究者也通过实验法为弗洛伊德梦的理论在当代的发展做出了贡献。特别值得注意的是 Wolfgang Leuschner、Stephan Hau 和 Tamara Fischmann 的研究小组。在 20 世纪 80 年代的西格蒙德·弗洛伊德研究院里，他们与 Howard Shevrin 合作，就梦对阈下刺激的潜意识和前意识反应进行了创新性的实验。最近，西格蒙德·弗洛伊德研究院的一个研究团队通过与马克思·普朗克研究所（ Max Planck Institute ）的 Wolf

Singer，以及汉萨神经精神分析研究的团队（包括 Anna Buchheim, Horst Kächele, Gerhard Roth, Manfred Cierpka, Georg Bruns 等人）进行合作，以新的方式延续了这一传统。Tamara Fischmann，Michael Russ，Tobias Baehr 和 Marianne Leuzinger-Bohleber（法兰克福）对他们正在进行的"慢性抑郁症患者梦的变化——法兰克福 fMRI/EEG 研究（FRED）"做了总结。他们用一个单独的案例讨论了梦在临床和非临床精神分析研究中的对照性变化的有关问题和机遇。在第五章呈现的大篇幅的案例研究中的患者也在睡眠实验室里报告了自己的梦，这使得研究团队能够运用 Moser 和 v. Zeppelin（1996）的编码系统进行理论—驱力的系统分析，从而调查显梦内容的变化。

Sverre Varvin（奥斯陆）、Tamara Fischmann（法兰克福）、Vladimir Jovic（贝尔格莱德）、Bent Rosenbaum（哥本哈根）和 Stephan Hau（斯德哥尔摩）在创伤后的梦与象征的研究之中，也用到了相同的方法。在他们"创伤性的梦：象征误入歧途"这一章中，作者概述了正在贝尔格莱德进行的一项大规模的研究，研究对象是受过战争创伤的患者。作者以令人印象深刻的方式简要介绍了当时的历史背景，也道出了精神分析师在试图帮助那些有严重创伤的患者时所面临的难以承受的困境。其中有些患者也在睡眠实验室接受了调查研究。关于研究创伤后的梦的方法也得到了讨论，比如表述法（Enunciation Method）、"莫泽法"（Moser method）和临床精神分析法。此章在结尾处总结了根据对这组患者的工作所得出的精神分析概念和临床要点。

Hanspeter Mathys（苏黎世）在他关于"叙述梦的交流功能"这一章中，讨论了精神分析治疗在梦这个方面的补充解释。从他的角度看，主要关注点并不在梦的含义，而是被分析者讲述它、谈论它的方式。在交流时讲述一个梦境，便建立起了一个不同于二元沟通的三元模式。提及一个既属于自己内心，似乎又是外来的作品，这使得关系的调节成为可能，也营造出一种氛围，让被分析者可以很舒服地讲出他们原本难以启齿的话题。一种与以往不同的、对梦的临床工作的态度就在此基础上出现了。

Katrin Luise Laezer（法兰克福）、Birgit Gaertner（法兰克福）和 Emil Branik（汉堡）在"ADHD——一种疾病还是创伤的症状指标？来自法兰克福西格蒙德·弗洛伊德研究所对多动儿童的治疗对比研究中的个案研究"这一章中，采纳了 Margaret Rustin 在本卷中的文章。他们讨论了自己的观察结果，即那些被诊断为患有 ADHD（注意缺陷多动障碍）的儿童往往并没有遗传性或是神经生物性的损伤，而是——因为在生命最初几年遭受了严重的创伤——没有机会发展做梦["遐思"（reverie）]、象征化和心智化的能力。他们缺乏一个中介的空间，一个对客体抱有信任的内部世界，也缺乏充分的自我调节。这一点通过一个案例研究得以展现，该案例也经过了"专家验证"的详细讨论。这个案例是临床精神分析质性研究的一部分，它在一项正在进行的研究中与非临床研究相结合，比较了 ADHD 儿童的精神分析和行为主义治疗的效果。

Nicole Pfenning-Meerkötter，Katrin Luise Läzer，Brigitte Schiller，Lorena Hartmann和Marianne Leuzinger-Bohleber（法兰克福）在他们"没有梦的中介空间？对风险儿童的 EVA 研究发现"这章中报告了对幼儿园里有风险的儿童所进行的分析性治疗。西格蒙德·弗洛伊德研究院的研究小组与儿童和青少年精神分析心理治疗研究所密切合作，尝试了一种新型的"拓展性精神分析"（outreaching psychoanalysis），它将治疗场所放在私人诊所之外的地方。该案例研究也是研究院正在进行的早期防治研究的一部分。项目的所有研究都是将临床和非临床精神分析研究相结合

（参见 EVA 项目）。

在本卷提到的项目中，精神分析的研究者必须解决一种特定的紧张局面。一方面，他们不得不争辩说，适用于精神分析的研究对象——潜意识幻想和冲突——是无法被直接观察到的。所以这些现象需要用到精神分析特定的研究方法，比如对自由联想、梦、口误等，以及对精神分析会谈中的移情和反移情反应进行精确的观察。为了验证这些观察，精神分析制定出了具体的真理标准，让分析师们可以证实一部分假设，并证伪其他的假设。这些标准的有效性取决于分析师和被分析者在精神分析设置中的通力合作。这种真正精神分析式的研究方法是无可替代的。但另一方面，这类研究的结果往往只能口口相传，而无法被测量。这就在精神分析研究和实证科学的标准之间形成了紧张的局面，后者需要潜在的可证伪的假设、清晰可见的数据报告、结论可推的理由、实验的可重复性、可以经受住同道研究者评估的结论、对主观因素的系统性控制等。

本卷的编者认为不应否认这种紧张局势；它应当通过临床和非临床研究之间的逻辑论证来加以体现。这就需要在精神分析和其他学科之间建立桥梁。在我们看来，这种桥梁对于保持精神分析作为一门专业和科学学科的未来至关重要。

精神分析与文学和艺术的对话通常并无多少冲突。本卷末章"想象的顺序——弗洛伊德的《梦的解析》和经典现代文学"，唤起了我们对这一传统的回忆。柏林大学文学与文化科学系教授 Peter-André Alt（柏林）向我们展示了与弗洛伊德同时代的三位人物——作家 Hugo von Hofmannsthal，Arthur Schnitzler 和 Franz Kafka 都受到了《梦的解析》的启发。这三位作家不顾弗洛伊德已经给出的科学式澄清，或许也是为了回应他的澄清，所以各自创作了有关模棱两可的作品，也因此"还原了梦的神秘性"。

　　我们要感谢本卷全体作者，他们帮助我们在精神分析学界和非分析性科学界之间建立了桥梁。还要感谢 David Taylor 和 Horst Kächele，他们与国际精神分析协会（IPA）合作，协助我们办会，并向德国研究基金会（DFG）递交了财政支持的申请。我们还要对 IPA 和西格蒙德·弗洛伊德研究院等机构的支持表示感谢。

　　同样特别感谢 Eva Karduck，Lisa Kallenbach，Yadigar Imamoglu，Johann Wirth 和 Tamara Fischmann 协助担任翻译工作。我们还要感谢西格蒙德·弗洛伊德研究院的 Renate Stebahne，Magdaléna Bankovi ová 和 Marie-Sophie Loehlein 等许多年轻的科学家，最后还需要感谢的有 Axel Scharfenberg，Herbert Bareuther 和 Klaus-Dieter Albrecht。没有这样的团队，我们无法组织如此盛会。最后，非常感谢 Anne Annau 对筹备本卷的大力支持。

（郑诚翻译　李晓驷审校）

参考文献

Adams-Sylvan, A. & Sylvan, M. (1990). A dream is the fulfilment of a wish: Traumatic dream, repetion compulsion, and the pleasure principle. *International Journal of Psychoanalysis*, *71*: 513–522.

Ahumada, J. L. & Doria-Medina, R. (2010). New Orleans congress panel: What does conceptual research have to offer? In: M. Leuzinger-Bohleber, J. Canestri & M. Target (Eds.), *Early Development and Its Disturbances: Clinical, Conceptual and Empirical Research on ADHD and Other Psychopathologies and Its Epistemological Reflections* (pp. 267–279).

London: Karnac.

Aserinsky, E. & Kleitman, N. (1955). Two types of ocular motility during sleep. *Journal of Applied Physiology*, *8*: 1–10.

Blitz, R. & Greenberg, R. (1984). Nightmares of the traumatic neurosis: Implications for theory and treatment, In: H. Schwartz (Ed.), *Psychotherapy of the Combat Veteran* (pp. 103–123). New York: Spectrum.

Blum, H. P. (2011). Response. *International Journal of Psychoanalysis*, *92*: 275–277.

Bohleber, W. (2011). Response. *International Journal of Psychoanalysis*, *92*: 285–288.

Cabré, M. (2011). Response. *International Journal of Psychoanalysis*, *92*: 272–274.

Da Rocha Barros, E. (2011). Response. *International Journal of Psychoanalysis*, *92*: 270–272.

Domhoff, G. W. (2005). The content of dreams: Methodologic and theoretical implications. In: M. H. Kryger, T. Roth & W. C. Dement (Eds.), *Principles and Practice of Sleep Medicine* (*4th ed.*) (pp. 522–534). Philadelphia: Saunders.

Ellman, S. (2010). *When Theories Touch: a Historical and Theoretical Integration of Psychoanalytic Thought*. London: Karnac.

Ferenczi, S. (1931). On the revision of the interpretation of dreams. In: *Notes and Fragments: Final Contributions to the Problems and Methods of Psychoanalysis* (pp. 238–243). London: Hogarth, 1955.

Ferro, A. (2011). *Avoiding Emotions. Living Emotions*. London: Routledge.

Fisher, C., Byrne, J. V., Edwards, A. & Kahn, E. (1970). A psychophysiological study of nightmares. *Journal of the American Psychoanalytic Association*, *18*: 747–782.

Fonagy, P. (2007). *Violent Attachment*. Unpublished paper given at the conference, "In Gewalt verstrickt. Interdisziplinäre Erkundungen". Kassel University, Germany, March.

Freud, S. (1900a). *The Interpretation of Dreams. S. E.*, *4*. London: Hogarth.

Freud, S. (1927a). Postscript to a discussion on lay analysis. *S. E., 20*: 251–258. London: Hogarth.

Freud, S. (1933a). New introductory lectures on psycho-analysis. *S. E., 22*: 5–182.

Habermas, J. (1968). *Technik und "Wissenschaft" als Ideologie*. Frankfurt am Main, Germany: Suhrkamp.

Hanly, C. (2010). Logic, meaning, and truth in psychoanalytic research. In: M. Leuzinger-Bohleber, J. Canestri & M. Target (Eds.), *Early Development and Its Disturbances: Clinical, Conceptual and Empirical Research on ADHD and Other Psychopathologies and Its Epistemological Reflections* (pp. 209–218). London: Karnac.

Hartmann, E. (1984). *The Nightmare*. New York: Basic.

Hobson, J. A. (2009). REM sleep and dreaming: Towards a theory of protoconsciousness. *Nature Reviews Neuroscience, 10*: 803–813.

Hobson, J. & McCarley, R. (1977). The brain as a dream-state generator. *American Journal of Psychiatry, 134*: 1335–1348.

Jones, E. (1910). *On the Nightmare*. London: Hogarth, 1951.

Kächele, H., Albani, C., Buchheim, A., Grünzig, H.-J., Hölzer, M., Hohage, R., Jiménez, J. P., Leuzinger-Bohleber, M., Mergenthaler, E., Neudert-Dreyer, L., Pokorny, D. & Thomä, H. (2006). The German specimen case, Amalia X: Empirical studies. *International Journal of Psychoanalysis, 87*: 809–826.

Kaplan-Solms, K. & Solms, M. (2000). *Clinical Studies in Neuro-psychoanalysis*. New York: Karnac.

Kohut, H. (1977). *The Restoration of the Self*. New York: International Universities Press.

Kramer, M. (1991). The nightmare: A failure in dream function. *Dreaming, 1*: 277–285.

Lansky, M. R. (1995). *Posttraumatic Nightmares: Psychodynamic Explorations*. Hillsdale, NJ:

The Analytic Press.

Leuzinger-Bohleber, M. (1987, 1989). *Veränderung kognitiver Prozesse in Psychoanalysen. Band 1 und 2*. Berlin: Springer (PSZ).

Leuzinger-Bohleber, M. (2007). Forschende Grundhaltung als abgewehrter "common ground" von psychoanalytischen Praktikern und Forschern? *Psyche—Z Psychoanal, 61*: 966–994.

Leuzinger-Bohleber, M., Dreher, A. U. & Canestri, J. (Eds.) (2003). *Pluralism and Unity? Methods of Research in Psychoanalysis*. London: International Psychoanalytical Association.

Leuzinger-Bohleber, M. & Fischmann, T., in cooperation with the Research Subcommittee for Conceptual Research of the IPA (2006). What is conceptual research in psychoanalysis? *International Journal of Psychoanalysis, 87*: 1355–1386.

Leuzinger-Bohleber, M., Rüger, B., Stuhr, U. & Beutel, M. (2002). *"Forschen und Heilen" in der Psychoanalyse. Ergebnisse und Berichte aus Forschung und Praxis*. Stuttgart, Germany: Kohlhammer.

Lidz, T. (1946). Nightmares and combat neuroses. *Psychiatry, 19*: 37–39.

Luborsky, L. & Crits-Christoph, P. (1990). *Understanding Transference: The Core Conflictual Relationship Theme Method*. New York: Basic.

Mack, J. (1965). Nightmares, conflict and ego development in childhood. *International Journal of Psychoanalysis, 46*: 403–428.

Mack, J. (1970). *Nightmares and Human Conflict*. Boston: Houghzon Mifflin.

Makari, G. (2008). *Revolution in Mind: the Creation of Psychoanalysis*. London: Duckworth.

Moser, U. & Zeppelin, I. v. (1996). *Der geträumte Traum. Wie Träume entstehen und sich verändern*. Stuttgart, Germany: Kohlhammer.

Moses, R. (1978). Adult psychic trauma: The question of early predisposition. *International Journal of Psychoanalysis, 59*: 353–363.

Pfenning-Meerkötter, N. (in press). *Wissensmanagement in psychoanalytischen Forschungsprojekten* [dissertation]. Kassel University.

Pine, F. (1998). Sexuality in clinical psychoanalytical treatment. *International Journal of Psychoanalysis, 79*: 160–161.

Pine, F. (2011). Panel at 47th IPA Congress, Mexico City, unpublished.

Rustin, M. (2011). Dream and play in child psychoanalysis. (See chapter in this book.)

Stern, D. & the Process Study Group (1998). Non-interpretative mechanisms in psychoanalytic therapy. *International Journal of Psychoanalysis, 79*: 903–921.

Whitebook, J. (2011). Sigmund Freud—A philosophical physician. (See chapter in this book.)

Wisdom, J. O. (1949). A hypothesis to explain trauma-re-enactment dreams. *International Journal of Psychoanalysis, 31*: 13–20.

Zwiebel, R. (1985). The dynamics of the countertransference dream. *International Review of Psycho-Analysis, 12*: 87–99.

第一部分

梦的临床研究

第一章
精神分析关于梦与做梦的理论的研究的复苏
David Taylor

    1908 年，法国数学家和科学哲学家亨利·庞加莱（ Henri Poincaré, 1854—1912 ）在巴黎心理学会发表了一系列著名的演讲。其中一次演讲的主题是"数学发现中的心理学"。他的观察引起了人们的极大兴趣。同年晚些时候，这些文章在他的《科学与方法》一书的第三章中发表。该书立即被翻译成英文，最近的一次再版是 2001 年。庞加莱的观察是基于他自己的经验。他的演讲之所以被人们广为关注，是因为数学天才庞加莱是他那个时代中的一些最重要的数学发现的贡献者。这些发现使现代科学的许多重大进展成为可能。他关于自守函数理论的重要性是与微积分的重要性相当的（ Ayoub, 2004; Weisstein, 1999; Brikhoff, 1920 ）。[1]

    演讲中，庞加莱把他对这些自守函数的发现作为数学发现过程的一

---

1.   在自形函数方面，庞加莱利用非欧几里得几何发展了一般超自形函数的理论。有数学知识的人都希望证明：

    "当 $I[z] > 0$, $f(z) = K/(cz + d)^r f(az + b/cz + d)$"。参见 Weisstein, E. W. （1999）或者 Birkhoff, G. （1920）

个案例研究加以介绍。在他看来，这个过程包括三个阶段。首先，他会花几天时间研究他的问题中理论性重要的方面，但通常无法找到解决问题的思路。这项工作是需要艰苦而详细的数学和逻辑推理的。在第二阶段，随着挫折感的不断加重，他会放下手上的工作将其丢在一边，而去做一件与之完全不同的事——甚或干脆去度假。几个小时后，也可能是几天、几周，有时甚至几个月后，他突然有了解决问题的灵感。

因此，他回忆道："我……开始研究数学问题，却得不出任何有意义的结果，毫无疑问，这些问题与我之前的研究可能没有任何关联。我对自己的不成功感到厌倦，于是就去海边待几天，想一些完全不同的事情。一天，当我走在悬崖上的时候，一个想法突然闯入我的脑海，而且这个想法还具有简洁、突然和直接确定性的特征，即：不定三元二次方程的变换与非欧几里得几何方程的变换是相同的。"

尽管庞加莱经常感到自己的直觉是正确的，但他发现总是需要有第三阶段。在这个阶段，他有一种冲动，想要检查自己的解决方案是否正确。有时这可能只需要几个小时……"我拥有所有的元素，只需要把它们组装和排列一下就可以了。因此，我毫不费力地坐下来写了一篇权威性的论文。"但同样也可能需要数天或数周的时间来进行像最初必要的那种艰难的数学推导和分析。

庞加莱对他脑海中发生的事情的直觉是，这三个阶段都是必要的。他认为潜意识或下意识的心理过程与有意识的心理过程同样重要，甚至更为常见。在第一阶段，他认为有创造性的数学家会尝试可能涉及的数学对象之间所有的联系方式。尽管他通常没有找到解决方案，但他成功地松解了所有之前被认为存在的联系。庞加莱形象地将这一现象与构成气体分子的原子在特定条件下可能出现断开连接的现象进行了比较。在他的想象中，当他似乎根本不去思考这个问题时，他所处的阶段实际上是一个潜意识的过程，在此过程中他会不断尝试将这些自由原子进行重新组合。只有那种能以有序、连贯的方式将数学对象连接在一起形成一个整体的组合才能最后胜出。庞加莱说，他对解决方案正确性的直觉很少会误导自己。它通常能经受住第三阶段，即最后一个阶段的必要检验。然而，他注意到，当他过于专注于所谓优雅的解决方案时，他反而更有可能犯错！

在我看来，庞加莱的观察与本章的主题"精神分析临床研究对理解梦和做梦的价值"高度相关。这里的"精神分析临床研究"是指仅仅使用精神分析的方法在咨询室里所获得的精神分析性观察。这种研究无须使用任何设备或调查表，就能得出非常有价值的发现，并且能够判断是非对错。在某种程度上，做梦是一种特殊的、相当困难的情况。既然我们不能想当然地认为梦是有意义的，那么我们有什么理由来宣称我们已对梦的意义和功能完全了解了呢？要知道，在梦的意识状态下，我们是没有能力像我们通常在清醒意识中能做到的那样直接知道它的意义的。因此我们需要阐明并证明精神分析是如何解释一个给定梦的含义或意义的方法和原则的。我们还需要对梦可能有哪些功能做一些一般性的说明，并阐明解决这些问题时会涉及哪些方面。我希望最终能传达出一种我对精神分析临床研究的态度：敢于提出质疑，在确定性和不确定性之间取得平衡，并意识到还有未理解之处。

庞加莱与众不同的思维方式生动地展现了他本人所拥有的建立在经过潜意识的操作的非凡的智力活动之上的探究欲，并借此超越旧的定律，创造出新的定律。就庞加莱而言，他潜意识思考的对象是数学。作为精神分析师让我们感到有趣的是，此种现象和潜意识的功能之间有重叠的可能性，就像我之后描述的那样，这种功能使得一个原本对梦缺乏好奇的接受精神分析的人通过梦的载体产生了一个复杂的情景或视觉隐喻，而此后又能对此种一般会被认为完全是一堆杂乱无章的元素加以阐释。此外，庞加莱还有许多关于大众科学的非常有趣的逸闻。我想把他的一些思想应用到（临床研究中，这类研究一直是精神分析关于梦和做梦的知识的核心）。

据我所知，庞加莱并没有明确提到在睡眠或做梦时发生的潜意识过程，但他的描述中强烈暗示了这一点。还有，就我所知，他对潜意识过程的思考是完全独立于弗洛伊德的，因为直到 1920 年弗洛伊德的著作才被翻译成法语（Quinodoz, 2010）。《梦的解析》于 1899 年末在莱比锡和维也纳出版。到 1906 年，该书仅售出 351 本。该书第一本法文译本直到 1926 年才出版。在此后的 20 年里，《梦的解析》才慢慢地成为定义"时代精神"的一部分。

在《梦的解析》中，我们发现弗洛伊德提出，一切有意识的事物都有一个潜意识的初级阶段，"潜意识是真正的心理现实"。即使在那个时候，他也认为潜意识的心理功能比清醒的意识要广泛得多。他写道："就其最内在的本质而言，我们对它的了解就像对外部世界的了解一样所知甚少，它既不是完全地由意识的资料所呈现，也不完全地由我们在外部世界的感知（sense perception）交流所呈现。"这一非凡的结论出现在《梦的解析》的结尾。弗洛伊德着意强调此点，表明他想让读者毫无保留地相信，我们清醒的意识所能提供的见解有其局限性。他强调，我们对外部和内部现实的认识存在着严重的局限性。有趣的是，庞加莱也认为现实，即事物本身，不可能被我们直接或准确地了解。对于庞加莱来说，科学只能通过渐进的方式来接近事物的本质。

　　然而，弗洛伊德关于潜意识心理运作的概念比庞加莱的更详尽，包含更多的意向性。弗洛伊德关于潜意识的第一个概念几乎完全是基于他对梦的理解。置换、凝缩、投注的可变性、否认的缺失、怀疑的缺失、确信程度的缺失、罔顾现实、希望遵从快乐或不快乐原则，这些都被认为不仅是梦的特征，而且是潜意识的心理功能的一般特征。弗洛伊德用这些特征来区分他所谓的初级和次级心理加工形式之间的基本二分法。虽然梦允许幼稚性的愿望得到满足，但这只是它们的次要功能。它们的主要目的是保护睡眠。与想法和冲动有关的自主运动系统的抑制（否则就会导致行动），意味着在梦中可以有幻觉性的激烈场景，而不会付诸外部的实际行动。

　　目前是如何看待上述梦的形成过程的观点，以及更普遍地说，关于潜意识加工的方式的观点的呢？如果这些都被取代了，我们现在还有什么更好的解释呢？这些问题贯穿全书。在本章我考虑的是这些基于精神分析治疗本身积累的知识中所衍生出的最初观点的变化。不可避免地，我所做的解释不得不被压缩和选择。但我将尝试从与其他实证工作相关的许多重要观点中挑出一些来作重点说明。这些都与精神分析学家工作中更广泛的知识框架有关。最后，我将提供一些基于临床工作的推测性假设，这些临床工作也许可以说明如何将实证的和临床的研究方法相互联系起来。

　　可以这么说：几乎从一开始，弗洛伊德和他的合作者就已意识到，他们所创立的理论只是在与梦和潜意识相关的现象学范围内提供了一个不够完善的模型，因为这些都发生于精神分析治疗工作背景之下，较为生态的设置之中。众所周知，在分析治疗过程中，病人讲述梦的方式往往比梦的内容更重要。还有，自由联想法作为临床调查工具的价值有限，这一点几乎从一开始就很明显。但是，与我们的主题同样直接相关的，是那些非同寻常的侵略性冲动、过度兴奋、焦虑、恐惧以及那些试图从如此众多且富含意义的显梦中去解决问题的证据。实证研究结果（参见Palombo, 1978, 1984; Shredl, 2006; Kramer, 2007）与这些临床观察结果一致。这里有一些关于临床思维和实证研究发展方向的有趣问题，它们是相互依赖的？还是两股道上跑的车——走的不是一条道？

　　弗洛伊德关于梦的最初理论在现代精神分析学中的地位与牛顿力学在现代物理学和天文学中的地位相似。牛顿的理论仍然适用于天体运动的各个方面，但不适用于时空的相对论、宇宙的起源或一般的量子水平。弗洛伊德关于梦的形成以及由此引申出的潜意识过程本质的最初理论，依然适合涉及自我欺骗、虚伪，以及在某种程度上的力比多愿望的满足等精神分析现象连续谱中的部分现象，但我认为，却不适合包括 Bion 在内的其他学者的有影响力的观点，即梦在不同水平上影响着思维和感知的处理过程。

　　最近有一些作者，其中最著名的是 Welsh（1994）和 Blass（2001），他们让我们注意到，在很长一段时间里，弗洛伊德证明自己关于梦的结论的方法在精神分析内部都没有受到什么质疑。实际上，弗洛伊德辩称，梦的意义——他所假设的隐梦的含义——是可以通过自由联想法间接地，但却是有效地重构出来的。但是这些联想是在清醒的意识状态下做出的，因此这可以反证，可能我们在梦中所发现的只是那些我们已经知道或怀疑的东西。根据这一观点，我们所假定的梦的隐意可以出现在梦者清醒时的意识之中，但不一定对梦的形成起至关重要的作用。总的说来，弗洛伊德支持其自由联想法的论证有时是特别的或有倾向性的。Blass 特别指出，弗洛伊德的方法并不能真正令人信服地支持他的结论。

也许是对这些问题存在的不安意识导致了一种休眠，或者至少是集体性精神分析批判能力的部分暂停。这一现象可能表明，某些因素的作用与庞加莱的一些数学发现所要求的潜伏期或休眠期的潜在因素是相同的。或许，就像发生在个体身上的情况一样，在延迟的反思最终成为可能，或现有观察的全部意义变成现实之前，科学也需要一段潜伏期。

在离开讨论《梦的解析》之前，我们应该注意到，除了"梦是愿望的满足"这一核心理论外，它还包含了许多重要的观点。在这方面，Blass 还展示了《梦的解析》中有多少命题可以通过一种考虑到所有相关数据的证明方法来证明。这些命题包括"梦是有意义"的这一重要观点，以及这部著作中对我们特别联想到人类心理的精神分析观点的独特的精神内容的观察。它们包括弗洛伊德的假设，即：婴儿期水平的动机（心理活动）一直活跃于整个生命之中，并操控我们的整个思维和我们的梦；我们持续赤裸裸地，也是变相地希望独占父母的一方或他们的替代者，并希望杀死或取代竞争对手或他们的替代者。这些关于我们最私密的思想和动机的定律具有一些特征，而如果一个真理要成为一个独特的精神分析真理，这些特征是必要的。它们必须能够颠覆自体（self）在清醒时的正统观念。它们必须能够不受任何禁忌包括乱伦禁忌的约束，也不受当下流行的任何其他社会或文化规范的约束。这就是抛弃梦的经典理论及其自由联想的方法是错误的部分原因。

为了检验经典理论中所谓能量不会减少的特点，请读者在脑海中思索一会儿自己随意出现的私密想法，或回忆起来的梦，然后再想象一下，让你在公共聚会的场合，哪怕是仅在一个自己信任的朋友面前大声说出那些随意的想法时，自己会是什么样的感受。在这一点上，和很多事情一样，我们仍然需要有弗洛伊德那样的勇气。他之所以冒着展露自己的梦境和与其私密事件相关的联想的风险，是为了告诉人们他对心灵中的潜意识装置部分的共性的理解。下面是一个他称之为相对简单的梦的例子。在梦中：

> ……有人坐在桌旁或餐桌旁……吃的是菠菜……伊莉莎白夫人坐在我旁边。她把全部注意力转向我，亲昵地把手放在我的膝盖上……弗洛伊德继续说：“我妻子在餐桌上的行为与伊莉莎白夫人的行为形成了鲜明的对比，这让我很吃惊……我和妻子在我偷偷追求她的时候……她在桌下对我的爱抚是一种对于迫切的爱的回应。然而，在梦里，我的妻子被相对陌生的伊莉莎白夫人替代了。……我意识到强烈的和有根据的情感冲动（当我对此进行联想时）……我的思绪本身立刻进入逻辑链……我可以通过分析把材料中透露出的线索更紧密地连接在一起……它们都聚集在一个节点，但出于这是我个人的隐私且无关科学的考虑，我不会在公共场合做进一步的披露。我也将不得不泄露许多最好是保密的事情，因为用我的方式去发现梦的答案，就得透露各种各样的连我自己都不愿意承认的事情。（Freud，1901）

也许这会唤起读者们各自版本的如弗洛伊德所描述的那种不舒服的心理状态。我进一步推测：上述与弗洛伊德对梦的一些推论的倾向性有关的不安，可能也在某种程度上导致了一种更为普遍的倾向性，即抑制了精神分析临床研究的严谨所必需的批判性能力，毕竟做第一个吃螃蟹的人是有风险的。

庞加莱认为，要想成为科学的理论，所给定的描述必须具有超越“粗糙的事实（brute facts）”而具有“事实的灵魂（the soul of the fact）”

的特征。他的意思是我们要的是对这个问题的运作方式的理解。科学或数学真理，虽然总是近似值，但总是力求尽可能是一个很接近的近似值。在精神分析学中，庞加莱关于发现的三个阶段也是必要的。首先第一个阶段是严格的临床工作，正如我们所知，在此阶段经常有一种失败感。然而，只有在此基础上，就像那位数学家一样，有创造性的精神分析师才能进入获得他所关注的现象的有效直觉的第二阶段——这通常是在经过一个忙于一些其他不相关的活动的间歇期（如两次治疗会谈之间）之后。没有这个过程，我们走不了多远。但是，这种直觉性的理解，必须要经过可评估的和经得起质疑的观察和推理的检验，换言之，需要通过符合精神分析学说的形式和内容的方式来证明。最后，还要经过一种科学理论应该有的可预测和可推断的检验。

在这种背景下，有趣的是，在一篇对 Eissler 1965 年出版的《医学正统观与精神分析的未来》一书的好评中，我们发现，在精神分析训练过程中，由于缺乏对这类关键程序的鼓励，这让我们感到非常沮丧。评论者 Bion 在1966年写道：

> Eissler 引用了 Aichhorn 的一种做法，并高度赞扬了他的临床敏锐性。Aichhorn 的做法是近距离地观察陌生人一段时间，并推测他们下一步的行动。正如他所描述的，Aichhorn 在玩一个游戏，就像一个男孩在模仿夏洛克·福尔摩斯。他带着赞同的口吻说，这要归功于 Aichhorn 的一些天赋，他能够立即准确地了解与他打交道的品行不良者的性格。但他不赞成将任何并行程序作为正式培训课程的一部分。但为什么不呢？我对将其引入婴儿观察训练持欢迎态度；我认为，如能注入"福尔摩斯式"技巧的幽默，效果会更好。我们应该

满怀热情地像福尔摩斯追踪一个孤注一掷的罪犯那样观察婴儿。Eissler 悲观地怀疑任何方法的成功，甚至对 Aichhorn 对品行不良者的方法也持怀疑态度。我认为，只要进行中的调查还有一种倾向——罔顾被调查的对象的生活本身就先入为主地认为他是"品行不良者"，以及用在接受精神分析训练中所形成的一本正经的态度去做调查，失败都将继续。

我们基本可以把 Bion 有关"婴儿"或"品行不良者"的论述的重要意义同"梦"或"临床理论"的意义等同起来。人们普遍认为：自弗洛伊德时代以来，Bion 是为数不多的在精神分析思维方面取得了长足的进步的临床研究人员中最杰出的一位。由他发现了这个更具挑战性的、智力上更有活力的理论这件事也许并不是巧合。阅读 Bion 的著作，你会发现他发展了一种特定用于对精神分析资料的性质进行预测的概念。因此，分析人员的直觉应该建立在病人早期的、不甚明显的，但在原则上是可以观察到的感受（feeling）的基础上。这种临床直觉的分析形式是用一种预测可能将要发生什么的预测方式。这样一种分析性的预感——很可能是基于病人梦境中的某个元素——可能表明病人正处于感受到了精神痛苦的边缘。但是，如果分析人员只描述那些已经完全成形的内容，那他／她就只是简单地描述那些显而易见的事实——或者用庞加莱的术语来说，"粗糙的事实"。

自弗洛伊德第一次描述移情／反移情以来的 111 年里，我们对移情／反移情关系知识的积累，以及对投射认同的力量和功能的发现，意味着在临床中我们现在有了弗洛伊德开始时没有的信息来源。这些发展，包括弗洛伊德自己的一些发展，意味着我们关于梦的本质的观念已经改变。

为了说明这一变化，我用一个临床片段来展示我自己发现并使用的梦的理论、我在临床环境中使用直觉的方法以及这种方法当属适当的证明。在保留基本要素的前提下，我对临床资料做了适当的改写。这是一位很少报告自己梦的病人。

> 大约14年前，当E开始他的分析工作时，他是一名22岁的数学系学生，因很难投入学习而使其陷入了麻烦。他碰巧出生于英国最富有的家庭之一。总的来说，他那漂亮的母亲似乎对她的孩子们没什么兴趣。她会以一种诱惑的方式介入或退出与E的任何会面。当他14个月大的时候，母亲离开了6个月，留下他由频繁更换的保姆照顾。保姆中的一些人相对严厉，倾向于使用惩罚。随着年龄的增长，他并未像幼时大家所期望的那样变得有出息，他的聪明才智从人们的视野中消失了。也许是因他近乎完美的使人失望的能力和因此而浪费时间所致。他坚持认为解决问题的核心是能找到一个女友，而这些不可避免的失败并没有引起他的好奇心。从某种意义上说，E也是一个行为不良者，因为他破坏学术或做人的规则，激起了敌意和批评，而同时又在脑海中抹去了他的任何破坏性的记录。
>
> 下面的对话发生在持续了好几个月的倦怠期即将结束的时候。

分析师：这导致你缺乏能量，但我认为这也意味着它在我们之间制造了一场致命的暴力冲突。

患　者：我同意你说的可能是对的，但我不了解它。我只知道每次离开这里我都会感到挫败……

分析师：我想刚才你屈服于想要打败我的诱惑了。当然，这也涉及其他事情……（我的意思是，他生活在一个由他的抱怨引发愤怒的世界里，这使他能够避免与他的许多更微妙的脆弱情感进行更直接的接触。）

患　者： 一想到我可能会做出反应，我就觉得很尴尬……这很奇怪，因为我昨晚真的做了一个暴力的梦……但我不觉得暴力……总之……*那是在一辆公共汽车上，人们在前门下车。事实上，这种情况不会发生，人们会从中门下车的。有个圆脸的黑人妇女想从前门下车，我发现自己对着她。我一直阻挡她。每次她尝试下车，我都会阻挡她（暗指身体接触越来越多）。无论如何，不知怎的，她下了车。后来我注意到，这也是我的目的站，并寻思当我下车时，她可能在那里等着我，并会攻击我……*

分析师： 我想你之所以记得这个梦，是因为你觉得我没有感到被你阻挡从而攻击你。你的梦境与这里发生的一切相符。在你的梦里，你想要阻止和困住那个女人，但至少在你的梦里有一个女人。我们不知道她为什么是黑人。但这事发生在公共汽车的前部，推测起来应该是在司机的旁边，有点像你之前反对我，想分散我的注意力，我就像那个可以把车开到某个地方的司机。

患　者：（好像被一句荒谬的话整晕了）我不明白你的意思。（此时离这次治疗结束还不到一两分钟。）

分析师： 如果我说的话没有意义，那就可能带来分歧。因为我们的这次治疗已即将结束，我认为你是试图用分歧来拖延治疗。

后来，我想患者会做这个梦的能力似乎和他几天前表现出的较为愿意合作的态度有点类似。他可能有了一些领悟，认识到他和我，以及他所有的客体，都被囚禁在那里。这种领悟与梦的意象相匹配。我利用这个梦来说明患者在治疗中的表现方式，因为我有好几个月的关于他如何反反复复阻抗治疗的第一手经验，这为我的评论提供了可靠的依据。我对患者梦中的其他元素的意义相当不确定，尤其是圆脸的黑人女性的意义。但是在患者的梦中出现了一个女人这一事实本身似乎是全新的。几个月后，患者在一次治疗开始时说：

患　者： 昨天晚上我去上健身课……我试着不对一个也去那里的女人动怒。她坚持站在我前面，挡住我看镜子的视线。她总是这样做。

分析师： 我想，你是想让我认为，由于你的专注（他最近强调，他有多么频繁地专注于观看镜子中的自己），你很想挑起一场争论，但我不认为这是完全正确的。我想，你是在看我是否是以非共情性的态度对待你。这样你就可以说我挡住了你。我认为当你觉得对你来说是很好又很重要的人不是在"妨碍"你的时候，你就回避了你必须认为他们是好人的需要。

患者似乎很感兴趣，虽然治疗即将结束，我还是让他继续说了下去：

　　我注意到有些人比我更有活力。近几个月里，在图书馆里有个黑人妇女有时坐在我对面。她结了婚，有了孩子，尽管她有很多麻烦事，她还是照常生活。

总结性评论

如何理解这个最后发生的事？当患者提到挡住自己观察镜子里的自己的视线的女人时，我脑海中浮现的是其在梦中阻挡遇到的那个黑人女人。我当时没有解决这个问题，而是一直保留在我心中。当他在治疗结束时谈到"图书馆里的黑人妇女"时，我立刻产生了同样的认知。这样的事情要么归因于一种长期的自由联想，要么归因于分析师高估了自己的观点。然而，这两种解释都不能很好地解释梦和梦者之间，接受分析者和精神分析师之间，分析过程和患者的生活之间这些天、这几个月、这几年来前前后后的相互影响。

关于我的病人的梦，我的想法是它代表了一个与领悟有关的特殊的时刻。我的猜测是，患者与"图书馆里的女人"的遭遇导致了两种反应：第一种是弥散性的、没有象征意义的唤起（更多的是战斗／逃跑的躯体反应，而不是性唤起）；第二种是带着希望的兴趣。后者提供了一个足够好的内部客体，使他能安睡到他可以做梦的深度。在这一点上，当患者对一个好的客体有足够的体验时，他内心产生了一个有效的愿望，这是因为他可以产生幻觉，或者记住那个导致他产生分裂反应的"女人"。它甚至延伸到圆形的形象。

这些事情是怎么发生的？我说一下我对此的更广泛、更大胆的猜测。诸如这样的过程可能会利用"人类占主导地位的感觉是视觉"这样一个事实。视觉经验的发展相对较早，较少受到情绪障碍的影响，而情绪障碍需要在将婴儿的情感与语言和言语性思维联系起来的发展任务中加以控制。通过做梦产生的视觉图像和场景可能会缓解与已经发生的事情相关的情绪障碍，而不是与尚未发生的事情相关的焦虑。因此，在其他条件相同的情况下，一方面战斗/逃跑的原始躯体反应被消散或缓解，另一方面产生了一些具有象征性的思维。这些神经心理层面的过程可能在视觉和听觉的体验形式的发展过程中起着至关重要的整合作用。

目前，关于梦的功能有多个相互竞争的观点。这些包括愿望的满足/保护睡眠、问题解决/信息处理、选择性情绪调节、记忆和一些"排解故障（debugging）"的观点。为了进一步讨论，有必要更精确地说明这些术语的含义。在新知识的影响下，或许在一段相对休眠的时期之后，我们对梦及其功能的理解可能即将进入一个新的、富有成效的"悬而未决（unresolvedness）"期。许多新知识将来自神经科学、症状学和认知科学。同样重要的是我们所知的 Ellman 和 Weinstein（1991），Holt（2009），Kramer（2007），Palombo（1978、1984），Shredl（2006），Solms（1997）和 Weisstein（1999）等所做的重要工作，以及其他学者所做的临床调查均表明，精神分析关于梦既有其固有意义，又有其重要功能的观点极有可能是正确的。在这一章中，我认为，如果我们能揭开梦的层层面纱，揭示梦与我们更深层次的自体（self）和动机之间存在的密切联系，那么在临床环境中进行具有争议性的精神分析研究同样至关重要。

（李璐翻译　李晓驷审校）

参考文献

Ayoub, R. G. (2004). *Musings of the Masters: An Anthology of Mathematical Reflections*. Washington, DC: Mathematical Association of America, p. 88.

Bion, W. R. (1966). Review of *Medical Orthodoxy and the Future of Psycho-Analysis*, by K. R. Eissler. *International Journal of Psychoanalysis*, *47*: 575–579.

Birkhoff, G. B. (1920). The work of Poincaré on automorphic functions. *American Mathematical Society*, *26*(4): 164–172.

Blass, R. (2001). The limitations of critical studies of the epistemology of Freud's dream theory and clinical implications: A response to Spence and Grünbaum. *Psychoanalysis and Contemporary Thought*, *24*: 115–151.

Ellman, S. J. & Weinstein, L. (1991). REM sleep and dream formation: A theoretical integration. In: S. J. Ellman & J. S. Antrobus (Eds.), *The Mind in Sleep: Psychology and Psychophysiology*. New York: Wiley.

Freud, S. (1901). On Dreams. *S. E., 5*. London: Hogarth, pp. 629–686.

Holt, R. R. (2009). *Primary Process Thinking: Theory, Measurement & Research*. Lanham, MD: Jason Aronson , p. 153.

Kramer, M. (2007). *The Dream Experience: A Systematic Exploration*. New York: Routledge.

Palombo, S. R. (1978). The adaptive function of dreams. *Psychoanalysis and Contemporary Thought*, *1*: 443–476.

Palombo, S. R. (1984). Deconstructing the manifest dream. *Journal of the American Psychoanalytic Association, 32*: 405–420.

Poincaré, H. (1908). *Science et Méthode*. In: S. J. Gould (Ed.), *The Value of Science: Essential Writings of Henri Poincaré* (pp. 357–558). New York: Random House.

Quinodoz, J. M. (2010). How translations of Freud's writings have influenced French psychoanalytic thinking. *International Journal of Psychoanalysis, 91*: 695–716.

Shredl, M. (2006). Factors affecting the continuity between waking and dreaming:

Emotional intensity and emotional tone of the waking-life event. *Sleep & Hypnosis, 8*: 1–5.

Solms, M. (1997). *The Neuropsychology of Dreams: A Clinical-anatomic Study*. Mahwah, NJ: Erlbaum.

Welsh, A. (1994). *Freud's Wishful Dream Book*. Princeton, NJ: Princeton University Press.

Weisstein, E. W. (1999). *The Poincaré-Fuchs-Klein Automorphic Function.*

第二章
当代儿童分析中的梦和游戏
Margaret Rustin

要在精神分析的背景下探讨儿童的梦这个主题，我们就得从梦与游戏之间的关联开始说起。虽然在成人分析中，有关梦在理解潜意识生活的中心地位的激烈辩论还在继续，但我们对儿童的分析是有所不同的。从 Klein 关于儿童分析的早期论文可以看出，她认为很有必要找到一种符合儿童交流和活动天性的技术。要求一个孩子躺在躺椅上并进行自由联想恐怕没有任何意义，但邀请他们在一个成年人的关注下进行绘画或游戏，并且这个人会认真地对待儿童的想象所透露出的内容，这无论对于 Klein 还是我们而言，都是创建分析性空间的第一步。她起初实验性地为儿童提供一些可供选择的小玩具，发现他们可以借此构建出各自的个人剧本，这使她相信，我们可以为儿童的分析提供一个特别的设置，这个设置必须具备简便、可复制和时间上的连贯性，还得与儿童的日常生活有所区别。在这个设置中的玩具和其他物品相当于为儿童提供了一张词汇表，让儿童可以借此表达脑海中的想法，所以这些物品并不会人为决定儿童的心理活动方向，而是能够根据儿童的想象力，被以各种方式加以利用。因此，从根本上看，她的技术提倡的是，这种特殊类型的游戏相当于儿童的自由联想，并为观察分析者提供了必要的材料。

那么，梦在这个方案中处于什么位置呢？看着孩子们用小娃娃和动物模型创造幻想的情景，塑造复杂的特殊结构或是绘画，有时会让人感觉这就像通往潜意识幻想世界的一个窗口，与我们倾听对梦境的叙述非常相似。当然孩子们也确实会在夜间做梦，有时这些梦也会成为临床资料的一部分。在我自己的实践经验中，让孩子讲述他的梦（如果他能记得的话）经常是我初始性评估技术的一个环节，当然我会在治疗的一开始作出解释，即我很乐意把倾听梦作为我们一同探索儿童心中所有想法和感受的一个部分（Rustin, 1982）。

然而，当我开始思考梦在当代儿童分析工作中的地位时，冒出的第一个令人不安的想法就是，近年来，我治疗过的儿童中没有一个把他的梦带入会谈中来，这与我对青少年和成年人的工作形成了鲜明的对比。同样，在我所督导的众多高频儿童心理治疗的案例中，也鲜有可以借鉴的内容。我在想，这是怎么了？不管怎样，我记得在我早期的临床实践中是有很多关于梦的材料的。我觉得很有必要更仔细地探讨一下这个印象，并开始四处查证。

我在检索文献（包括《儿童心理治疗杂志》等国际期刊，以及过去30年有关儿童分析工作的许多著作）时，发现了一个有趣且类似的情况。一种确凿的趋势是：有关儿童梦境的材料报告得越来越少，不论是对我所熟知的克莱因学派、后克莱因学派还是对安娜·弗洛伊德学派而言似乎都是这样，这是在《儿童精神分析研究》中有案可查的。

在我看来，探索导致这一现象的可能影响因素时，需要考虑许多问题。其中最重要的可能就是要考虑儿童分析中不断变化的患者构成成分。当我在20世纪60年代末接受培训时，我们实习生被要求在3个培训案例中至少要有2个是（往往3个都是）神经症患者——一个小于5岁，一个是潜伏期儿童，一个是青少年。我们每周与这些患者会面5次，我们还会有很多儿童接受我们的评估、对其做些短程治疗，或是接受每周1到2次治疗，他们中的大多数都患有经典概念中的神经症性障碍。那时，治疗重性精神病儿童的工作也开始起步，人们对自闭状态也萌生了极大的兴趣。总的来说，精神病患者所带来的材料会令人们希望他们能够梦到自身的恐惧，而不是日日夜夜地生活在恐惧之中。

我在针对两名精神病患者的长程治疗过程中，发现自己多年来一直挣扎于一个内部和外部现实（幻想和现实）几乎无差别的世界。当其中一位患者认识到她以前描述的某些内容只是从中醒来的梦，或自己精神世界中发生的某些事情并不是事实的时候，我感到她的心灵正在发生重要的变化。当自闭症患者能够进行言语交流时，他们也会讲述认为是非常真实的心理事件，而不是梦。其中一个自闭症儿童喜欢将一个老式的橡胶瓶子装满水，当作婴儿奶瓶玩，有一天她忽然朝我尖声大叫，"瓶子把我鼻子咬掉了"，她用手捂着鼻子，活像是鼻子真的不见了，只留下一个血淋淋的空洞似的。

目前在英国NHS[1]各个诊所接受儿童分析的患者有自闭谱系障碍儿童和发育迟缓的儿童，但更多是在早年曾遭受过严重虐待，包括剥夺和忽视，以及身体、情感和性虐待。这些儿童现在通常由国家照顾，被安置在集体宿舍或寄养中心，或与养父母一起生活。有些人被安置在亲属家里照顾，这是受到法定机构青睐的一种解决方案，因为这样既能让孩子与原生家庭保持持续的联系，也符合国家政策的目标，减轻公共财政的负担。

---

1 英国国家医疗服务系统——译者注

回顾近期的督导经历，我发现在过去的 13 个高频督导案例中，有 6 个是具有此类早年经历的儿童。另外 2 个儿童的母亲在怀孕期间和孩子婴儿时期滥用药物和酒精，还有 2 个儿童曾被卷入严重的家庭暴力，并与母亲一同被父亲抛弃。在几个青少年中，有一个已患病 5 年，多次自残和住院。另外 2 个在早年目睹了父母婚姻破裂，并失去父母一方。这 13 个案例中可以说只有 1 位的临床表现是神经症水平的问题。

与同道们所做的非正式查对，和查询的近期在塔维斯托克接受儿童心理治疗培训的学生对所见过的高频案例的统计，均证实了上述情况。具有这种伤害性的早期经历的儿童往往在象征性活动方面有困难。我们常见的现象是，他们不玩想象力丰富的游戏，而是热衷于要么体现在躯体投入 [这种过度活跃的状态有时会导致被诊断为 ADHD（注意缺陷多动障碍）] 的游戏，要么刻板的、重复的游戏形式。游戏能力发展水平欠佳似乎也反映在梦的生活受到抑制。

第二个因素可能是过去两代人中父母与孩子关系性质的变化。在此我想到两种不同的特性。首先，许多父母对孩子情感生活的态度更加开放。虽然这一点很难确定，而且这样概括存在风险，但我认为这种趋势是明确的。当代西方社会普遍认为：孩子不是小大人，游戏很重要，自我表达很有价值，严厉的、压制性的惩罚是错误的，而且孩子的健康成长需要成年人的支持和关注。这些价值观在教育实践和国家的基本法律框架中得到了普遍的体现。旨在帮助父母的众多书籍、杂志和广播电视节目大体上都传递了这样的信息，即儿童既需要被理解，也需要有清晰的边界，既需要给予适当的帮助，也需要给出行为上的期望。人们对儿童心理饶有兴趣，市面上琳琅满目的儿童书籍和其他儿童文化形式（体育、舞蹈、音乐、电影、戏剧等）都是明证，尽管我们不能忽视其中存在将儿童作为消费者而开拓市场的潜在问题。

在我的印象里，很多孩子说话和表达自己的方式比前几代人更自由。有人可能会说，这是弗洛伊德时代带来的后果之一。梦是我们探索潜意识情感的地方，那么父母和孩子之间在意识层面亲密度的增长可能会造成什么影响呢？会不会在梦中相对容易找到我们如今可以接纳的日常家庭生活的形式呢？例如，公开表达对新出生的弟弟妹妹的敌意、因第一天入园或入校而引起的恐惧，以及俄狄浦斯式的竞争等，似乎都已为许多现代父母对孩子们的日常期望了。

然而，这种宽容和意识的拓展也有其另一面。什么是隐私的概念发生了转变，有时会有令人不安的感觉，什么该说、什么不该说变得更加难以区分。在我们所目睹的形形色色的公共语言（比如对色情文学的描述）和儿童的自我意识之中，有时候似乎缺少了一种私人内部空间，这一空间原本可以容纳那些原始性的婴儿期想法和感受。仿佛一切都可以晒出来、秀出来。抑制和约束的同时减少，加上成年人缺乏需要维护必要的边界的信念，似乎都成了培养反社会或非社会化心理状态的不幸温床。这种剥夺的结果就是无法发展内部的心理空间。

第三个可能起作用的现象是当代文化中强烈的视觉冲击。梦是个人意象的世界，充满着强烈的情感。我很好奇当孩子们的视野里充斥着由他人制造出的景象时，这会对他们的内部视觉想象力产生什么影响？如今的孩子们数小时地看电视，有玩多种电子游戏的机会，拥有代表各种特定角色的玩具，这些体验和前辈们完全不同，后者多数玩的在相当程度上是自己发明创造的东西。幼儿书籍内也全是插图，不用孩子自己去想象。当然这种对眼睛的刺激也可能促进其视觉想象力的发展，而不会是过度生长，我确信这是一个可能产生各种结果的复杂现象，但它也许值得我们去思考内部和外部视觉图像之间的平衡是否可能会改变。有人认为，在思考梦在儿童生活中的地位时，应当把文化因素也考虑进去，我认为此种观点有其道理。我的同事 Sheila Miller 从事儿童治疗工作，曾在南非各地区工作多年。她发现，与享有更先进教育和经济基础的同龄白人儿童相比，非洲黑人儿童谈起自己的梦来要自然、容易得多（Miller, S., 1999）。过去曾有针对移民到英国的加勒比黑人的观察报道，其结果与此相似。

正如弗洛伊德所指出的，孩子们报告的梦似乎分为两类。首先，常常是非常动人、好笑，但在成年人听起来就是近乎直白的愿望满足的那些梦：比如梦到满满一桌子好吃的，或者是按照孩子的愿望重新编排家人间的关系。与之相反的是一些让孩子备受折磨的不好的梦甚至是噩梦，它们反复出现，有时甚至令孩子恐惧到无法入睡。这种梦往往只有寥寥数句的叙述，讲述有一个藏在窗帘后、床底下或试图闯进门的怪兽而已。这样的童年怪物可以持续多年不断产生影响，而且往往有某种创伤性起源。这个观点在经典文学作品中也有所体现——简·爱在红房间里的噩梦便是一个显著的例证，如同 Bion 在《漫长的周末》（*The Long Weekend,* 1982）中对 Arf Arfer（他童年时的"天父"）那著名的描写一样。噩梦的核心，是儿童那些既是压倒性的也是令人费解的——甚至是无法理解的——恐怖体验。

在更深入地探讨临床资料之前，我想先谈谈最近在查阅与梦有关的精神分析文献时出现的问题。我发现近几十年来讨论儿童梦的论文十分罕见。这个话题自 20 世纪 80 年代初开始显著减少。有趣的是，Lempel 和 Midgley（2007）在他们的研究论文《探索儿童梦在当今精神分析实践中的作用：一项先导性研究》中也报告了同样的趋势。他们研究了已发表的论文和临床记录，并采访了安娜·弗洛伊德中心的一批治疗师，在此基础上得出一个结论，即治疗师对梦的重视程度确实已经降低。他们对此作出了两种解释。首先，梦起初因为被视作通往潜意识内容的途径而获得了高度重视，成为分析工作中的"王道"，而今客体关系（尤其是与治疗师的移情关系）受到了高度关注，取代了梦的地位。其次，增强自我（ego）的功能已经成了治疗最核心的焦点。他们还探讨了关于此时、此地应当用何种技术对梦进行工作这一重大争议——治疗师要关注的究竟是梦的显意还是梦的隐意？我们是否可以把儿童的游戏视作他们口语表达中缺少的自由联想材料？我们如何在移情发展的情景下看待梦？他们发现，当代的治疗师很少主动询问孩子的梦。

　　我认为，现在儿童分析师和心理治疗师处理梦的方式不出所料地在很大程度上受到了更广泛的关于精神分析的讨论的影响。Segal、Bion 和 Meltzer 以及最近的 Ogeden 和 Ferro 的作品，都以不同的方式引导我们把梦看作一个容器，容纳了梦者与自身心理之间关系当中至关重要的创造性方面，并把梦看作一种非常重要的生活经历。Segal 对将体验象征化能力的理解——该能力让认知、审美和伦理得以发展——对梦的理论的发展起到了关键作用。她在讨论游戏与梦的本质时指出，"游戏与梦有着共同的根源"，但她补充说，梦的功能是用一个幻想的方法解决一个幻想的问题。它属于内心世界、幻想和个人体验的领域。相比之下，游戏却可以在幻想和现实之间建立联系。她写道，"两个人不能一起做梦，但两个人或多人却可以一起游戏"（Segal, 1991, pp.101-109）。我不知道以后还能否将二者分得这样清楚，因为我们知道一旦启动了分析程序，患者的梦就会与移情的演变纠缠到一起。

　　Ferro 关于分析领域的概念（1999）和 Ogeden 提出的分析者的遐思

（reverie）功能和"分析性第三方"的功能（2001）都强调了分析过程中的梦涉及分析师和患者之间的合作。Ferro 和 Ogeden 也吸纳了 Winnicott 对创造力的理解（1971），并在私下里研究了他所定义的过渡性现象，即一种不完全属于"我"与"非我"的个人领域。但无论我们觉得过渡性空间理论有用与否，在我看来这些理论家都认为，梦从根本上是我们在睡眠中与自己的内部对话，可以借此表达出迄今为止未曾说出口的内容。这是 Meltzer 在他关于梦的专著（1983）中提出的观点。因此，梦是我们不断渴望了解自己的证据和结果。它的象征性质也可以与 Bion（1962）对我们精神生活中的贝塔（β）元素和阿尔法（α）元素所做的区分相联系：贝塔元素在梦中若获得了象征性的表征，便成为能够被思索的想法，也就成了阿尔法元素。Alex Dubinsky（1986）在一篇感人的论文中描述了他对两个身体严重残疾的青春期男孩的治疗，他们的梦使他能与他们俩一起针对他们为了解释自己的残疾而创造出的恐怖幻想进行工作。治疗工作所引发的思考使他们摆脱了内心所受的父母施虐与受虐式性交视觉场面的控制，也在他们可以承受痛苦的范围之内、为他们发展正常的青少年性心理提供了空间。

　　当我听到一个 14 岁的男孩存在精神病性的焦虑，他感觉房里的家具没有被固定在地板上，而是在失去重力的影响下四处漂移（Miller, L., 2010）的故事时，我随即萌生了一个念头，即梦是一个满载情绪负荷的重要思想的容器。他母亲惊讶地记起，这孩子在3岁时就反复做一个噩梦，梦里的房间到处都是家具，乱作一团。这说明有时候杂乱的家具的形象可以被这个男孩的梦所容纳，得以与外部现实加以区分，另一些时候则会恶化成分不清内部和外部的精神病性的融合状态，将他暴露在一个恐怖的、充斥着——用 Bion 的术语来说，"紊乱的客体（bizarre objects）"

的世界当中。只要这些形象还在梦中，就还隐含着还能醒来并把混乱的事情处理好的可能，就像在《魔法师的学徒》中的魔法师那样，只要他出现，就能把情况再度控制住。如果混乱的体验失去了梦这个容器，那才是真正可怕的。正如 Klein 所言，"梦之所以能慰藉人心，部分是由于精神病性的进程在梦中找到了表达的渠道"（1961）。

能回忆起的梦具有扩展心灵自我意识的特殊潜力，无论是在分析性设置内、设置外均可作为思考和内省的得力助手。然而，它也可能起到完全不同的作用，比如唤起梦者或分析师的羡慕之情或兴奋感受，而不是用来与内部世界进行联结。对梦自恋式的高估使梦失去了刺激心理发展的价值，削弱了梦的功能，使之更像白日梦和大脑用来分散注意力的玩物，只在全能感的范畴有效，而不是在创造性思维领域中起作用。当代临床实践中另一个重要特征是关注梦在分析性过程中所起的作用，在会谈中报告梦被视作潜在的付诸行动，目的是影响分析师，而不是为分析性工作做贡献，这一特征在治疗青少年或青少年心理状态时特别常见，此时对梦投以自恋式的关注有时会将分析性工作拖至令人沮丧的地步。

总而言之，我对梦的解析在当代儿童和青少年治疗工作中的地位的评估如下：尽管梦在治疗青少年（包括重性心理失常患者和其他常见神经症功能水平者）的工作中持续占有重要地位，但在治疗年纪较小的儿童时，关于梦的工作记录相对较少。Frances Tustin 的患者约翰是一个能言善辩的孩子，他说："我和 Tustin 一起做了令人恶心的梦"（Tustin, 1981）。这可能是对经常发生的事情的一个相当精辟的总结。但我们的儿童患者也一直要做游戏，尽管有时他们游戏的方式相当原始，这促使我思考如何进一步理解梦和游戏之间的联系。

在处理这个问题之前，我们先来简单地看一下 Melanie Klein 在工作中对待儿童的梦的方式，因为其中一个罕见的关于儿童梦境之经典细节的案例，正是来自 Klein 的《儿童分析的叙述》（*Narrative of a Child Analysis,* 1961）这本著作。理查德的梦虽然不多，但很有研究意义，尤其因为他是一个前青春期的孩子，而这个年龄段的资料很难在已发表的作品中见到。

在第 9 次会谈中理查德引出了梦的问题，他问了一个自认为是"很重要的问题"："你能帮助我不要做梦吗？"他解释说梦总是令他恐惧或不愉快。这与人们公认的观点是一致的，即儿童在分析中谈到的梦往往是不好的梦或是噩梦。Klein 根据理查德讲述梦境时的行为对他提到的几个噩梦作出了解释：他不停地把电炉打开又关上，在打开电炉时他会评论火焰中的红色。Klein 将火焰中的红色与理查德认为母亲内部存在的某些东西联系了起来，而这些东西是理查德希望消除掉的，就像他把电炉关上那样，但关掉以后他又觉得是在面对他所惧怕的黑暗、空洞、已经死去的母亲。接着她谈及理查德对她的怀疑，认为她，这位 Klein 夫人内心里有着一个坏希特勒式的父亲，她将他这个想法与早期关于希特勒、奥地利和她本人的信息联系了起来。这一解释最终阐明了理查德对自己糟糕的父母的感受，以及希望能得到他们保护的愿望。

Klein 在对话中将理查德告诉她的三个梦都用上了。对此，我所感兴趣的不仅是 Klein 和理查德一起直面问题时特有的大胆风格，更主要的是她如何将理查德那看似无足轻重的对火焰的关停视作是他对梦的自由联想的。她还看出，他向她讲述梦时所依照的顺序本身就是一条联想线。

她在第 14 次会谈的笔记中评论了这样一个事实：患者经常在他们所分析的第一个梦中纳入很多深层意义。她认为理查德能立即投入到游戏活动中（对房间里的东西作出反应，待她一拿出材料就立刻开始画画和玩要）就是她如何通过游戏技术而最大程度地走入他的内心世界的例证。尽管她讨论了何时解释移情的问题，也强调了认真关注孩子对当前家庭关系的感受的重要性，但她没有明确地评论理查德对她产生的非常直接和强烈的正性和负性的移情。总的来说，她对梦的处理方式表明她没有强调要从梦中来获得关于理查德内心冲突的证据。而她更强调的是整体情况——"总体移情"（total transference），Klein 的这一开创性观点在由 Joseph（1985）提出的当代理论中得以发展，而这正是她所希望看见的。

　　但是她对理查德和他的梦之间的关系却非常感兴趣，她总是在描述他讲述那些梦的方式。她偶尔也会就梦询问一些问题，因为她知道，当有证据表明存在潜意识的阻抗时，这可能会有用——梦可以在治疗处于困境时为探索其内心冲突提供一条通道。理查德有时抱怨整晚都在做梦，他不想谈论那些令人不快的梦，而且他也只能记住那些糟糕的片段。选择要不要把梦告诉别人可以让患者有一定的控制感，Klein 认为"在某种意义上等同于梦"的绘画在一定程度上也可以使儿童有控制感，因为他随时可以去画另一幅画。她认为，让儿童玩她提供的小玩具可以更容易地表现出其深层的婴儿期焦虑，尤其是对于理查德这个案例来说更是如此，因为他的焦虑是自我毁灭性的焦虑。被毁损的玩具会让他非常焦虑。隔了很长一段时间，当他觉得损坏的地方很可能会得到修复时，他才会回来继续玩。Klein 将这一现象联系到成年患者对旧梦的回忆，并在分析后期会就梦的意义做进一步的工作。

　　虽然我同意 Klein 的这个观点，即儿童如何使用我们所提供的玩具是临床观察的一个重点（当然这也相当于是在注意儿童玩游戏时表现出的能力缺陷），但我认为总体移情概念所启发的某种更广阔的观察角度才更应该是当代临床实践的核心。这个视角包括儿童在房间里的行为和交流的各个方面：玩玩具、过家家和体育活动，以及儿童所说的所有的话、自由联想、故事、梦等。重要的是要注意他们与分析师的非语言交流和分析师的反移情体验。只有将上述所有内容结合在一起才能提供分析性的确切结论，才能在解释过程中检验证据之间是否能相互印证，而这种解释首先是在分析师的头脑中形成的。

　　我想，如果我们从广义上把儿童的"游戏"理解为他是在从总体上利用这个房间、玩具材料以及分析师的某些方面（也就是说，她愿意让儿童继续玩耍，这基于她以有限的方式加入孩子的游戏的意愿程度），我们就可以理解Klein为什么假定孩子的游戏和成人的自由联想是等价的。因此，我们的概念化必须为孩子们"梦"的活动腾出空间，通常采取的是游戏的形式，而不是在会谈中报告夜间的梦。

　　下面举一个例子来说明上述观点，这是一个儿童会谈中的重要时刻。案主是一个5岁的小男孩查理，在生命早期第一年经历过可怕的被忽视的他在2岁时被人收养了，他每周有三次会谈，这次是在周一。在候诊室里，经常带他来的陪护告诉治疗师，他的母亲这周在国外工作。查理打断她，说他在学校摔倒了。一走进房间，他就占据了治疗师的椅子，把它掀翻过来，问能不能爬上去。治疗师指出他今天有不安全感，接着提到他在学校摔倒和他妈妈不在的事情。在他轻蔑地说"我才不想她呢！"之后，治疗师接着说："整整一个星期可真是挺久的。"查理从她的椅子上扯下靠垫，拉开靠垫套的拉链，把头使劲往里钻。治疗师指出，在妈妈周末离开之后，今天他希望直接钻进去。"也许，为了不感到迷失、不被扔在冷风里，只有一种方式就是找个什么直接钻进去。"她说道。查理把头埋在垫子里，在房间里瞎转悠。她补充说，把头埋那么深意味着他看不见自己的方向，也可能会伤到自己。这可是个麻烦！

查理躺在她的脚边，全身都压在她的腿上。然后他把头从坐垫套里伸出来，蓬头垢面的。她有一种想拥抱他的冲动，并说他今天想靠近她。接着，他把靠垫芯扯了出来，这样就可以把整个身体都缩进去，蜷成一个球。在继后的对话中，他们先是探讨了缩在坐垫里代表着不想周末分开（他说："那样我就不会想你了。"）；然后，当查理想拉上拉链完全在里面时，他面临着幽闭恐惧症的困境。治疗师说他在里面无法呼吸，但查理解释说："不！我在外面才不能呼吸！"

这段精彩的一系列对话是 Klein 关于儿童游戏的论点的有力例证。这很容易让人想到年长一些的患者周末的梦境，他们依靠侵入内部客体的方式来逃避分离和回避对消失的客体的分离或依赖的感受，这一点与查理的行为如出一辙。这场你来我往的游戏中所呈现出的幻想是被周末暂停分析以及母亲的外出所共同唤起的。

在这次会谈的后半部分，查理用小娃娃展现了他所说的"软弱的婴儿"和"崩溃的男孩"之间的关系，治疗师觉得这两者都是他的一部分。这两个娃娃形象都面临着巨大的危险，让人担心他们是否能在所遭遇的危险中幸存下来。他们之间展开了一场殊死搏斗。查理解释说，这个男孩讨厌这个宝宝，因为宝宝有妈妈和爸爸，男孩却没有。他说："他只能靠自己。"

对幼儿的分析工作有时确实进展很快，就像在这次会谈中，关于查理早年被忽视的幻想就得到了探讨。他的确是一个"靠自己"的男孩，我们可能会觉得他对这个婴儿充满了愤怒和仇恨，他认定这个婴儿占据了他母亲所有的思想空间，让他"崩溃"。事实上，没有其他婴儿，只有一个被想象出来的婴儿，在他试图弄明白自己受忽视的经历、试图理解母亲的心不在焉时，那个婴儿对他来说是鲜活而真实的。但在会谈中，当他感受到治疗师对他有着细腻敏锐的理解时，便接触到了其实是有父亲和母亲的婴儿式的自我。我们可以在电光石火之间，观察到更多我之前所描述的幽闭恐惧症的防御功能。

现在让我们来试着把在儿童心理治疗的设置中观察到的游戏，放在一个更广阔的框架中来思考游戏的本质。弗洛伊德在《超越快乐原则》（1920）中描述了他孙子的一种游戏形式，他把这种游戏理解为试图要掌握一门经验——赋予它形状，使它在孩子的控制下将对某物的痛苦体验转变成愉悦的活动，这可以愉快地重复。这个分析清楚地表明，孩子的游戏是在心情动荡不安的情况下，试图去忍受某个情感事件。因此，游戏是一种用行动表达思想的形式。

幼童的游戏往往揭示了他们确信自己能用全能力量控制世界和客体。如果他们看不见，他们就不相信自己能被看见，正因如此，在第一次和婴儿玩"躲猫猫"的游戏时，我们都乐在其中。随着孩子心智的不断发展，游戏也有可能为孩子提供各种经验的象征性表征，一旦达到这个阶段，孩子就可以从平行游戏过渡到和其他孩子一起享受玩耍的乐趣。这种过渡涉及一种转变，原先基本上是以躯体体验为主的游戏，或是使用一些与躯体几乎无法区分的物体来游戏（比如像我之前所说的，查理依次使用了椅子和靠垫），后来变得有能力以象征的形式利用玩具，这是真正的象征，而不是象征性等式（Segal, 1957）。

象征游戏在幻想和外部现实之间起着桥梁的作用，在儿童分析中对象征游戏的阐述和解释是分析者帮助儿童发展思考能力的主要方式之一。游戏本身，就像梦一样，可以通过一种表达焦虑的形式并允许幻想和现实之间存在差异（游戏中的蓄意伤害与谋杀并不是真的杀害），来降低焦虑的水平。它也提供了扭转孩子们挫败感的机会——我们可以在游戏中扮演母亲和父亲、医生和护士、超级英雄和怪物，而且既能在游戏中获得实际技能，也可以获得幻想力量所带来的安慰。

　　然而，对当今许多儿童心理治疗师来说，这种成熟的象征性游戏属于某种疗法，或是与难以进行游戏的孩子长期工作，为培养他们的象征性表达能力而付出艰苦努力之后获得的一种来之不易的成就。这一临床现实引发了许多关于技术的争论。我们应当怎样主动地示范孩子如何玩耍？我们应该提供更多当代儿童习惯玩的玩具吗？我们应该在多大程度上扮演玩伴的角色？仅仅提供一个封闭的时间和地点进行游戏是否是儿童分析的一部分？该理论强调的是游戏的治疗功能，而不是将儿童游戏视为潜意识语言，将我们的任务视为理解内部客体关系，把孩子们的游戏活动当作一种把握移情和反移情动力学特征的资源。

　　这些是当代正在进行的关于儿童精神分析性心理治疗理论和技术的一些讨论要点，也应当成为更广阔范围内精神分析学派的兴趣之所在。

（李璐翻译　郑诚审校）

参考文献

Bion, W. R. (1962). *Learning from Experience*. London: Heinemann.

Bion, W. R. (1982). *The Long Weekend*. Abingdon, UK: Fleetwood.

Dubinsky, A. (1986). The sado-masochistic phantasies of two adolescent boys suffering from congenital physical illnesses. *Journal of Child Psychotherapy, 12*(1): 73–85.

Ferro, A. (1999). *The Bi-Personal Field: Experiences in Child Analysis*. London: Routledge.

Freud, S. (1920). *Beyond the Pleasure Principle. S. E., 18*. London: Hogarth.

Joseph, B. (1985). Transference—the Total Situation. *International Journal of Psychoanalysis, 66*: 447–454.

Klein, M. (1932). *The Psychoanalysis of Children*. London: Hogarth (reprinted as *Writings of Melanie Klein Vol. 2*).

Klein, M. (1961). *Narrative of a Child Analysis*. London: Hogarth (reprinted in *Writings of Melanie Klein Vol. 4*).

Lempel, O. & Midgley, N. (2007). Exploring the role of children's dreams in psychoanalytic practice today—a pilot study. *Psychoanalytic Study of the Child, 61*.

Meltzer, D. (1983). *Dream Life*. Perthshire, UK: Clunie Press.

Miller, L. (2010). Personal communication.

Miller, S. (1999). Home thoughts from abroad: psychoanalytic thinking in a new setting: work in South Africa. *Journal of Child Psychotherapy, 25*(2): 199–216.

Ogden, T. (2001). *Conversations at the Frontiers of Dreaming*. London: Karnac.

Rustin, M. E. (1982). Finding a way to the child. *Journal of Child Psychotherapy, 8*(2): 145–150.

Segal, H. (1957). Notes on symbol formation. *International Journal of Psychoanalysis, 38*: 391–397.

Segal, H. (1991). Imagination, play and art. In: *Dream, Phantasy and Art* (pp. 101–109). London: Routledge.

Tustin, F. (1981). *Autistic States in Childhood*. London: Routledge & Kegan Paul.

Winnicott, D. W. (1971). *Playing and Reality*. London: Tavistock.

第三章
显梦就是现实的梦：释梦过程中理论与实践之关系的变化[1]

Juan Pablo Jiménez

导言

在我们学科的基础著作《梦的解析》一书出版约 110 年之后，精神分析的理论和实践的实际情况都变得复杂并呈现出多元性，这本身并不令人担忧。自从 Wallerstein（1988, 1990）在 20 年前宣称"精神分析的理论和技术的多样性已成定律，不存在独一无二的理论真理或实践方法"之后，大量作品相继问世，提示当代精神分析出现了知识碎片化（Fonagy, 1999）和混乱的现象（Thomä, 2000）。问题在于，多元化所带来的仅仅是广受欢迎的多元化，还是更糟糕的，由于知识的碎片化使得同行之间关于理论和实践的对话变得越来越困难。我们缺少的是一种能够用于系统比较各种理论和各种技术的方法。因此，这也引发了我们对精神分析学科的科学本质的思考。Wilson（2000）警告："当今社会的多元主义虽然

1　献给（Helmut Thomä）九十周年纪念日。

纠正了昨天的专制一元论，但很容易会演变成明天的噩梦，除非有一些指导原则来整合这一不断演变的过程。"（2000, p. 412）国际精神分析协会（IPA）现任主席 Charles Hanly 认为：" 当今社会，精神分析的理论已十分丰盛甚至过剩，缺少的是检验理论的观察。"（2010a）为了解决这个问题，IPA 最近成立了两个工作组，以针对精神分析理论和实践多样性的相关问题提出相应的解决对策。第一个工作组的任务是探索定义所谓的" 临床证据" 的方法，换句话说，就是" 探索临床观察是如何应用的，临床观察可以被怎样使用，临床观察如何才能更好地用于验证解释和理论的正确性"。（Hanly, 2010a）第二个工作组的任务是寻找更好地整合精神分析理论体系的方法。其中一个目标是" 澄清各种理论在哪些方面存在逻辑上的不可调和性，以及如果存在差异甚至矛盾，能从哪些方面入手来解决这些问题并能取得各流派的一致同意"。（Hanly, 2010b）这些工作组是否会在这些方面取得进展还有待进一步的观察。事实是，在过去的几十年里，许多研究者都在试图澄清精神分析中理论与实践之间的复杂关系（Bernardi, 2003; Canestri, Bohleber, Denis & Fonagy, 2006; Fonagy, Kächele, Krause, Jones & Perron, 1999; Jiménez, 2006, 2008, 2009; Kächele, Schachter & Thomä, 2009; Strenger, 1991; Thomä & Kächele, 1975）。

在最近的一篇论文（Jiménez, 2009）中我指出，在探索精神分析实践中的共识和分歧方面，仍存在两个主要障碍：首先是理论建构的认识论和方法论问题，尤其是很难知道精神分析师究竟是怎样进行他们私密的精神分析实践工作的。我提议，将精神分析的理论与实践分开，至少是部分地分开，并根据其自身的优点来把握和考虑精神分析师的实践。不得不承认精神分析的理论和实践存在一定程度的自主性，而且理论和实践之间的相互对应的程度要比我们想象的小得多，但这并不意味着理论和实践之间不产生相互作用，只是这种相互作用并不像看上去那么简单。

可以研究这种相互作用的一个领域是梦的形成理论与梦的解释技术。我在 1990 年提出的看法今天仍然有效："没有多少分析师会用弗洛伊德所绝对强调的梦是愿望的满足的理论来解释梦的形成和梦的工作，但是其他替代理论似乎也并没有取得成功。"（Jiménez, 1990, p. 445）

Lansky（1992）和 Reiser（1997）强调弗洛伊德《梦的解析》的主要目的是解释做梦时心灵是如何工作的。他并没有把关注点放在精神分析过程中，也没有放在与梦有关的工作中。

50 多年来，《梦的解析》一直是解释梦的现象的最有力的理论。作为一名神经病学家，弗洛伊德在他那个时代的神经科学基础上建立了他的理论，尽管今天的神经科学已经极大地修正了弗洛伊德时代的知识，但在关于梦的科学争论中，仍然无法避免他的理论，这些争论要么是为了反驳他的观点，要么是为了捍卫他的"经典"理论，即梦是"愿望的满足"（Boag, 2006; Nir & Tononi, 2009; Colace, 2010）。当然，我无意在这里卷入这场争论。

梦的起源理论和释梦技术的分歧

在这一章中，我将试图说明梦的解释技术是如何越来越重视所谓显梦（manifest dream）的，这一点，与弗洛伊德系统地、反复明确地警告过的"分析师不应该将显梦的内容视为真正的心理产物"的观点是不同的。

以下是弗洛伊德著作中大量相关段落的代表性论述：

这是很自然的，我们不应该把兴趣放在对显梦的分析上。无论它是被很好地组合在一起，还是被分解成一系列互不相关的独立画面，对我们来说，都是无关紧要的问题。即使它表面上看起来很理智，但我们知道，这只是通过梦的歪曲来实现的，与内部的内容几乎没有联系，就像一座意大利教堂的外观必须按照它的结构和规划来打造（Freud, 1916/1917, p. 165）。

然而，梦的解析的实践工作却走向了另一条路。自从Erikson（1954）的开创性工作以来，一直有大量的作品强调显梦能够而且确实在梦的临床应用中有着非常重要的作用（Blechner, 2001; Brooks Brenneis, 1975; Curtis & Sachs, 1975; Ehebald, 1981; Fosshage, 1983; Grunert, 1984; Jiménez, 1990; Reiser, 1997; Robbins, 2004; Spanjaard, 1969; Stolorow, 1978; Stolorow & Atwood, 1982; Thomä & Kächele,1987）。1954年，Erikson对这种情况进行了描述："非正式地说，我们常常全部或部分地根据梦的显性内容来解释梦。正式地说，我们在每一次对梦的分析中都急于打破它的显性外表，好像它是一个无用的外壳，我们希望赶快抛弃这个外壳而更偏爱其中似乎是更有价值的核心内容（p. 17）。"在过去五十年中这一趋势似乎愈演愈烈。因此，Robbins说，目前"在日常实践中，许多有关梦的解释都将梦看作一种独特的心灵的完形表达，而不是对其他事物的掩盖"。（2004, p. 357）

可以说，在解析梦的技术方面出现了分裂，一种是由弗洛伊德所提出并直到其生命的结束都在坚持的梦的起源理论所支持的所谓的"经典"技术，一种是认为显梦的内容很重要的技术。这一次，实践的发展先于理论的发展：直到今天，还没有一个被普遍接受的关于梦的形成的整体理论，能够在实践操作上证明梦的显意和梦的隐意之间存在着一种"有机的关系"，比如，显梦和个人精神生活的其余部分之间的关系。总的来说，Greenberg 和 Pearlman（1999）认为，目前的神经生物学发现：

> 梦具有整合和适应的功能，我们可以在显梦中看到这一点，而不用借助关于梦的伪装的理论。这就导致了一种观点，即梦（显梦）的语言与现实生活中的语言是不同的，它需要的是翻译而不是解析。梦可以理解为正在处理那些在做梦时正处于活跃状态的问题，这些问题常常与早期未解决的问题有关（p.762）。

French 和 Fromm（1964）也提出了类似的观点，他们认为显梦表达了一种焦点冲突并试图解决这种冲突。更早的时候，荣格（1934）就提出"显梦的画面就是梦的本身，并包含了梦的全部意义……我们最好说，我们正在处理的是一段不知所云的文字……"（p.149）。客观地说，《梦的解析》中包含了关于梦形成的第二种理论，该理论认为梦是以初级心理过程的方式表达的，这与清醒时的次级心理过程存在着本质上的不同，因此不能从次级心理过程的角度来理解梦（Robbins, 2004）。这似乎是一种需要翻译而不是解释的原始语言。Matte Blanco（1988）指出翻译梦的语言应考虑运用一种与众不同的逻辑，一种以不同的方式与亚里士多德逻辑或类似于次级心理过程的二价逻辑相结合的逻辑（Jiménez, 1990）。

　　由弗洛伊德提出的经典梦的解释技术，基于这样的假设，即所有的梦都是被压抑的欲望的虚幻性满足的表达。当代的主流趋势，尤其是英国学派，把梦理解为是此时此地对精神分析过程的移情的表达。对一些精神分析师来说，尤其是那些受自我心理学（ego psychology）影响的精神分析师来说，这种解释梦的方式忽略了对记忆恢复的关注，而这是改变过程中的一个重要因素（Loden, 2003）。正如 Morton Reiser 所言（1997, p. 895）：

> 显梦反映了在试图解决当前生活问题和冲突时的心理/大脑过程，包括通过移情的方式来表达，有意义的梦的内容不仅与过去有关，也与现在的生活问题有关。显梦的意象既来自当前的生活环境，也来自与当下相关的早年的冲突经历。

但是，这个话题又引发了另一场争论：即在治疗过程中恢复记忆的可能性及其治疗价值。对于 Mauro Mancia 来说，梦具有象征形成的功能，它为情感提供了一个出口，在内隐记忆中，幻想和防御作为不受压抑的潜意识的一部分可以用图像来表示，然后用语言进行思考和呈现（2004, p. 530）。Fonagy 认为内隐记忆只有通过对移情的分析才能获得（1999）。

当然，任何关于梦的起源和解释的理论都不可避免地遇到同样的核心问题：梦的实际体验是无法获得的，只能从梦者回忆的记录中推断出来。因此，我们借鉴"歪曲——一致性假说（hypothesis of distortion-consistency）"（von Zeppelin & Moser, 1987），该假说假定，尽管在记忆过程中会产生缺失和歪曲，但梦的基本结构和动力特征仍然完好无损。从这个意义上说，我对患者所描述的显梦的理解，可能会也可能不会被随后的联想所丰富。

精神分析过程中梦意义的建构

接下来我会呈现一份临床资料，我打算展示在一个充满活力的精神分析过程的背景下，患者和分析师是如何共同就显梦进行联合工作，从而建构了梦的意义，并由此深化了治疗过程，促进了患者既往记忆的恢复和分裂的自我的整合。我认为弗洛伊德所说的梦的隐意，是患者和分析师共同建构的意义的产物。这样，我们就改变了弗洛伊德的假设模型。基于显梦，即患者对梦的叙述，通过分析师—患者这对二元体不仅可以揭示隐含的或被压抑的意义，而且还可以建构新的意义并与旧的意义整合形成一个新整体。换句话说，对梦的解释不仅仅是把患者引向潜意识的过程，也是让大脑不断进行意义创造的过程。

在之前的一篇论文（Jiménez, 2009）中，我提出分析师的任务是一个持续验证的过程，其中包括观察、对话和互动。因此，在这一过程中获得的知识是患者和分析师之间的一种主体间真实的社交和语言建构的结果。这意味着对某个梦的解释必须与患者"协商"，同时也要考虑患者的情绪的发展史、分析治疗的过程，以及治疗时的"此时、此地"的情况。总的来说，只通过谈话来验证是不够的。如果我们要认真对待精神分析理论中关于治疗改变的核心，即探索和疗愈是相辅相成的，那么对事实真相的建构也必须通过语言交流所获得的疗效来验证（Spence,1982）。通过这种方式，观察患者的变化就可以验证对给定梦的解释。我希望在接下来向你们展示的临床材料中，这些概念可以变得更加清晰。

卡门的梦

卡门刚刚开始她的第六年精神分析，保持每周四次分析的频率。她在 40 岁生日那天来找我咨询，因为她再也无法忍受多年来折磨她的抑郁性疼痛。她参与了对皮诺切特专政的抵抗，在此期间，她处于危险的境地，并在斗争中遭受了失去男女同伴的创伤。十五年前，她的丈夫被杀，这使她陷入深深的哀伤之中。她的丈夫像一个活死人一样占据着她。在丈夫死后，卡门感到空虚、毫无生气、极度孤独，同时和她的年幼的孩子们没有任何情感上的联系。一年后，她咨询了一位精神分析治疗师，但几个月后，一次由爱抚变成性交的咨询经历使这段咨询关系创伤性地结束了。她在移情过程中产生的空虚感和对亲密关系的渴望与她此后对治疗师的强烈愤恨相对应。她再也没有回去过，尽管她有时会幻想着要面对分析师，但她觉得那次经历对她来说是一种强奸。几年后，卡门有了第二次婚姻，丈夫是佩德罗·巴勃罗，婚后他们有了一个孩子。据她说，这种关系"帮助她活了下来"。找我咨询的另一个原因是，每当她的孩子不在身边时，她就会被疾病和死亡的幻想所侵袭。在这种情况下，只要她的十几岁的孩子中的任何一个比约定的时间晚几分钟回家，她就有无法克制地想要报警的冲动。

　　她有两个兄弟，她是父母唯一的女儿。她形容她的父亲是一个相当抑郁和沉湎于工作的人，当他们还是小孩子时，父亲经常对他们施加暴力。当她提到她的母亲时，她说她总是认为她的母亲更喜欢她的兄弟。卡门深受发作性失忆的折磨，由于压抑，既往生活的记忆对她来说是一片空白。只有经过多年的分析，她才能提出有关性欲和难以获得快乐的话题。一个有趣的事实是，经过大约两年的分析后，她回忆起 20 世纪 60 年代末在大学里遇见过我，这让我感到非常惊讶。

　　在最初几年的分析工作中，分析工作激发的哀伤，她的罪恶感以及对上一位分析师的理想化，让治疗室充斥着脆弱和难以忍受的氛围。其结果是卡门表现出越来越强烈的攻击性和激烈的竞争欲望。卡门看起来谦逊和温顺，却因为对我的强烈愤怒而数次爆发，在这期间，她考虑过放弃治疗。通常，这些愤怒的爆发都出现在她不得不承认我是一个不同的人，我有属于我自己独立的见解的情况下。我认为，她强烈的愤怒源自她屈辱的痛苦经历。卡门对那位分析师的理想化掩盖了她对男性的嫉妒和怨恨，尤其是对她父亲的嫉妒和怨恨。当理想化慢慢消失时，便出现了一种威胁性的情色移情，这种情色移情是一种情欲和自恋融合的幻想的表现，是对自己希望成为一个男人以及作为女人的无价值感的防御，所有这一切都在她最近的梦中清晰地呈现出来了。

　　在我下面说的这次会谈（上一个周末）之前，卡门出于工作原因，在国外待了一个星期。这次会谈之后由于我的原因而休息一周半。因此，这是两次休息之间的会谈，其中一次间隔了四次会谈的时间，另一次由于我的原因间隔了六次会谈的时间。此次会谈结束后，我立即对谈话内容进行了记录。

卡　　门：昨晚我做了一个梦：我和佩德罗·巴勃罗（她的丈夫），还有另外三个穿黑衣服的男人在一起。其中一个人撩起他的衬衫，露出了一部分皮肤，红色的、布满了湿疹并渗出一些排泄物，这让我印象很深刻。另一个人说："我终于找到和我一样的人。"他把裤腿抬到膝盖上，露出了发炎的皮肤，皮肤上渗出了一些液体。还有另一个人的一些事情，但我不记得了。我不喜欢这一切，于是告诉佩德罗·巴勃罗我们该走了。在回去的路上，我们不得不穿过一个荒凉的石头地带，这里看起来就像 21 世纪流行的科幻电影中所描述的核灾难场景。后来，我们遇到了一群女人，她们同样穿着黑色的衣服。这时我们要穿过一个像水坝、沟壑的地方，但这样做看起来非常危险，因为每隔一段时间，水就会涌进来，把所有的东西都冲走。我们正要穿过去的时候，其中一个黑衣女人，我的老熟人M告诉我，这太危险了，她决定不过去了，因为在水涌来之前只有几分钟的时间找地方过河。佩德罗·巴勃罗和我开始过河了，但我们行走的方向很奇怪。我们没有横着走过去，而是纵向走。那是一个充满洞穴的地方，令人毛骨悚然。最后，出现了一些宽阔的石阶，我们可以通过它们爬到另一边。我说："这下我们得救了。"于是，我们开始爬这些石阶。但是佩德罗·巴勃罗突然把我连同石阶一起举起来，悬在半空，我差点掉进一个很深的沟壑中。我惊恐万分，感觉风吹在我脸上，我不想死，乞求佩德罗·巴勃罗把我放下来，因为现在我随时都可能摔死。早上五点左右，我从梦中惊醒，再也不能入睡，害怕再续前梦。

她花费了很长时间讲述她的梦，她用一种缓慢的语速、谨慎的方式以及戏剧性的口吻来描述梦，好像她在描述的过程中需要斟酌每一个词语。她的这段叙述吸引了我，激起了我的好奇心，并立即激起了我自己的幻想。转瞬即逝的念头掠过我的脑海。我想到今天是星期四，是周末休息之前，再过几天就要由于我的原因而间隔六次会谈的时间。佩德罗·巴勃罗……她说的是我——胡安·巴勃罗吗？这个让她悬在沟壑边缘的动作是否与我的缺席（治疗）有关？那些男人，他们是一些被阉割了并在展示他们的伤口的人吗？身着黑衣的男人和女人们，以及阴暗的背景让我想起了延迟性病理性哀伤、卡门的慢性抑郁，以及分析治疗的十字路口。梦中男人和女人是分开的，一对夫妇试图穿越已经被核灾难摧毁的地带……梦中反映的是哪个阶段的原始创伤？是俄狄浦斯期吗？这段梦的叙述大约花了十五分钟，我感觉在这段叙述中，没有说出来的东西比已经说出来的东西还要多得多，其中很多重要的东西藏在了之后的沉默中了。因此，我选择了一种谨慎和期待的态度。当然，我有很多办法来打破叙述之后的长时间的沉默，比如，询问卡门的联想，或者问她可能是什么原因让 M 做出不过河的决定。然而，我却等了很长的时间。我一直在思考以及观察她是如何依偎在治疗用的躺椅上，把毯子拉到她身上的。现在和她五年前开始做分析时已经有了很多的不同。那时当她进来或者出去时，她几乎不看我一眼，脸上的表情总是阴沉和害怕。她一直很难下决心使用躺椅，直到几个月后，她才放弃面对面的谈话方式。现在，和那时相反，她微笑着问候我，直视着我的脸，拿起毯子把自己裹在里面，平静地躺在躺椅上。

（她打断了我的思路）

卡　门：这个梦和我的性困惑有关，嗯……对我来说，谈论这件事是非常困难的，嗯……虽然我已经进行了那么多年的精神分析，但我还是感到羞愧和恐惧，我不知道究竟是什么原因，我不知道为什么谈论这件事情如此困难？为什么我不能轻松、自由地和你谈论这些事……

（再次一阵沉默之后）

分析师：请告诉我你已经知道的关于你的梦的事情，那些你没有提到的事情，那些藏在你沉默、停顿和缓慢而谨慎的叙述中，却没有说出来的事情。比如，我相信你知道M为什么出现在你的梦中，你也一定知道是什么样的困难阻止M穿越水坝。

卡　门：嗯……M是同性恋，她非常害怕男人。（沉默）是的，我害怕谈论我的性幻想。每次这种想法一出现我就立刻把它们压抑下去，好像我害怕承认它们一样。

分析师：害怕自己因为这个想法而变得兴奋？这听起来的确很危险。穿越沟壑，进入洞穴，然后做爱。很显然，你做过爱，但是感受不到兴奋，没有快乐和享受。是兴奋和快乐使你走到沟壑的边缘，但这些快乐是危险的，因为水坝可能坍塌，你会被河水冲走。

卡　门：嗯……好吧（语气坚定）……昨天有件事我忘记说了，在意大利的时候，我被安排住在一个非常棒的房间，可以看到窗外壮观的景色。我随身带了一些书和我喜欢的音乐，我喜欢躺在床上看书、听音乐。对我来说，这是极大的乐趣。整整三个晚上，我都在做关于那个墨西哥会议代表的色情梦，他是那个研讨会上的淘气鬼：他就是明星，就像你昨天说的那样，一直梦到这同一个人。嗯……

分析师：躺下来，依偎在躺椅上，开始在这里感受好的东西，感受快乐。你有哪些幻想，和我谈谈它们是什么……我能理解这对你来说真的非常危险。

卡　门：这些天我一直在想，我必须去很远的地方，去欧洲，遇到一个有吸引力的、聪明的家伙，这样我才能安全地进行性幻想，而不会发生什么灾难。但是，嗯……我意识到那个墨西哥人是你的替代者，这件事和你有关。对此我感到很羞耻，还有，很害怕。就好像我是一个女孩，你会因为我的这些想法而严厉地惩罚我。

我不禁想到，在梦中，不仅是那位墨西哥人还有佩德罗·巴勃罗，其实都是胡安·巴勃罗的替代者，都是我的替代者。我感觉自己被卡门的色情理想化所包围。我允许自己接受这种理性化，并思考分析治疗和生活之间的界限。很多时候，卡门给我的印象是，她把我感受为一种原始的体验，这不是移情，而是最初的体验，一种全新的体验。在我和她的关系中，有一些东西不加区别地融合在了一起。一个想法掠过我的脑海：移情解释能进行到什么程度？如果在解释中我认同她的丈夫，对卡门说一些诸如："你和我就是那一起穿过水坝的那一对，因此是我让你感到兴奋……"我这样做难道不会引发医源性的问题吗？和分析师上床不是一场灾难吗？我意识到卡门觉察到的危险确实是正确的。其结局一定类似当她和她的第一位治疗师发生性关系后就中断了治疗。我必须处理好两者的界限，既要接受认同她丈夫的位置，又不能超越诱惑的界限。我想到了乱伦的禁忌，我该怎么做？我决定要谨慎地处理卡门对我的色情性移情的幻想。

分析师： 然而，很明显，昨天和今天你躺在躺椅上感觉更安全了，因为你渐渐地开始让我接近你的性幻想。问题是当你依偎在这里的时候，你把自己裹在了毯子里……

卡　门： 是的，当然，我有一些不敢说出来的想法。

分析师： 你不仅觉得应该要去欧洲旅行，而且还应该有其他的想法，这里发生了一些事情，我猜想与在你的旅行和我下周中断的会谈之间是否有一些关联。这里没有危险，你可以今天，即星期四谈，然后是三天的休息，之后，接下来还有一段休息时间，我们中间会暂停六次会谈。

卡　门：是的，这就是我在这里感到放心安全的原因……

分析师：任何灾难都不会发生。在你的梦中有很多问题点、很多信息，但是我们今天没有足够的时间去分析。还有几分钟我们这次的会谈就要结束了，你一直在缓慢、小心翼翼地讲述着，你好像一直都在暴露自己但又没有暴露自己。

　　我就在这里停了下来，尽管我还想沿着这个话题继续说几句：这其中隐藏的是什么？湿疹、渗出液体、发炎的皮肤是一种痛苦、灼热的性刺激吗？我们在谈论什么？与你心中残缺的男人有关吗？你在男人身上看到了你自身的什么东西？同性恋是怎么回事？此外，你在叙述中总是说佩德罗·巴勃罗是一个对性不感兴趣的人，对你不太有吸引力，甚至让你怀疑他可能是同性恋。然而在梦中，佩德罗·巴勃罗却是一个有能力的人，只要一点点动作就能让你感到兴奋甚至是恐慌和死亡焦虑。对这个梦的解释停留在这里可以吗？如果在分析过程中，向你呈现另一种分析的结果会让你感到安全吗？

　　（当我想到这最后一个想法时，她说了一句令我惊讶的话）

卡　门：我希望这个问题不要就此中断。因为我觉得它非常重要。很多事情都取决于我对性的理解。我和从前不一样了，很多事情都变了。我不再为过去发生的事情而感到恐惧。在我的生活和工作中以及对我自己，我都变得更加自信。在这个过程中，我内心发生了一些非常重要的事情，对此我还没能很好地理解。但我觉得我似乎可以尝试用一种不同的方式去做事，这样我就可以过一种完全不同的生活，更多地去享受生活，并在生活中获得更多的快乐。

在我缺席数次治疗又重新恢复分析工作后，她经常提到梦里出现的话题。我对卡门提到的同性恋的话题感到特别好奇，尽管我还不太清楚它的意义是什么。我有一种感觉，她和我的关系似乎有些色情的味道，但更多的是有些混乱。在随后的几个星期里，事情变得越来越明晰了。下面是这个过程中的几件关键的事：

这次谈话结束以后，过了几个星期，卡门讲述了一个梦，在梦中她开着一辆 69 型的白色标致汽车（她自己对此的联想是，车和我办公室的墙壁是同一颜色）。她把这个梦和她青春期时的一个夏天联系在一起，当时她和她的三个女朋友开着一辆同样型号但颜色不同的车在某个海滨小镇"兜风"。那是 1969 年，她第一次在大学里见到我的那年。在联想的过程中，她突然又想起了另外一个梦。她在妇科医生的办公室里，处于接受妇科检查的体位，医生告诉她，她有一个感染的肛瘘需要立即切除，因为脓液正在压迫前部区域，会污染她的生殖器。

刹那间我的潜意识变得清晰了，我解释道："我们必须公开地讨论一下你和我之间的一种隐藏的关系，那就是你在幻想中，你隐藏于你的体内，准确地说隐藏于肛门和阴道之间。在这个幻想中，你和我正在进行一种永久的性交，在一个 69 型的汽车内，你吮吸我的阴茎，我吮吸你的外阴，这样，你就可以说服自己，有时阴茎是我的，有时也是你的。这是一种给你带来极大的痛苦并令你困惑的关系，它给你施加了很大的压力，玷污了你的性。如果我们始终不公开地谈论这一点，那么你作为一个女人的性就会持续受到玷污。"她强烈反对我的这种解释，也不同意我将此与她在多次会谈中对我的（肛欲期性的）控制所作的关联。

然而，几天以后，她带来了下面的这个梦："我在一个有屋顶的体育馆里，里面有很多人在运动。突然，我感到生殖器发痒，我让S（她的竞赛搭档）和我一起去厕所，让她看看我下面有什么。我拉下我的短裤，令我感到惊讶和恐惧的是，我发现我有一个巨大的阴茎，好像龟头上有些过敏。"后来，她补充说，体育馆里正在举行一场女子田径比赛，只有女性参加。

这些梦的片段以一种偶然的方式，揭示了她与前治疗师发生性行为背后的潜意识动机。同时也使得我们能够理解卡门巨大的愤怒和随之而来的幻想的破灭：渴望至少能与治疗师分享阴茎的潜意识幻想被现实彻底破灭，之后她感到比以往任何时候都更加空虚和不完整。

在接下来的一段时间里，卡门对自己的性别认同产生了质疑和困惑。她在过去的生活里一直把自己当成男人而不是女人，这导致她在生活中犯了巨大的错误。之后，卡门的早期母性移情开始出现并变得愈加清晰，而色情性的移情完全消失了。后来我明白了，卡门第一个梦中出现的同性恋是对她性别认同困惑的一种表达，这是由于她对自己拥有阴茎的强大幻想造成的，或是对被贬低的低自尊的一种防御。

讨论

很可能所有的临床精神分析师都会同意我的观点，即梦的解释的治疗价值会随着临床情况的不同而不同。有些病人很少把梦带到治疗中来，因此也不会因为对梦的解释而破坏治疗；然而，也有其他善于做梦的患者（卡门就是一个例子），通过与治疗师建设性地讨论自己的梦，从而以一种特殊的方式进入其内心世界。是否使用躺椅以及每周的会谈频率也是影响治疗的因素，一些精神分析师在利用梦的方面比其他人更有天赋。当然让病人进行自由联想的技术也确实是一种有效方法。在下面的讨论中，我将尝试概括我认为是指导我与卡门工作的技术原则。

第一，我想强调的是，我愿意倾听患者关于梦的叙述，从我上面转录的详细谈话文本中可以看出来。我认为这与 Ehebald（1981）推荐的方法相吻合，即用一种"和她一起做梦"的方式倾听患者的叙述，在移情和反移情的背景下，在内心体验梦中所发生的事件以及由梦所唤起的我们自己的情感。在这个案例中，分析师把重点放在患者叙述梦的方式上（Tuckett，2000），尤其是卡门叙述梦的方式，同时观察她在躺椅上姿势的改变（移情所致？）。我被梦所唤起的图像和情感——基本上都是色情性的幻想和情感——也都架构于病人既往的历史之中，这些让我想起了她与之前治疗师之间发生的创伤性事件。

第二个值得注意的是在这个案例中患者自己确定了梦的主题，即"这个梦和我的性困惑有关"。我想强调这一点，因为它表明是我和卡门共同建构了梦的意义。

在对这个明显有些怪异的梦的可能的多重意义的解释中，患者指出了一个非常清晰的可能性：这和她自己的性困惑有关。虽然在很长的一段时间里，我越来越怀疑出现了色情性的移情，但起初，我无法理解梦中出现的意象与卡门的性困惑有什么联系。

我相信正是在这个时候，显梦的工作开始了。我小心翼翼地与卡门面质出现在她梦中的意象，尝试把这些意象与她叙述梦时的情欲方式联系起来，在这个过程中，我一直受我的反移情所引导。她用联想来回应我的解释，这证明她对我的性欲引起了她内心巨大的焦虑。有趣的是，我们之间进行的是一场间接的对话：我们从来不直接谈论这个主题，即使我们都知道我们在说什么；我们始终都在谈论显梦，这似乎使我们双方都处于安全的心理位置上。无论如何，这个想法是为了让我们对梦中的意象保持开放的心态，而不是让解释充斥其中。在意义建构的过程中，病人的作用要比经典精神分析技术所赋予的作用重要得多。在这一点上，我相信我已经遵循了 Isakower 的建议——正如 Reiser（1997，P903）所提到的——让病人对"重返梦境"保持兴趣。

　　卡门在随后的数次会谈中带来了其他的梦，对这些梦的工作进一步澄清了卡门内在的核心冲突，并解决了长期以来干扰我们分析工作的情色移情。这些梦的显性内容用一种极其精确的方式揭示了被卡门深深压抑的童年的性幻想。

（李璐翻译　郑诚审校）

参考文献

Bernardi, R. (2003). What kind of evidence makes the analyst change his or her theoretical and technical ideas? In: M. Leuzinger-Bohleber, A. U. Dreher & J. Canestri (Eds.), *Pluralism and Unity? Methods of Research in Psychoanalysis* (pp. 125–136). London: IPA.

Blechner, M. (2001). *The Dream Frontier*. Hillsdale, NJ: Analytic Press.

Boag, S. (2006). Freudian dream theory, dream bizarreness, and the disguise-censor controversy. *Neuropsychoanalysis*, 8: 5–16.

Brooks Brenneis, C. (1975). Theoretical notes on the manifest dream. *International Journal of Psychoanalysis*, 56: 197–206.

Canestri, J., Bohleber, W., Denis, P. & Fonagy, P. (2006). The map of private (implicit, preconscious) theories in clinical practice. In: J. Canestri (Ed.), *Psychoanalysis: From Practice to Theory* (pp. 29–44). New York: Wiley. *Colace, C. (2010). Children's Dreams. From Freud's Observations to Modern Dream Research*. London: Karnac.

Curtis, H. & Sachs, D. (1975). Dialogue on "The changing use of dreams in psychoanalytic practice". *International Journal of Psychoanalysis, 57*: 343–354.

Ehebald, U. (1981). Überlegungen zur Einschätzung des manifesten Traumes. In: U. Ehebald & F.-W. Eikhoff (Eds.), Humanität und Technik in der Psychoanalyse. *Jahrbuch der Psychoanalyse* (Beiheft Nr. 6, pp. 81–100). Berne, Switzerland: Hans Huber .

Erikson, E. (1954). The dream specimen of psychoanalysis. *Journal of the American Psychoanalytic Association*, 2: 5–56.

Fonagy, P. (1999). Memory and therapeutic action. *International Journal of Psychoanalysis*, 80: 215–221.

Fonagy, P., Kächele, H., Krause, R., Jones, E. & Perron, R. (1999). *An Open Door Review of Outcome Studies in Psychoanalysis: Report Prepared by the Research Committee of the IPA at the Request of the President*. London: University College.

Fosshage, J. L. (1983). The psychological function of dreams: A revised psychoanalytic perspective. *Psychoanalysis and Contemporary Thought*, 6: 641–669.

French, T. & Fromm, E. (1964). *Dream Interpretation. A New Approach*. New York: Basic.

Greenberg, R. & Pearlman, C. A. (1999). The interpretation of dreams: A classic revisited. *Psychoanalytic Dialogues*, 9: 749–765.

Grunert, U. (1984). Selbstdarstellung und Selbstentwicklung in manifesten Traum.

Jahrbuch der Psychoanalyse, 14: 179–209.

Hanly, C. (2010a). *Project Group on Clinical Observation—Mandate*. Unpublished.

Hanly, C. (2010b). *Project Group on Conceptual Integration—Mandate*. Unpublished.

Jiménez, J. P. (1990). Some technical consequences of Matte Blanco's theory of dreaming. *International Review of Psycho-Analysis, 17*: 455–469.

Jiménez, J. P. (2006). After pluralism: Towards a new, integrated psychoanalytic paradigm. *International Journal of Psychoanalysis, 87*: 1487–1507.

Jiménez, J. P. (2008). Theoretical plurality and pluralism in psychoanalytic practice. *International Journal of Psychoanalysis, 89*: 579–599.

Jiménez, J. P. (2009). Grasping psychoanalysts' practice in its own merits. *International Journal of Psychoanalysis, 90*: 231–248.

Jung, C. (1934). The practical use of dream-analysis. In: R. C. F. Hull (Trans.), *Collected Works: Vol. 16*. Princeton, NJ: Princeton University Press, 1968, pp. 139–162.

Kächele, H., Schachter, J. & Thomä, H. (2009). *From Psychoanalytic Narrative to Empirical Single Case Research*. London: Routledge.

Lansky, M. R. (1992). The legacy of the interpretation of dreams. In: M. R. Lansky (Ed.), *Essential Papers on Dreams*, (pp. 3–31). New York: New York University Press.

Loden, S. (2003). The fate of the dream in contemporary psychoanalysis. *Journal of the American Psychoanalytic Association*, 51: 43–70.

Mancia, M. (2004). The dream between neuroscience and psychoanalysis. *Archives Italiennes de Biologie*, 142: 525–531.

Matte Blanco, I. (1988). *Thinking, Feeling, and Being*. London: Routledge.

Nir, Y. & Tononi, G. (2009). Dreaming and the brain: from phenomenology to neurophysiology. *Trends in Cognitive Sciences, 14(2)*: 88–100.

Reiser, M. F. (1997). The art and science of dream interpretation: Isakower revisited. *Journal of the American Psychoanalytic Association, 45*: 891–905.

Robbins, M. (2004). Another look at dreaming: Disentangling Freud's primary and secondary process theories. *Journal of the American Psychoanalytic Association, 52*: 355–384.

Spanjaard, J. (1969). The manifest dream content and its significance for the interpretation of dreams. *International Journal of Psychoanalysis, 50*: 221–235.

Spence, D. (1982). *Narrative Truth and Historical Truth. Meaning and Interpretation in Psychoanalysis*. New York: W. W. Norton.

Stolorow, R. (1978). Themes in dreams: A brief contribution to therapeutic technique. *International Journal of Psychoanalysis, 59*: 473–475.

Stolorow, R. & Atwood C. (1982). The psychoanalytic phenomenology of the dream. *Annual of Psychoanalysis, 10*: 205–220.

Strenger, C. (1991). *Between Hermeneutic and Sciences. An Essay on the Epistemology of Psychoanalysis*. (Psychological Issues. Monogr. 59.) Madison, CT: International Universities Press.

Thomä, H. (2000). Gemeinsamkeiten und Widersprüche zwischen vier Psychoanalytikern (Commonalities and contradictions between four psychoanalysts). *Psyche—Z Psychoanal, 54*: 172–189.

Thomä, H. & Kächele, H. (1975). Problems of metascience and methodology in clinical psychoanalytic research. *Annual of Psychoanalysis, 3*: 49–119.

Thomä, H. & Kächele, H. (1987). *Psychoanalytic Practice. Vol. 1: Principles*. Berlin: Springer.

Tuckett, D. (2000). *Dream Interpretation in Contemporary Psychoanalysis*. Unpublished paper presented at the English-speaking Conference of the British Psychoanalytic Society,

London, October.

Wallerstein, R. (1988). One psychoanalysis or many? *International Journal of Psychoanalys*, *69*: 5–21.

Wallerstein, R. (1990). Psychoanalysis: The common ground. *International Journal of Psychoanalysis, 71*: 3–20.

Wilson, A. (2000). Commentaries to Robert Michels' paper. *Journal of the American Psychoanalytic Association, 48*: 411–417.

Zeppelin, I. v. & Moser, U. (1987). Träumen wir Affekte? Teil 1: Affekte und manifester Traum. *Forum der Psychoanalyse, 3*: 143–152.

第四章
梦的变化——一位创伤性、慢性抑郁症患者的精神分析

Marianne Leuzinger-Bohleber

"诚如那尽管全无理性，但却深刻无比的至理名言：如果只是孤独存在，而全无保护、爱和安全，我将无法生存于世……"

W 先生

导言

尽管近年来由弗洛伊德建立的精神分析性的扩展案例报告已很少在精神分析类有关的国际杂志上发表，但此种案例报告仍然是国际精神分析学界中最重要的交流形式之一。在精神分析中有将此类案例报告视为"临床科学"的传统，但这一古老的传统目前已部分失去它的地位。除其他因素之外，主要与此类案例报告的科学性广受各界的质疑有关（参见Thomä & Kächele，1987）。限于本章的篇幅，此处难以对这些争议进行详细讨论（参见 Leuzinger-Bohleber, 2007, 2010; Leuzinger-Bohleber, Rüger, Stuhr & Beutel, 2002, 2003）。我自己认为，不论是对精神分析群体还是对非精神分析群体而言，到目前为止，还没有任何可以替代案例

报告的可靠办法，能如此充分和"清晰"地呈现只有通过漫长的精神分析过程才能获得的"叙事真相"[1]。的确，虽然精确的含有多次治疗小节的报告（或是逐字报告，或是基于分析人员的记录）对于许多临床和概念讨论来说是必不可少的，但它们仍然不足以传达治疗的总体印象及其结果。相比之下——当然最好的例证是弗洛伊德自己的文学化的扩展案例研究——还是综合性的案例报告能成功地向学生和广大公众传达"什么是精神分析"、它追求的目标是什么，以及它在病人身上所实现的转变的形式。因此，作为从事精神分析研究人员和临床医生，我并不只钦佩弗洛伊德的工作和遗产：还包括其作为作家和诗人的身份，在某种程度上，是后者成功而巧妙地表达了他对复杂的潜意识转化的心理过程的洞察力，并将结果传达给读者。出于以上这些原因，我同意主流叙事研究者的观点，他们认为许多"真理只能言传，而不能被衡量"。

　　正是由于对临床案例报告的这种尊重，我才成为国际精神分析协会（IPA，主席是 Marina Altmann）临床观察项目组的积极成员，并致力于提高临床研究的质量。与这一传统有关的缺点也是众所周知的，包括：支撑某种理论立场或假设的临床观察的随意性；极端封闭的有害观点；以自恋性的确认代替对观察的（自我）批判性的反思；只关注"得到有效解决"的明星案例，而不提疗效不佳的案例;（潜意识地）"杜撰"的危险——特别是用于培训的案例；重复或附会精神分析界主流的讨论，从而导致创新、非传统思想的消失；以及诸多其他的情况。为解决这些"临床研究"

1　在精神分析文献中，有关于"叙述""历史"和"体验"真相的广泛讨论（参见 Leuzinger-Bohleber, 1989, 2001, 2010; Spence, 1982; Thomä & Kächele, 1987）。

的弊端所采取的各种方法也构成了批判性讨论的对象。下文将对其中的一个弊端进行讨论，这是一种尝试性地以批判性态度探讨如何解决在呈现临床材料、理论评估以及在通过所谓的"临床专家验证（clinical expert validation）"的方法对临床观察的结果进行解释的过程中的任意性和缩合性的问题（参见 Leuzinger-Bohleber, Engels & Tsiantis, 2008, p.153 ff. Leuzinger-Bohleber, Rüger, Stuhr & Beutel, 2003）。简言之，在定期的临床会议上所分享的精神分析案例来自一位慢性抑郁症患者，这个案例属于 LAC 抑郁症研究的一部分[1]，其治疗过程各位同事都已非常熟悉。该案例有系统、详细的记录。下述呈现的"真实内容"的摘要也供各位同道审阅。基于汉普斯特德指数（Hampstead Index），我们进而采取了一种折中的方法，将复杂的临床观察给予系统的压缩，同时又不会因此而限制叙事的创造性。我们的"临床研究"目的之一，是基于对慢性抑郁患者的精神分析和精神分析长程治疗，为大家提供一套全面、系统的案例集。以下案例是我在此讨论的第一次尝试。我希望此举能激励其他临床医生也能对其他患者群体进行这种系统的、专家验证的案例研究。这里提出的方法非常接近临床实践。督导和相互督导小组，以及 IPA 候选人或IPA 会员所学的课程均可系统地用于对正在实施的精神分析进行专家验证，并记录那些根据不同的理论视角从扩展案例报告中所获得的知识。

1　LAC代表与慢性抑郁症患者的认知行为长程治疗相比，精神分析的短程和长程治疗的结果，是目前正在进行的一项前瞻性、多中心治疗疗效研究（项目负责人：M. Leuzinger-Bohleber, M. Beutel, M. Hautzinger和U. Stuhr），该项目由DGPT、Heidehofstiftung、国际精神分析协会的研究顾问委员会，还有M. Von der Tann博士支持。

在我看来，这将有助于改善临床观察及其在当代精神分析中的公开交流。

正如本卷所讨论的那样，梦早已被认为是通往潜意识的捷径。因此，在精神分析的临床观察中，它曾经而且也继续起着举足轻重的作用。在下面的案例研究中，显梦内容的转变，对梦进行分析的工作本身，都提示被分析者对治疗过程的潜意识的反应[1]。在这个叙事性案例中，所有相关的临床观察都被精心提炼和概括，并由"验证专家（validated experts）"尽可能精确地"叙述"。在这里，在我们"叙事性地"总结整个治疗过程时，我们采取了一种折中的办法：一方面能根据被分析者内部客体世界（inner object world）的变化反映出上面提到的精神分析过程的总体印象；另一方面，又能至少是部分地以逐字稿的形式再现连续会谈的核心顺序，但不会因此破坏所做摘要的叙述结构[2]。

抑郁与创伤：个案研究的焦点

在精神分析文献中，人们经常提到抑郁症和创伤之间的联系（Blum,

---

1   Horst Kächele在本卷他所执笔的章节中对我所做的一项实证研究做了总结，该研究调查了五个精神分析案例中的显梦的变化，并对前一百次和最后一百次的精神分析治疗中对梦所做的分析工作做了比较（参见Leuzinger-Bohleber, 1987, 1989）。在我执笔的本章节中讨论的重点是那些基于我的临床观察所见的内容。W先生的显梦内容的变化也被以非临床的方法进行了研究。Tamara Fischmann等人将在本卷他们撰写的章节中报告该实证研究的一些初步结果。

2   在临床观察项目组的研讨会上，还总结了精神分析治疗的初始访谈评估期，以及治疗第一年、第二年和第三年的详细资料，并借以阐明我们的临床观察的"三级模型"。

2007; Bohleber, 2005; Bokanowski, 1996; Bose, 1995; Bremner, 2002; Denis, 1992; Kernberg, 2000）。然而，我们在目前进行的对慢性抑郁症的 LAC 研究中很惊讶地发现，几乎不存在无累积性创伤的抑郁症患者。对在我们法兰克福组接受治疗的所有患者的首次系统分析显示，84% 的罹患慢性抑郁症的被分析者显示有明确的累积性创伤史。因此，这项广泛的、比较性的心理治疗研究的成果之一，便是为重新评估这种联系提供了详细的实证性和分析性的证据。如上所述，LAC 抑郁症研究法兰克福小组正在编写一份出版物，借助综合案例报告来说明早期创伤对慢性抑郁症的影响，以及与这些发现相关的一些治疗结果。以下案例研究是对一位慢性抑郁患者进行漫长的精神分析治疗的叙事性概括的一部分。现将需要讨论的观察结果呈现如下：

a. 未经解决的创伤经历可导致慢性抑郁。

b. 创伤经历作为"躯体具象记忆（ embodied memories ）"[1]埋藏在体内（ Leuzinger-Bohleber & Pfeifer, 2002; Pfeifer & Leuzinger-Bohleber,

---

1　"躯体具象记忆"的概念继承了弗洛伊德的"创伤是铭刻在身体里"的初始观点，但也为弗洛伊德的临床观察提供了一种新的、跨学科的解释。心理过程的躯体具象化在被所谓的"躯体具象认知科学"（embodied cognitive science）进行了实证检验之后，已在当代科学的许多不同的学科中都取得了丰硕的成果（参见Edelman, 1987; Pfeifer & Bongard, 2006; Pfeifer & Leuzinger-Bohleber, 2011）。长话短说：根据"躯体具象认知科学"，记忆并不是"存储在大脑某个部位静态内容"被激活的结果，而是一种在此时此地正在发生交互作用的情景中感觉运动协调工作的结果，——因此，记忆具有动态的、创造性的和"建设性的"特征，就像其他地方的具体临床案例所说明的那样（参见Leuzinger-Bohleber, 2008; Leuzinger-Bohleber & Pfeifer, 2002; Pfeifer & Leuzinger-Bohleber, 2011）。

2011），并潜意识地决定了当前的思维、感受和行动。

c. 只有分析师理解了在移情情境下表现出的特定创伤，才能实现抑郁情结问题的持续转变。

d. 必须承认创伤的"历史真实性（historic reality）"。同样必须承认的事实是，虽然创伤的影响可以在分析关系的修通过程中得到减轻，但它们无法被抹去。认识到创伤性经历破坏了对良好、有益的内在客体的基本信任感，似乎是认识到发生了创伤的先决条件，从而才能接纳其的影响（参见 Leuzinger-Bohleber, 2008）。

e. 创伤经历也可能在梦中表现出来。因此，对梦的精神分析工作将有助于创伤的象征化和心智化。

由于这些观点主要基于临床观察的交流，因此下述理论思考极有可能是片面的。

"不存在单一的抑郁症概念……"对抑郁症的成因的理论评价、精神分析和表观遗传学的反思

当代精神分析学家和精神病学家一致认为，只有多因素模型才能够解释抑郁症的复杂且常常是非常个体化的原因。"不存在单一的抑郁症概念……"（McQueen, 2009, p. 225）。例如，Schulte-Körne 和 Allgaier（2008）提出的精神病学模型假设，尽管程度和强度有所不同，但抑郁症的发生受多种因素的影响。许多重复性研究探究了遗传学对神经递质系统的影响。同时，许多研究表明，躯体虐待和性虐待造成的早期的创伤对后期的抑郁有影响，这种影响既有上述提到的成长过程中的因素也有社会性因素。目前在精神病学和精神分析中都认为遗传因素和环境因素之间

的相互作用是一个有效的解释模型，不过，正如下文将讨论的那个案例报道，早期创伤对抑郁症的影响似乎仍被低估。

精神分析为这些模型增加了另一个维度：我们假设存在许多最终可能导致抑郁症状的不同的潜意识的决定因素。我们所有的经验，从一开始就被潜意识所保留，并作为我们心灵的秘密的和未知的来源，决定着现在的情感、认知和行为。特别是创伤性的经历，以及其他发展性的冲突和幻想，在每个人的动力性的潜意识中都留下了它们特有的痕迹和特征（参见 Leuzinger-Bohleber, 2001）。因此，"正常的"和"病态的"心理和社会心理功能始终是特定个人成长经历的产物。

简言之，从事抑郁症病例研究的精神分析师试图发现他或她的抑郁功能的独特潜意识的根源：每个患者都有其导致特定形式的抑郁症的复杂的个体途径；每个抑郁症患者都有其自己独特的临床特征。抑郁症不是一个封闭的诊断类型，而是一个持续进展性的过程。

Bleichmar（1996, 2010）是一位研究抑郁症的高年资临床精神分析研究者，他提出了一种模型，根据该模型我们可以看到，当某个主要因素导致抑郁时，其实还存在相互影响、互为因果的多种致病途径。Bleichmar通过下图描述了这些不同的但不是唯一的致病途径。

对 Bleichmar（1996, p.77 ff.）而言，弗洛伊德的论文《哀悼与忧郁》仍然是我们对抑郁症的精神分析理解的基础范本。弗洛伊德认为抑郁症是对真实或想象的客体丧失的反应，因此将抑郁症定义为一种反应，它不仅与某种客体、想法、自我形象等的"真实的丧失"有关，还取决于这种丧失是如何被潜意识的幻想和有意识的思想所编撰的。在《压抑、症状和焦虑》（1926）中，弗洛伊德强调了抑郁症患者在失去一个客体后的"永不满足的渴望"——本能的满足、依恋的愿望、自恋的愿望以及与客

体安好无恙相关的愿望——再也不会被真实的或幻想的客体所满足。基于
这种愿望无法满足的绝望感，抑郁的病人会体验到自己的无力、无助和
无能。原本指向所渴望的客体的情绪被压抑，其结果是情感淡漠、抑制
和被动。许多精神分析学家都提到了在抑郁症患者中，无助和无能为力
起到的核心作用（参见 Bibring, 1953; Bohleber, 2005, 2010; Haynal, 1977,
1993; Jacobson, 1971; Joffe & Sandler, 1965; Klein, 1935, 1940; Kohut, 1971;
Leuzinger-Bohleber et al., 2010; Steiner, 2005; Stone, 1986; Taylor, 2010）。
Rado（1928,1951）观察到当一个人试图重新获得丧失的客体时会有强制
性的愤怒。他还描述了防御性的自我谴责是旨在减少内疚感，并通过自
我惩罚重新获得超我的爱（见图1的右上角）。

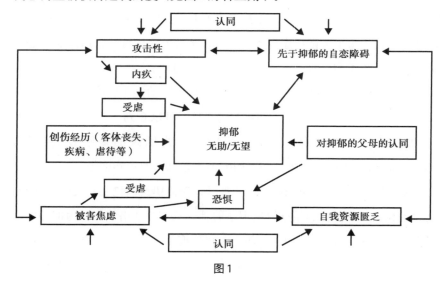

图1

当抑郁的痛苦旷日持久地存在时，这种恢复机制就不足以维持愿望可以被实现的幻想。心灵最后的防御策略可能就是动员针对心理功能本身的防御，从而将愿望、思考和感受统统排除。这可能就是Spitz（1946）所描述的出现在住院治疗的最后阶段，或是在发生了重要的丧失而又没能得到足够的替代客体的补偿之后的严重分离过程中时的那种精神状态（Bowlby，1980）。Ogden（1982）描述了某些面临长期无法忍受的痛苦的精神分裂症患者的极端防御形式，他将之称为"无体验状态（state of nonexperience）"的防御（Bleichmar，1996，p.937）。

绝望和无能为力的极端情绪的另一个后果是恐惧和焦虑：自体（self）的无能、虚弱以及无能的表征建立了一种似乎任何事物都是危险的，并将虚弱的自我（ego）压垮的心理状态（动力学图示在图1的右下角）。

因此，我们可以认为，这种愿望无法实现的绝望感是各种抑郁状态的核心。抑郁尽管是多因素的，但没有一条是必备的条件。这些病理途径中的每一条都是由不同的病理因素或领域所驱动的。

尽管关于攻击性冲动的性质和功能仍有很多争议，许多精神分析学家都强调了攻击性在抑郁症中的核心作用（Abraham，1911，1924;Blatt，2004; Freud，1917; Jacobson，1971; Klein，1935，1940; Kohut，1971，1977;

Steiner, 2005; Taylor, 2010）。[1]Bleichmar（1996, p.942 ff.）还强调了抑郁与内疚的关系，并提到了四个关于内疚起源的概念。[2]Kohut（1971）和其他精神分析学家强调，抑郁症的主题常常不是内疚，而是羞耻和自恋的痛苦。他将其描述为"悲剧性的人"，而不是"有罪的人"。继 Kohut之后，Ehrenberg（1998）和其他人假设，在当代的抑郁症中，羞耻感（例如弗洛伊德于 19 世纪在维也纳提出的由于被禁止的性欲的原因）比内疚感更为重要。Melanie Klein（1935，1940）认为，迫害性焦虑可能会导

1　Bleichmar（1996, p. 940 ff.）区分了抑郁症的三种攻击形式：

　　（1）内部客体的攻击和退行：主体感觉自己好像摧毁了客体。在这一情境下，最具推测性的理论是弗洛伊德的死亡驱力的概念，该死亡驱力被认为是导致患者在失去客体后不是重回正常的生活而是继续被死亡所吸引的原因（Steiner, 2005, p. 83）。W先生对其自记事起就一直抑郁的自我观察可以表述弗洛伊德所思考的现象：多年来，他一直有严重的自杀倾向，即"对死亡的渴望"。

　　（2）对外部客体的攻击：主体不仅对客体的表征实施攻击，而且还在外部世界中见诸行动（破坏友谊、破坏家庭关系等）。

　　（3）针对自体的攻击：由于强大的超我限制，攻击转向了自体［例如，抑郁症或内投射性抑郁症的自虐行为。内投射性抑郁症系Sidney Blatt（2004）所描述的两种基本类型的抑郁症之一］。

2　Bleichmar提出的四种内疚的起源：

　　（1）通过对客体的攻击的内射而产生的内疚：自体在意识层面受责备，客体在潜意识层面受责备。

　　（2）由潜意识的愿望的性质而产生的内疚：内疚可能是某些性和敌对欲望存在的产物。

　　（3）由对愿望的定性而产生的内疚：（施虐性的）超我将愿望定性为对客体具有攻击性和破坏性。

　　（4）认同所致的内疚：有一种潜意识的信念，认定自己总体上是坏的、具有攻击性和具有危害性的个体。

致抑郁，因为它们破坏了精神功能，扰乱了自我（ego）、客体关系、升华、现实检验等方面的发展。当代的心智化理论以一种新的方式解释了这些内在过程，例如边缘性患者的抑郁（参见 Fonagy，出版中；rohde-dachser，出版中）。此时，丧失的现实常常不是被接受，而是被否认（参见 Steiner, 2005）。

对抑郁的父母的认同也是一种常被提到的导致个体罹患抑郁症的因素（另见 Anna Freud, 1965; Hellman, 1978; Leuzinger-Bohleber, 2001; Markson, 1993; Morrison, 1983）。任何导致自我缺陷的条件（内心冲突、创伤现实、父母亲自我的缺陷等）都会抑制下意识的功能发展，难以建立令人满意的关系等，因此这也是可能导致抑郁症的另一个因素。

最后，Bleichmar（1996）提到创伤性外部现实对抑郁症的影响（另见 Balint, 1968; Baranger, Baranger & Mom, 1988; Brown & Harris, 1989; Winnicott, 1965）也是几种可能的因素之一。但是，我想通过下面的例子来讨论，创伤和抑郁之间的联系远比经典精神分析假设的更有戏剧性。在我看来，就像一些作者也在最近的论文中讨论过的那样，创伤在抑郁症的发病中的作用在文献中常常被低估（Blum, 2007; Bohleber, 2005; Bohleber, 出版中；Bokanowski, 2005; Bose, 1995; Bremner, 2002; Denis, 1992; Leuzinger-Bohleber, 2010, 出版中；Skalew, 2006; Taylor, 2010）。

有趣的是，越来越多的跨学科文献支持这一立场。我将提到几位这样的作者。Hill（2009）在其概述性论文中总结了成人抑郁的发展观点。大量的研究表明，早年被忽视或有失去父亲或母亲的经历，此后发展为成人抑郁症的可能性也随之增加（Bifulco, Brown & Harris, 1987; Hill, 2009, p. 200 ff. Hill et al., 2001）。Fergusson 和 Woodward（2002）回顾了有关儿童期性虐待影响的文献，并指出这与成年期抑郁症具有实质性的关联：儿童期的性虐待史使患抑郁症的风险增加了大约四倍[1]。

双生子研究表明，单相抑郁症具有中度遗传性（Hill, 2009, p.202 ff. Kendler, Gatz, Gardner & Pederson, 2006）。然而，表观遗传学的新研究表明，即便存在遗传易感性，也仅在经历严重的早期创伤时才导致抑郁症。Caspi等人（2003）的研究表明，只有严重的负面环境因素，如早期创伤，才能触发调节相关神经递质的 5-HHT 基因的短等位基因，从而导致抑郁症的发生。如果没有这样的创伤发生，就没有后续的抑郁症。

这些发现对精神分析学家来说极为重要，并支持了我们的临床研究结果，即对抑郁儿童、青少年和成人——甚至对来自有遗传风险的家庭的人群——的早期预防和干预措施有助于并有效地加强那些高风险人群的弹性。

表观遗传学和神经生物学研究也为 René Spitz 在 20 世纪 40 年代那项关于依恋性抑郁症和因长期住院而致的病态（hospitalism）的著名的研

---

1   尽管我们注意到新的表观遗传学研究为这一知识领域增加了一个新的维度是多么令人着迷，但表观遗传学研究的结果仍然存在争议。"总之，我们得出结论，尽管还需要更多的工作来正确理解5-HTT等位基因变异是如何影响对压力源和虐待的反应的，但关于G × E的所有证据都支持它的真实性。"（Rutter, 2009, p. 1288）。

究提供了新的证据，该研究中令人印象深刻的是，早期的分离创伤甚至可以导致婴儿期的严重的抑郁症。Robertson 夫妇在 20 世纪 70 年代重复了Robertson的研究发现，并对早期分离同样进行了令人印象深刻的研究。他们的观测结果与 Harlow 关于猴子的著名实验相当一致。得益于现代研究工具，Harlow 的继承者 Steven Suomi（2010）甚至能够证明早期分离创伤对于攻击性、焦虑和社会融合度发展方面的神经生物学因素产生巨大影响，从而影响遗传易感的恒河猴。这些发现与下面的案例研究高度相关。

　　早期创伤的影响将会传递给下一代。这一发现与许多作者，包括我们在上述 LAC 抑郁症研究中的专家所做的大量临床精神分析观察所得的结果一致。Goldberg（2009）对这些领域的最近研究做出如下概述：

　　　　基因与环境、行为与基因型之间的相互作用，对于许多不同特征如何构成"抑郁素质"提供了很重要的解释。同时，它们还有着更广泛的意义。它们提供了一种可能的途径，通过这种途径，跨代际的人际和文化因素的变化可能既是形成某些基因型的原因，同时也受到基因型的影响，并通过上述的人类文化的变化操控着进化过程的加速发展。

　　　　综上所述，我们看到了不良的环境条件对一些特定的基因型特别不利，而对其他人群则相对具有转圜余地。这一研究领域的发展

非常迅速——我们可以期待未来几年取得更大的进展……（pp. 244—245）[1]

　　另一项发现对我们的精神分析学家来说尤其重要。Suomi（2010）在他的研究中表明，抵消幼猴的分离创伤可能会继而"抵消（undo）"分离创伤所导致的神经生物学和行为的损害。显然，这对所有形式的早期预防和精神分析治疗而言都是革命性的发现。正如下面的摘要所要说明的，对于长期抑郁的W先生的精神分析，正是由于对移情反应中创伤性经验的理解，才使得被分析者能够识别不断重复的创伤，从而用一种新的和不同的心理现实来抵消它。最初无助、无奈的经历和被创伤淹没的恐惧可以通过成人的心理现实来抵消。这是一种积极的应对创伤的方法。从这个意义上说，虽然创伤的记忆没有被抹去，但是它的自动化的、再次创伤的作用可以被"抵消"。

1　因此我同意Goldberg（2009）的描述："现在是结束精神疾病遗传学家和精神分析师之间从不对话的时候了：在理解我们的遗传结构和社会环境之间的相互作用方面已经取得了令人兴奋的进展，这些环境因素要么允许基因在表现型中得以表现，要么使其完全受到抑制"（p.236）。他在对这一领域的当代研究现状进行了概述之后所得出的结论十分重要："母性关怀对海马发育的影响目前已在人类中（在女性中，但在男性中没有）得到证实。环境对促进基因表达的影响似乎得到相关工作的支持，这些工作显示，特定的负责一种重要的抑制性神经递质（5-羟色胺）代谢的基因的异常程度，可以反映成人对外部应激的敏感性。这个基因也与是否能形成安全依恋有关。因此，在大鼠身上观察到的异常现象似乎也适用于人类。同样，另一个负责神经递质单胺氧化酶A的基因的异常与婴儿对有害的躯体惩罚的敏感性有关：如果该基因正常，即便受到异常的反社会行为的危害，其敏感性也相当弱……"（pp. 244–245）。

　　……如果只是孤独存在，而全无保护、爱和安全，我将无法生

存于世……

（W先生）

精神分析案例摘要

评估访谈[1]

　　在第一次访谈时，W先生立刻让我想起了20世纪70年代由Robertson
夫妇执导的著名电影系列片"小约翰"中的一个孩子[2]。我不明白为什么
我会有这样的反移情性的幻想，因为 W 先生已经五十出头了，虽然面部
表情有些严肃，眼神忧郁，面部有严重的神经性皮炎，但还是个身材魁
梧、英俊的男人。他诉说，在过去的25年里，他一直患有严重的抑郁症。
他之所以来找我们，是因为在上一次抑郁发作之后，他提交了退休申请。
评估其退休申请的医生得出结论，他需要的不是养老金，而是"睿智的
精神分析"。一开始 W 先生认为这样的回答非常无礼。他觉得他没有被
认真对待，特别是他的诸多躯体症状：难以忍受的全身疼痛，严重的进
食障碍以及严重的自杀倾向。此外，病人还伴有严重的睡眠障碍。他常

1　在对Hampstead的观点做简要概述之后，还介绍了在第一次访谈中得出的阶段性观
　　察和重要场景、移情—反移情反应、症状、治疗背后的动机以及社会经济背景的
　　检查结果。W先生同意发表对他的精神分析的资料。为了保护隐私，我们在不破
　　坏"叙事真相"的情况下，对一些个人传记和社会经济资料做了些改动。
2　Robertson夫妇发行了一部观察儿童早期分离的电影，其中，约翰因为弟妹的出生
　　而在一个儿童收留所待了10天。

常整夜无法入睡。通常他会入睡一个半小时，最多三个小时就醒来。他感到身体十分疲惫，并且几乎无法集中精力做任何事情。

W 先生已经尝试了数次治疗，包括行为疗法、格式塔疗法、"躯体治疗"以及几次在精神专科医院、心身科的住院治疗，但都不成功。显然，他是属于对药物治疗无反应的患者之一，并且其复发的间隔时间越来越短，症状越来越严重。经过多次与多名精神科医生和神经科医生的磋商，发现只有普瑞巴林（译者注：一种止痛剂）才能或多或少地减轻他的躯体紧张度及焦虑的发作。

尽管有每周 4 个小时的精神分析治疗的指证，但由于 W 先生的居住地距离很远，W先生在治疗的大部分阶段实际只能保证每周3小时的时间。也因他有严重的睡眠障碍，30 分钟的自驾路程，也是治疗中常需要关注的问题。

个人史和创伤史[1]

病人是独生子。我们了解到的有关他早期童年的一个细节是，他是一个"哭娃"。很明显，他的父母常常感到无助，于是求询于一位儿科医生，该医生建议他们尽可能地忽视婴儿哭声，并"让他自己哭出来……这有助于增强肺部功能"。在头三个月的精神分析过程中，病人描述他的父母对他很有爱心，给予他相当多的照料和关心。然而，随着治疗时间

1　同样，在对Hampstead的观点做简要概述之后，对早期客体关系的重要信息、重要的成长经历事件、对冲突的动力学结构的评估的社会经济背景、发展水平等都以叙事的形式做了概要性的介绍。

的推移，越来越清晰的是，父母双方都有严重的共情障碍，此外，这位母亲还患有偏头痛和有明显的洁癖。他的父亲也存在一系列心身疾病的症状，和 W 先生一样，在职业压力下，遭受了"精神崩溃"。他的父母在青春期都经历了第二次世界大战，并仍然对他们小时候在国家社会主义教育思想的束缚下所遭受的苦难（孩子们被教育要像"克虏伯钢铁"一样坚强）等记忆犹新。他的祖父在第一次世界大战中失去了一条手臂，他脾气暴躁，经常会痛打孩子。

　　在他 4 岁时，W 先生的母亲患了重病，因此 W 先生被送入了儿童收留所，显然这里拥有专制的、不人道的教育原则。在这个收留所中经历的这段过程多么地痛苦，这在精神分析过程中可谓一目了然。后来，家族中一位姨妈非常勇敢，历经千辛万苦，要寻回她的侄子。而当她看到侄子后发现，他病得很重，窝在一个隔离间里，当他看到他姨妈时，毫无反应，似乎对她的到来表现得完全无动于衷。但收留所一直传递给其父母的讯息是，这个男孩性格很开朗，他在那里玩得很好，各方面都是很不错的。姨妈报了警，父亲立刻赶来，把 W 先生接了回家。W 先生的第一次童年记忆是围绕以下事件展开的：他回忆起父亲是如何牵着他的手带他走出收留所的。他还回忆起收留所里的一个女孩是如何被逼着吃她自己的呕吐物的。

　　经询问，他的母亲回忆说，在收留所待了一段时间后 W 先生完全改变了：他变得沉默，不想上幼儿园，而且是一个害羞、经常做白日梦的男孩，喜欢待在乡下。在精神分析的过程中，可以清楚地认识到，由于与初始客体分离导致的创伤，使得他失去了对内在客体的基本信任，之后多年，他一直生活在一种离群索居的状态中（参见 Bohleber, 2000）。在他的许多梦中，他经常觉得自己处于致命的危险之中，独自一人，充满了恐慌、焦虑和绝望（见下文）。从收留所回家之后，W 先生又经历过两次因为母亲生病而分离的经历，但因有亲戚的收留，这两次事件对他所造成的创伤较小。11 岁时，他们搬了一次家。他回忆起他是如何用他所能做的一切来抗议父母的决定，但他的父母对他因搬家而引起如此惊慌失措的焦虑行为完全不能理解。他们认为他蛮横无理而又不可理喻。

尽管处于离群索居、与世隔离的状态，W 先生仍然是一个好学生，他顺利完成了第一次学徒训练和之后的大学学业。青春期时，他经历了一次心身崩溃，其父母将此诊断为"成长危机"，并试图通过维生素治疗来帮助他。15 岁时他交了第一个女朋友，他的状态改善了。22 岁时他与第一个女朋友分手了，因为他爱上了另一个女人。虽然和女友的分手是他想要的，但他对此反应却非常严重。在那几个星期里，他几乎无法进食，遭受肠道疾病的困扰。经历了可怕的腹泻后，他突然感觉好多了。他与第二任女友也主动分手了，尽管由于这次分手又使其遭受了几个星期的痛苦。在进入另一段关系后，他在一次由新女友举办的聚会上出现严重的精神崩溃：由于过度换气（惊恐发作），他不得不被送进医院。"自那次经历以来，我一直无法相信我的身体。我经历了一次又一次的惊恐发作和无法呼吸、快要窒息的感觉。"当第三个女友背叛了他，和另一个男人在一起时，他再一次经历了严重的抑郁发作，他无法捍卫自己，反而恳求她留在他身边，他觉得这是一种丢脸的做法。

尽管所有的治疗方法都使他的症状得到了缓解，但"没有任何治疗治愈了他"。他娶了一位非欧洲国家的女性，并且在治疗开始时有一个 3 岁半的儿子。最后一次严重的抑郁发作（一年半前）起因是在他因建造房屋，承受了长达一个月的两倍的负担而感到极度疲惫时，他的妻子还冷酷、毫无同情心地指责他。他的妻子毫无根据地指责他未能阻止婴儿在危险物体周围爬行，会对孩子的生命造成威胁。W 先生无法为这场毫无根据的指责进行辩解。在第二天起床后，他进入了一种无法忍受的抑郁状态。

尽管如此，几周后，他还是为了家庭的幸福，试图重新开始工作。然而，过了一段时间，他觉得自己无法坚持自己的职业。他去度假了。后来他患了急性支气管炎，以后又发展成肺炎。在他住院期间，发现了一个肿瘤，不得不动手术。在第一次访谈中，他令人印象深刻地描述了他是多么希望在手术中死去从而能"逃离苦难"。与此同时，他希望肿瘤是导致他抑郁的原因之一，但这被证明只是一种错觉。就是因为这个原因，手术后几个星期，他出乎意料地提交了退休申请。

治疗过程：显梦内容的改变——是创伤在分析关系中得以修复的指标吗？ [1]

在初始访谈中，我和 W 先生之间的密切关系已经开始显现，我开始与这样的幻想作斗争：我再也不能把他转介给其他同事，这样病人就可以选择他希望能够开始治疗的分析师——就像我通常在评估阶段的做法一样。在接受督导中我明白了，在我的反移情过程中，我极有可能是把自

1　在案例研究中，我们试图以叙事的形式提供分析过程和治疗过程的高度可塑性的印象，但也描述了几个临床关键场景，尽可能接近分析治疗中的具体相互作用。在这些叙事性的概述中，LAC研究的临床医生们选择了多个焦点问题（例如，患者自杀倾向的处理、药物的作用、受分析者的"心理撤退"现象等）。他们都接受过David Taylor的培训，学过如何应用"塔维斯托克抑郁指南"。在这里，重点是梦内容的转变或通过对分析师的移情对梦所做的分析工作中所获得的知识。

己体验为一个把患者从收留所里带出来的"拯救式的父亲"，即一个不可替代的初始客体。W 先生显然与爱的客体建立了一种几乎是共生的关系，并体验到了如果从中分离就有威胁到生命的危险：此种内心世界的幻想与我强烈地受到治疗情景的影响而形成的反移情相互吻合，并让我一直思索一个问题，我们能否设法接近其慢性抑郁症的核心。在我看来，这几乎是一个无所不能的幻想，因此，与 W 先生以前的许多治疗师相比，我可以在这样的尝试中取得成功。

　　……这是一场战争……（W先生）

　　令我惊讶的是，第一次心理治疗就充满了最强烈的情感：W 先生对妻子充满了愤怒，他描述了最糟糕的婚姻生活中的场景。他的妻子当着他的小儿子对他进行口头和身体上的攻击，她也会和儿子发生激烈的情感冲突。他的孩子患有选择性缄默症：他只和父母说话。此外，他还得穿着纸尿裤。

　　我们在访谈治疗期间很快就发现，由于害怕被抛弃，W 先生无力抵挡妻子的攻击。他有一个恐慌、绝望和极度孤独的内心世界。当我试图提出这些影响与他所经历的分离创伤之间的联系时，W 先生激烈地拒绝了。"其他治疗师会反复提到我在儿童收留所的事情。我简直不敢相信，4 岁时在那里待上三周会对我产生如此长期的影响……这一切似乎都是人为的……"初始阶段的另一次激烈冲突，发生在当我小心翼翼地询问他是否不想从目前难以忍受的婚姻冲突中寻求安慰，以及不想在抑郁状态下承受工作压力之苦之时，W 先生勃然大怒，并继续解释，当给其做首次评估的医生将他描述为"一种不愿工作、希望逃入疾病的疑病症患者"时，他是多么生气。"他对我的焦虑和抑郁的存在根本没有概念。我不是一个骗子！"这些场景让我明白，在精神分析的过程中，治疗师认真对待和把握 W 先生难以承受的心理痛苦，对他来说是多么重要。而且，回想起来，我开始把这些场景理解为一种指标：在移情过程中，他正带着被激活的创伤性体验，与他的非共情的初始客体进行抗争。正如前面提到的，父母双方都有严重的共情障碍，他们无法理解、支持和包容 W 先生的情感爆发，不仅是在婴儿后期，也在其童年早期，都没能够以"足够好"的方式让其体验到好的关系，反倒是让他体验到具有创伤性的关系。[根据 Terr（1994），此种创伤属于"Ⅱ型关系创伤（relationship trauma, type Ⅱ）"]。因为这个原因，他似乎带着一种原始的，但却是未被满足的与（共生的）初始客体（依恋性地）融合的需要（参见 Blatt & Leuyten, 2009）。

在描绘了以上的场景之后，W 先生在第十次访谈中讲述了他最初的梦境：

> 当时的背景是战争。我和妻子一起在集中营里，因为她是外国人。我试图保护她，但被一种恐惧感所压倒。

所做的相关联想导致了这样一种结果，尽管无助和不能保护受到威胁的爱的客体，处于惊恐发作和无能为力的状态的自我（self）依然是内心的战争和被迫害的主体。之后的一晚，W 先生又做了一个梦：

有几个人闯进我们家的院子里。我突然大发雷霆地喊道："你们到底想在这里干什么！走开。"……他们确实离开了花园。我妻子说我把情况处理得很好。

在精神分析访谈中，我们对第二个梦的理解是他希望投入到精神分析之中：他希望能够获得运用他的攻击性冲动来保护他的"房子"、他自己，以及他爱的客体的能力，以便在遇到危险时能表现得主动而不是被动地屈从，并被焦虑和恐慌所淹没。这将增强他的自主意识和男性身份，并且，他也希望赢得他妻子的接受和爱，实际上，他的妻子会因他有抑郁症而蔑视和贬低他。

对创伤性的爱的客体的丧失的展现和在收留所面对生命威胁的"躯体具象记忆"……

在接下来的几周里，分析的外部现实急剧升级：他的妻子爱上了别的男人。可怕的场面不断爆发，其中之一是患者的妻子向他坦言，她从来没有真正爱过 W 先生，而现在她才第一次体验到什么是真正意义的性满足。

对 W 先生来说，一切都崩溃了：他被一种恐慌和绝望的感觉淹没了，而且几乎无法入睡。他感到被对手完全贬低了。看到他对妻子加在他身上的贬低的完全认同，我感到非常震惊。接下来的数次访谈都充满了抑郁性的自责和强烈的自我憎恨，以至于我最终对他面质道："你经历的这可怕的轻视和被抛弃，就像你小时候在收留所里曾经历的一样，你现在就是戴着你曾经戴过的灰色的眼镜看世界。你没有像在第二个梦里那样为自己辩护，而是在内心把房子和家拱手让给你的对手，甚至没有反抗。显然，你的妻子也就确认了你内心的抑郁的自我形象。"

因此，在这一阶段，治疗往往呈现了危机干预的特征：创伤性的分离焦虑转变成了工作的核心，并进而揭示了它们的归属。对爱的客体或初始客体的巨大愤怒和毁灭性的攻击成为治疗谈论的主题。在治疗中反复不断地尝试将其内部的客体与当前现实中的丧失和背叛的痛苦经历区分开来，最终让 W 先生克服了令人瘫痪的被动和彻底的绝望。他给自己和儿子订了一张去妻子遥远的家乡度假的机票，把妻子留给她的情人。尽管心存内疚，他还是和一个熟人有了一次偶遇且令人满足的性接触，他将此体验为确认了他还有成年男子汉的气概，在一定程度上也算是一种自恋的补偿。

然而，接下来的几个月对 W 先生来说却意味着是一段可怕的时期，给他留下了可怕的创伤和耻辱：他的妻子和她的情人住在一起，把儿子留给了他。在父母的帮助下，W 先生设法照顾他的孩子。他全身的疼痛明显增加，以至于他经常感觉有一个"开放性伤口"。我们怀疑，对他来说，这种代表几乎会危及生命的身体状况的体征，与他在收留所时所经历的危及生命的疾病产生的"躯体具象记忆"有关。作为对这种解释的回答，症状的某种改善似乎是证实了这一假设。

W 先生提到了令人头晕的多个噩梦：例如，在树林里，他远远地观察到一架燃烧的直升机是如何坠落到地上的。此外，在多次的治疗中，他对被抛弃的焦虑以及这与他父母的病理性的联系都变得更加明显。

令人惊讶的是，在这几个月里，他的孩子表现得相对平静，用幼儿园护理员的话来说，这孩子现在变得主动了，渐渐地不再有选择性缄默了，现在能够独自上厕所，而且正在谨慎地开始寻找走出社会孤立的方法。

当妻子想要回孩子的抚养权时，从患者的反应中可以看到他要继续与妻子保持联系的愿望达到了什么程度：他不听父母和朋友们的劝告，不能利用现在的实际情况与妻子分开和申请孩子的抚养权。一想到要和妻子离婚，他总是惊慌失措，尽管这桩婚姻使他屡遭伤害，但还是希望能维持下去。类似的幻想也在治疗中呈现：W 先生表达了他的焦虑，他已变得如此依赖我这个分析师，以至于他将无法忍受治疗的最终结束。在这里，我们触及了他潜意识的信念："没有任何东西或任何人能真正帮助我……"

在接下来的治疗中，W 先生讲述了下面的梦：

> "我在 X 附近的树林里，爬过一条又长又黑的隧道。然后，我来到一家酒店，那里有一个宽敞的露台可以眺望阿尔卑斯山 [1]。虽然天气非常宜人，但我仍然担心自己可能会从露台上跌落到深渊。因此，我不敢待在露台上，宁可往回走，尽管我知道在隧道的另一端，在我的家乡，事情已经不再是以前的样子了。"

他对此梦的联想提示在其内心深处一直在怀疑接受精神分析治疗的价值——爬行穿过抑郁的黑暗隧道以便能够看见光明、看见远处的阿尔卑斯山，并能够适应环境，但也有凝视深渊怕跌落其中，或者还是最好

1　我是瑞士人！

回到熟悉的家乡，尽管这种"安全"带有悲观抑郁的味道。很可能这种附加的、继发的疾病，实际上是 W 先生不是去解决要保持这种关系就要承担被爱的客体抛弃和拒绝的风险的问题，而是逃入抑郁的结果。在这一时期，进一步的解释遭到患者的强烈排斥，即有关忠诚的冲突与远离家乡、抑郁性的初始客体，将其抛在脑后不管的内部世界的表征，以及离婚等有关。现实存在的离婚激发了对早期个性化和自主性冲突的思考。

"对创伤性的初始客体的报复"

在治疗的这个阶段，可以清楚地看到，重新激活分离创伤的严重后果——由被抛弃的恐慌焦虑所导致——会对自恋性的基本自尊产生影响：对妻子，他觉得自己就像一个无助的、依赖别人的孩子，任由自己被羞辱、伤害和攻击。在做出这些连接时，他回忆起以下梦境：

> 我看见一个男人躺在路边，受了重伤——他的肠子在往外涌，所有的东西都浸在血泊里……一架直升机出现了。目前还不清楚这名男子是否仍在被枪击，或者是否应该去帮助他。此时有人出现了，说该男子已经死了。我注意到这个人还活着，而他真的睁开了眼睛并问道："为什么没有人帮助我？"有个女人递给他一个锅盖，让他把锅盖盖在伤口上……然后我就被吓醒了。

显梦画面中那个冷漠、无情的女人，以毫无用处的方式将一个平底锅盖递给那位受了致命创伤的男人，让他盖住伤口，我从中看到了一个信号，在移情中，W 先生将我体验为是一个冷漠无情的、无用的、事实上甚至是施虐的初始客体。在此基础上的谨慎推进，就有可能解决他对我的令人难堪的攻击性的幻想。他注意到了他自己的极度焦虑；而我也和他的母亲一样，无法忍受这种攻击性的冲动，直到今天，他的母亲对批评的反应都很激烈，通常表现为偏头痛。

识别和修通负性移情的各个方面

只有在直接解决他的不信任和他对分析师咄咄逼人的幻想之后，变化才能出现。而这种变化也确实在治疗的第二年逐渐出现了。W 先生变得有些自信了。他开始了一段新的恋爱关系，和一个比他妻子有同情心的女人相爱了。较为安全的自我和客体边界开始建立。此外，正是现在，曾经的愧疚感才被治疗工作所接受：在一次治疗中，他发现了之所以无法离开妻子，是因为他不知怎么地就坚信，这样做会毁掉妻子。分析师根据发展心理学给了他一个解释：

"如果父母不能安抚哭闹的婴儿，婴儿就会陷入极度绝望的境地。精神分析学家认为，这可以激发早期的幻想，而这些幻想中包含着无法控制的破坏性冲动，因为在这种绝望的情况下，孩子所感知到的极具攻击性的幻想是无法被捕捉到的，因此父母也就无法使其缓解。然后，孩子会体验到父母的无能为力（实际上，就像你体验到我对你抑郁的感受一样）。进一步的后果是，具有攻击性的破坏性幻想仍然被其他心理发展排斥在外。然后，他们偶尔会像你刚才提到的那些人那样，抱有不真实的信念。"

在接下来的治疗中，W 先生报告了下面的梦：

我梦见自己悬在一个深深的峡谷上，非常恐惧。两个女人在我上面，她们没来帮助我，而是以一种奇怪的方式在峡谷上抛了一条白丝带。然后她们抓住带子，试图穿到峡谷的另一边。我不禁对这个愚蠢的想法感到惊讶，然后亲眼目睹她们是如何真的掉进峡谷的……然后我就在极为恐慌的状态下惊醒了。

分析师：你经常抱怨你妻子的"愚蠢"——而上一次治疗我们重点谈到你有时会有这样的印象：我能做的极为有限，帮不上忙，无法为你在抑郁的深渊上架起一座桥梁。你是否认为这在某种程度上被带入梦境了吗？这些女人没能帮你摆脱生命危险的处境，但最后也因为自己的愚蠢而跳渊身亡。

从技术上讲，很难表达这样一个事实，即这些灾难性的梦境形象可能浓缩了他对女性的巨大愤怒。在这种情况下，幽默往往很有帮助。在上述治疗结束后，W 先生偶然发现我在使用汽车方面遇到了技术难题，我本能地说："是的，也许我真的是一个愚蠢的女人。"W 先生听了这句话，爆发出一阵大笑，很可能是在暗示我说到点子上了。

接下来的几个月，他一而再、再而三地集中表达对女性的愤怒。与此相关的潜意识的幻想和冲突的修通导致了进一步的转变：懒散的态度大大改善，以至于他敢于减少他的药物（普瑞巴林）的剂量了。他重新发现了生活中不断增加的快乐感，并在工作中发展了更多的创造力。尽管他对失败忧心忡忡，但他还是签下了一份重要的私人工作合同。在他目前的经济状况下，这可谓是一束阳光，也为他提供了重要的自恋满足感。

带着"黑狗"出去[1]

在接下来的几个月里，他更加挣扎于应对被抛弃的恐慌性焦虑，不让自己被动地被这种情绪淹没。偶尔，他会成功地给"黑狗"拴上一根皮带，他乐意这样称呼这种情绪。他显梦的内容也明显地改变了：梦中的自己变得更加活跃，不那么容易受到消极的灾难和致命的危险的影响，但经常具有攻击性，并卷入涉及生存的重要冲突中。我们认为下面的梦是表明这种内在转变的关键梦：

> 我和我父亲在车里，但我几乎不能控制车，它开得越来越快。突然，一座高塔矗立在路中间。汽车在塔的墙上疯狂地行驶着，又从另一边开了下去。虽然我非常紧张，但我们什么事也没发生。我们可以继续开车了。然后我们注意到，另一个人也同样迅速地爬上了塔顶，然后，同样地又从另一边快速滑了下去。他也没出什么事……我们跟着这个人，然后出去了。然后他变成了一个面容狡诈的人，就像《星际迷航·企业号》中的德尔塔。我不知道他是人还是机器人。他有一条黑狗。这狗变得越来越大，爪子搭在我的肩膀上。我很恐慌，因为这条狗能咬断我的喉咙。然后我突然看到这只狗有一张看起来也很恐怖的女人的脸。然后我对它说，它不像我想象的那么危险，并赞美它，它显然很高兴。

1　W先生在我的办公室里看到了Matthew Johnstone（2005）所著的名为 《我有一只黑狗》这本令人印象深刻的插画书，并买了一本。在精神分析中偶尔会提到这本书。

　　对梦的联想引出了 W 先生在随后的几次治疗中探索的问题：例如对父亲的认同；试图重新获得他的男性的阳刚（梦中的图像是那座塔）之气；解离和在这个世界里立足不稳（梦中的机器人）的体验；在充满爱的客体（梦中的狗—女人）面前存在焦虑，等等。然而，最重要的是，这与他积极克服恐惧和焦虑有关。在梦中，他并没有否认存在的危险和在此之后又缓解的极端感受，而是敢于"直视狗的眼睛"。他通过自己的行为发现了他人的焦虑，不再被自己的恐慌所淹没：即，当自我（ego）无法抑制死亡焦虑和恐慌的重新激活时，能够通过观察它和理解它来在一定程度上积极地对抗它。我发现有趣的是，在梦里 W 先生一直在处理我自己的不足感（有着一张女人脸的狗，而这只狗本身就是充满需求和焦虑的）；在这段时间里，我经常怀疑是否真的有可能通过我们的精神分析来改变抑郁症，这在他的梦里也得到体现："黑狗"的体型往往被认为是大得不成比例，几乎不可能被制服。

　　因此，对于我们每个人来说，这个梦都对当前正在发生的治疗工作起着象征性的作用——双方共同尝试着在精神分析的关系中审视创伤的恐怖，不否认它的真实性也不刻意去消除它，而是从心理上接受它的存在：积极地用某种东西来对抗它，以免被恐慌、绝望和焦虑所淹没，继而被它潜意识地左右自己。

　　当创伤尤其是在外部现实中创伤（例如与他妻子的关系）的重新激活可以成为讨论的主题后，W 先生变得更能在移情中直接体验和理解创伤性分离焦虑。这发生在进行精神分析的第三年。

创伤在移情中的重新激活[1]

对与分析师的分离，W 先生的反应越来越强烈。在一次假期中，他接受了一次有问题的牙齿矫正手术，引发了难以忍受的头痛，以至于他有两个多月没办法工作，也不能来接受分析。最后，我给他打了电话。随后，通过电话对他进行了几次危机干预，逐渐摆脱了"黑洞"。很明显，W 先生是以见诸行动的方式再现了他早年的分离创伤，并把我，作为一名分析师，带入了"拯救式的父亲客体"（把他从收留所带走的人）的处境。当我直接提到这个假设时，在下一次的电话交谈中，W 先生叙述了如下的梦境：

> 我看到了一群沾满泥土的人，他们一起在做房子的外墙工作。寒风凛冽——工作极其痛苦、艰巨、令人难以忍受。然而，在梦里，我有一种确定的感觉，人们将会成功：在某一时刻，房子将会建好，并为他们提供一个温暖的家。然后我转向我的妻子说："你看，人是可以做到的——人只要待在一起就行了……"

对此梦的联想让我产生了一个基本的感觉："我的房子无法修复：它将永远是一个漏风的、危险的外壳……但是，在梦中或许仍有一丝希望的火花：我相信，房子的建造最终会完成。"我们将此与他在一开始描述

---

1   众所周知，在近年来的精神分析专业文献中，出现了关于创伤威胁生命的真相是如何在分析过程得以承受的有趣的争论（参见 Bohleber, 2010; Fonagy & Target, 1997; Leuzinger-Bohleber et al., 2010）。

他自己的方式进行了对比："我就像一座漂亮的房子，虽然没有地基。"

　　半年后，就在一次为期一周的假期之前，他看起来非常自信。然而，后来，在一次分析治疗中，他却显得完全绝望[1]。他在躺椅上抽泣抽搐起来。"我完蛋了——我全身的症状都无法忍受。我受不了了，我活不下去了。"一天晚上他忘了吃药，第二天早上就崩溃了。"我察觉到我还是非常依赖药物——没有它们，我根本无法活下去。"分析师也感到痛苦、无力和无助，并再次怀疑自己是否真的有能力帮助W先生。

分析师：这次旧病复发对你来说一定是有一点失望的——而我又一次没能和你在一起。你是否也被精神分析毫无价值的想法所折磨？

W先生：是的，就是这样的。我们在这里讨论的所有事情在我看来都太遥远，太理论化了……

分析师：你失去了与我的内在联系吗？

W先生：是的，我感到完全孤独——我再也无法想象你了，你对我来说是陌生的，在某种意义上完全不真实……

分析师：可能就像小约翰的父母把他留在家里几个星期时的感觉一样。[2]

　　此时，W先生失声痛哭，在这次治疗整个过程中都处于极大的悲痛之中……分析师也感到自己被强烈的情感和无助感所淹没。

1　下面分析师和被分析者之间的特定的互动部分是逐字记录的。

2　W先生同时也看了上面提到的我们在治疗的早期阶段已经讨论过的Robertson电影中的约翰的CD。

　　第二天，W先生很稳定地来接受治疗。

W先生：在某种程度上，能够在这里哭泣对我是有好处的，尽管我仍然
　　　　感到非常痛苦。在这件事发生之前的日子里，我觉得自己好像
　　　　被关在一个笼子里——我什么都感觉不到，内心的一切都死了。
　　　　到了晚上，我的身体开始做出混乱的反应——一切都很痛苦，
　　　　我根本无法入睡。

分析师：（停顿一会儿后）我们经常会想到，你的身体还记得你在收留所
　　　　时所经历的难以忍受的痛苦和对死亡的恐惧。

W先生：我真说不准这是不是真的……无论如何，这种痛苦是完全无法
　　　　忍受的。

　　经过长时间的停顿，我感受到了被分析者的痛苦和绝望，以及我自
己的困惑，然后我说："也许你在这里告诉我你的痛苦和恐慌到了什么程
度是非常重要的。很久以前，你对我说，你不相信有人，也确实没有人，
能够理解你的悲惨，因此你感到非常孤独。在你离开收留所之后，你也
无法真正向你的父母表达你的悲痛——你只是沉默了。结果，你的身体
无法放松，痛苦未能得到抚慰。你仍然是孤独一人。"

　　W先生无声哭泣了很长时间。

　　在下一次的治疗中，W先生似乎仍然很沮丧，处于恐慌状态。

W先生：我真的不知道。昨晚我一定是睡着了。我做了两个与我现在的
　　　　状况无关的梦。我先是梦见一个女人爱上了我。我不知道，也
　　　　不确定自己是否对她有吸引力。可是她说这并不重要，一切都

会好起来的……然后我又睡着了，继续做梦。我被安排坐在一个演讲厅里。一个特别迷人的女人开始抚摸我的大腿。我觉得这令人非常愉快。她跟我说她爱我，说我是如此迷人，如此沉稳。我很喜欢这个女人。然而，在梦里，我想我应该告诉她，我并不沉稳，而是很抑郁，她应该知道这一点。

分析师：是的，在这里你经常提到你不再愿意扮演一个角色——无论是在爱情关系中还是在精神分析过程中。

W先生：是的，你说的没错，你真的认为这个梦可能包含希望的火花吗？

此时 W 先生沉默了很长一段时间，看起来很放松。

在接下来的十天里，他看上去明显很放松，尽管在某种程度上还特别不自在。在治疗期间，W 先生也在希望和深深的绝望之间摇摆不定。

分析师：这只抑郁的狗似乎在抵抗任何形式的改变，试图让希望的火花再次消失。

W先生：然后那些抑郁的黑洞和身体的疼痛似乎变得更难以忍受了。

周末过后，W 先生说他做了两个焦虑的梦，但他只记得一个，因为他的妻子由于他的大吼大叫把他喊醒了。

W先生：这个梦就像一部恐怖片。奇怪的是，梦里我有一个哥哥，他变异成了一个会杀死其他人的危险的、不祥的实体。我看得目瞪口呆，心想，既然他是我的哥哥，我恐怕不会遭到同样的命运。但后来我发现，我的生死并未受到过分的关注。我心中充满了可怕的焦虑，以最快的速度跑开，发现自己到了一个广场上。然后，我向上凝视着一幢大楼里我妈妈房子的窗户。我喊啊喊，可她还是没听见。这时，我的妻子叫醒了我，打断了我的梦。

　　沉默了很久以后，W 先生做了如下的联想："我首先想到的是那个收留所和我对母亲的思念，当我大声喊叫感到发狂的时候，她听不到我的声音……真奇怪，我有个哥哥在这儿。"

分析师： 那个变成了危险的、不祥的实体。

W 先生： 而且还引发了我对死亡的恐惧。

分析师： 正如你在约翰的例子中所提到的，在收留所期间，你父母的内在形象也发生了变化——他们可能变得危险而具有威胁性；小约翰再也无法保持内心他父母慈爱的形象，这一形象已经破碎，现在他们在你内心形象是："凶残的"，具有迫害性的——一种可怕的、危及生命的体验。

W 先生： 是的，后来一切都和从前不一样了。

分析师： 你对父母的信任一而再、再而三地被打破——尽管你似乎看上去又恢复了正常。

W 先生： 一切都不正常了……就像我的身体一样——一切都不对劲，一切都很受伤。

　　在接下来的一次治疗中，W 先生报告了一件搞笑的事，他梦见了他的邻居和混凝土搅拌机：

"和我一样，我的邻居也在扩建他的房子……夏天我经常听到他的水泥搅拌机的声音……我很佩服他，因为他看上去精力充沛，而且在家庭生活中相当成功。也许我还是有一线希望的，我能让我的水泥搅拌机重新开始工作了。"

精神分析中的这种结果可能标志着治疗的转折点：W先生是否在移情过程中重新经历了他的创伤，因此能够理解、至少是部分理解它并在心理上接受它？

不管怎么说，在圣诞假期过后的第一次治疗时，他说，在和治疗师分离期间，他与"黑狗"进行了激烈的斗争，并取得了不同程度的成功。他想起自己在这之前做的一个惊奇的梦：

"我梦见一对男女——他们很可能不是情人，但他们的关系却很融洽。他们在非洲做花卉生意……（这让我想起，就在前一天，我看了一个电视节目，讲的是一对非洲夫妇种植和培育了圣诞之星，并由此建立了一家成功的企业）。我完全被这两个人和他们令人陶醉的举动所吸引，热切地请求他们允许我参与他们的生意。他们接纳了我，那个女人甚至还拥抱了我。我卖掉了我的房子并勇于新的开始……当我醒来的时候，我非常高兴，我想做的就是继续睡觉，继续做我的梦。也许我身上真的发生了一些变化。"

讨论

在对W先生精神分析的过程中，早期的创伤和严重的、慢性抑郁之间的紧密联系变得清晰。特别是在他4岁时遭受的分离创伤，他被留在儿童收留所，又没有共情性的替代关系，导致这个创伤在很大程度上始终没有得到解决，并在与所爱之人分离后激发了抑郁反应。这些反应在分离之后明显恶化了，抑郁逐渐变成慢性疾病。值得注意的是，在治疗过程中，创伤性经历是如何被保留在体内的：解码这些"躯体记忆"在一定程度上减轻了症状，通过这些症状，W先生能够主动地接近自己的病情，而不是让症状完全消失。在相当长的一段时间内W先生拒绝承认"真实的创伤史"是自己成长史的一部分：这对他的抑郁产生了持续的影响，以及由于他对"好的、助人的内在客体"的基本信任的创伤性的崩溃，导致对亲密的人的根本不信任。只有这种深刻的不信任和潜意识的执念，即"没有人，也不会有人能够真正理解我和触及我的精神痛苦，从而减轻我那难以忍受的病情"在对分析师的移情中变得切实可见，并在某种程度上变得可以理解，才能使"创伤的力量"相对地和不再作为一种占主导地位的、潜意识的信念系统主导当前的思想、感受和行为。这种最初在显梦内容中显露出来的转变，正如前面所指出的，构成了相继理解其潜意识幻想和冲突的关键——这也是对分析工作的一种反应。

将显梦的内容和梦的（潜意识的）隐意变化选为该案例报告的主线，是因为在我看来，这些变化（其他指标也是如此）能够提供有关分析解释工作是否被被分析者潜意识地理解了并被体验为"正确"的线索。这一点既体现在治疗的叙述总结中，也体现在四段连续治疗的详细报告中。

正如在开始的评论中所提到的，我试图借助这个案例报告，为重新评价精神分析的叙事传统作为一种独特的、有价值的形式来传播临床精神分析研究的结果进行辩护。正如一开始所指出的那样，这种叙事有可能遇到因主观原因而导致临床观察出现系统性偏差的危险，但借助精神分析专家验证的方法，这种叙述的质量可以得到提高。此外，这一目标可以在不破坏临床病例报告的优势的情况下得以实现（这些优势包括对观察和"真相"的浓缩，通过可读性的"历史故事"以及以接近隐喻、文学和艺术的形式交流无意识的语义结构）。

　　然而，在当今的互联网时代，如何对待自由裁量权和隐私保护——这一直与综合案例报告有关——正变得越来越困难。在纳入 LAC 抑郁症研究的案例中，被分析者通常能够充分认同分析者的研究兴趣，通过对他的治疗所进行的系统总结，他反而有了被重视和认真对待的印象。一些被分析者宣称他们自己已经准备好阅读并评论对他们的案例报告。这是一个独特的由被分析者自己（从外部）来验证"真相"的机会。

　　然而，由于伦理和精神分析的考虑，并不可能总是能获得以前的被分析者的合作。在这种情况下，可以尝试以相对抽象和主动编纂的方式对案例报告进行处理，并赋予会话序列更大的权重（参见本案例报告的最后一节）。通常是添加一些不会扭曲"叙述真相"的额外的传记资料（例如，兄弟姐妹的数量，与真实身份类似但不是"真实"的专业职位，等等），这有助于保护被分析者的匿名性。当然，也必须使读者能充分理解这一尝试，以使他们明白作者的希望是，保护精神分析治疗中的隐私属于分析师的特定职业道德，也是精神分析作为临床科学向科学界传递经验和知识的突出特征之一，其基本的观点是"只能言说，而不能被衡量"。

（刘钰　耿峰翻译　李晓驷审校）

参考文献

Abraham, K. (1911). Notes on the psychoanalytic investigation and treatment of manic-depressive insanity and allied conditions. In: *Selected Papers on Psychoanalysis* (pp. 137–156). New York: Basic, 1953.

Abraham, K. (1924). A short study of the development of the libido, viewed in the light of mental disorders. In: *Selected Papers on Psychoanalysis* (pp. 418–501). New York: Basic, 1953.

Balint, M. (1968). *The Basic Fault. Therapeutic Aspects of Regression*. London: Tavistock/Routledge, 1989.

Baranger, M., Baranger, W. & Mom, J. M. (1988). The infantile psychic trauma from us to Freud: pure trauma, retroactivity and reconstruction. *International Journal of Psychoanalysis, 69*: 113–128.

Bibring, E. (1953). The mechanism of depression. In: P. Greenacre (Ed.), *Affective Disorders. Psychoanalytic Contributions to their Study* (pp. 13–48). New York: International Universities Press.

Bifulco, A. T., Brown, G. W. & Harris, T. O. (1987). Childhood loss of parent, lack of adequate parental care and adult depression: A replication. *Journal of Affective Disorders, 12*: 115–128.

Blatt, S. (2004). *Experiences of Depression. Theoretical, Clinical and Research Perspectives*. Washington, DC: American Psychological Association.

Bleichmar, H. B. (1996). Some subtypes of depression and their implications for psychoanalytic treatment. *International Journal of Psychoanalysis, 77*: 935–961.

Bleichmar, H. (2010). Erneutes Nachdenken über krankhaftes Trauern-multiple Typen und therapeutische Annäherungen. In: M. Leuzinger-Bohleber, K. Röckerath & L. V. Strauss (Eds), *Depression und Neuroplastizität* (pp. 117–137). Frankfurt, Germany: Brandes u. Apsel.

Blum, H. P. (2007). Holocaust trauma reconstructed: Individual, familial, and social trauma. *Psychoanalytic Psychology*, 24: 63–73.

Bohleber, W. (2000). Editorial on trauma. *Psyche—Z Psychoanal*, 54: 795–796.

Bohleber, W. (2005). Zur Psychoanalyse der Depression. *Psyche—Z Psychoanal*, 59: 781–788.

Bohleber, W. (2010). Editorial. *Psyche—Z Psychoanal, 64*: 771–781.

Bokanowski, T. (1996): Freud and Ferenczi: Trauma and transference depression. *International Journal of Psychoanalysis, 77*: 519–536.

Bokanowski, T. (2005). Variations on the concept of traumatism: Traumatism, traumatic, trauma. *International Journal of Psychoanalysis, 86*:251–265.

Bose, J. (1995). Trauma, depression, and mourning. *Contemporary Psychoanalysis, 31*: 399–407.

Bowlby, J. (1980). *Loss: Sadness and Depression. Attachment and Loss, Vol. 3*. London: Hogarth.

Bremner, J. D. (2002). *Does Stress Damage the Brain? Understanding Trauma-related Disorders from a Mind-body Perspective*. New York: W. W.Norton.

Brown, G. W. & Harris, T. (1978). *Social Origins of Depression*. London: Tavistock.

Caspi, A., Sugden, K., Moffitt, T. E., Taylor, A., Craig, I. W., Harrington, H., McClay, J., Mill, J., Martin, J., Braithwaite, A. & Poulton, R. (2003). Influence of life stress on depression: Moderation by a polymorphism in the 5-HTT gene. *Science*, 301: 386–389.

Denis, P. (1992). Depression and fixations. *International Journal of PsychoAnalysis*, 73: 87–94.

Edelman, G. M. (1987). *Neural Darwinism: the Theory of Neural Group Selection*. New York: Basic.

Ehrenberg, A. (1998). Das erschöpfte Selbst. Depression und Gesellschaft in der Gegenwart. Frankfurt, Germany: Campus, 2004.

Fergusson, D. M. & Woodward, L. J. (2002). Mental health, educational and social role outcomes of adolescents with depression. *Archives of General Psychiatry*, 62: 66–72.

Fonagy, P. (2010). Attachment, trauma and psychoanalysis: Where psychoanalysis meets neuroscience. In: M. Leuzinger-Bohleber, J. Canestri & M. Target (Eds.), *Early Development and its Disturbances. Clinical, Conceptual and Empirical Research on ADHD and other Psychopathologies and its Epistemological Reflections* (pp. 40–62). London: Karnac.

Fonagy, P. & Target, M. (1997). The recovered memory debate. In: J. Sandler & P. Fonagy (Eds.), *Recovered memories from abuse. True or false?* (pp. 183–217). London: Karnac Books.

Freud, A. (1965). *Normality and Pathology in Childhood*. New York: International Universities Press.

Freud, S. (1917). *Mourning and Melancholia. S. E.*, 14. London: Hogarth, pp. 243–258.

Freud, S. (1926). *Inhibitions, Symptoms and Anxiety. S. E.*, 20. London:Hogarth, pp. 87–174.

Goldberg, D. (2009). The interplay between biological and psychological factors in determining vulnerability to mental disorder. *Psychoanalytic Psychotherapy*, 23: 236–247.

Haynal, A. (1977). Le sens du désespoir. Rapport XXXVIe Congrès de Psychanalystes de Langues Romanes. *Revue Francaise de Psychanalyse, 41*: 5–186.

Haynal, A. (1993). *Psychoanalysis and the Sciences: Epistemology—History*. Berkeley, CA: University of California Press.

Hellman, I. (1978). Simultaneous analysis of parent and child. In: J. Glenn, (Ed.), *Child Analysis and Therapy* (pp. 473–493). Northvale, NJ: Jason Aronson, 1992.

Hill, J. (2009). Developmental perspectives on adult depression. *Psychoanalytic Psychotherapy,* 23: 200–212.

Hill, J., Pickles, A., Burnside, E., Byatt, M., Rollinson, L., Davis, R. & Harvey, K. (2001). Sexual abuse, poor parental care and adult depression: Evidence for different mechanisms. *British Journal of Psychiatry*, 179: 104–109.

Jacobs, K. S. (2009). Major depression: revisiting the concept and diagnosis. *Advances in Psychiatric Treatment*, 15: 279–285.

Jacobson, E. (1971). *Depression. Comparative Studies of Normal, Neurotic and Psychotic Conditions*. New York: International Universities Press.

Johnstone, M. (2005). *Mein schwarzer Hund. Wie ich meine Depression an die Leine legte*. Munich, Germany: Kunstmann, 2008.

Joffe, W. G. & Sandler, J. (1965). Notes on pain, depression and individuation. *Psychoanalytic Study of the Child*, 20: 394–424.

Kendler, K. S., Gatz, M., Gardner, C. O. & Pederson, N. L. (2006). A Swedish national twin study of lifetime major depression. *American Journal of Psychiatry*, 163: 109–114.

Kernberg, O. F. (2000). Mourning and melancholia. Eighty years later. In: J. Sandler, R. Michels & P. Fonagy (Eds.), *Changing Ideas in a Changing World: The Revolution in Psychoanalysis—Essays in Honour of Arnold Cooper* (pp. 95–102). New York: Karnac.

Klein, M. (1935). A contribution to the psychogenesis of manic-depressive states. In: *The Writings of Melanie Klein, Vol. I* (pp. 262–289). London: Hogarth, 1985.

Klein, M. (1940). Mourning and its relation to manic-depressive states. In: *The Writings of Melanie Klein, Vol. I* (pp. 344–369). London: Hogarth, 1985.

Kohut, H. (1971). *The Analysis of the Self*. New York: International Universities Press.

Kohut, H. (1977). *The Restoration of the Self*. New York: International Universities Press.

Leuzinger-Bohleber, M. (1987). *Veränderung kognitiver Prozesse in Psychoanalysen, Band I: eine hypothesengenerierendeEinzelfallstudie*. Ulm: PSZ-Verlag.

Leuzinger-Bohleber, M. (1989). *Veränderung kognitiver Prozesse in Psychoanalysen, Band II: Fünf aggregierte Einzelfallstudien*. Ulm: PSZ-Verlag.

Leuzinger-Bohleber, M. (2001). The "Medea fantasy". An unconscious determinant of psychogenic sterility. *International Journal of Psychoanalysis*, 82: 323–345.

Leuzinger-Bohleber, M. (2007). Forschende Grundhaltung als abgewehrter "common ground" von psychoanalytischen Praktikern und Forschern? *Psyche—Z Psychoanal, 61*: 966–994.

Leuzinger-Bohleber, M. (2008). Biographical truths and their clinical consequences: Understanding "embodied memories" in a third psychoanalysis with a traumatized patient recovered from serve poliomyelitis. *International Journal of Psychoanalysis, 89*: 1165–1187.

Leuzinger-Bohleber, M. (2010). Early affect regulations and its disturbances: Approaching ADHD in a psychoanalysis with a child and an adult. In: M. Leuzinger-Bohleber, J. Canestri & M. Target (Eds.). *Early development and its disturbances: Clinical, conceptual and empirical research on ADHD and other psychopathologies and its epistemological reflections* (pp. 185–206). London: Karnac.

Leuzinger-Bohleber, M. (in press). Preventing depression: Transgenerational trauma—an unexpected clinical observation in extra-clinical studies. Paper given at the Meeting of the Canadian Psychoanalytical Association, June 2, 2010.

Leuzinger-Bohleber, M., Engels, E.-M. & Tsiantis, J. (Eds.) (2008). *The Janus Face of Prenatal Diagnostics. A European Study Bridging Ethics, Psychoanalysis, and Medicine.* London: Karnac.

Leuzinger-Bohleber, M. & Pfeifer, R. (2002). Remembering a depressive primary object? Memory in dialogue between psychoanalysis and cognitive science. *International Journal of Psychoanalysis, 83*: 3–33.

Leuzinger-Bohleber, M., Rüger, B., Stuhr, U., Beutel, M. (2002). "*Forschen und Heilen*" *in der Psychoanalyse. Ergebnisse und Berichte aus Forschung und Praxis.* Stuttgart: Kohlhammer.

Leuzinger-Bohleber, M., Stuhr, U., Rüger, B. & Beutel, M. (2003). How to study the "quality of psychoanalytic treatments" and their long-term effects on patients' well-being. A representative, multi-perspective follow-up study. *International Journal of Psychoanalysis*, 84: 263–290.

Leuzinger-Bohleber, M., Bahrke, U., Beutel, M., Deserno, H., Edinger, J., Fiedler, G., Haselbacher, A., Hautzinger, M., Kallenbach, L., Keller, W., Negele, A., Pfenning-Meerkötter, N., Prestele, H., Strecker-von Kannen, T., Stuhr, U. & Will, A. (2010). Psychoanalytische und kognitiv- verhaltens thera-peutische Langzeittherapien bei chronischer Depression: Die LAC Depressionsstudie. *Psyche—Z Psychoanal.* 64: 782–832.

Markson, E. (1993). Depression and moral masochism. *International Journal of Psychoanalysis*, 74: 931–940.

McQueen, D. (2009). Depression in adults: Some basic facts. *Psychoanalytic Psychotherapy*, 23: 225–235.

Mills, J. (2004): Structuralization, trauma and attachment. *Psychoanalytic Psychology*, 21: 154–160.

Morrison, H. L. (Ed.) (1983): *Children of Depressed Parents: Risks, Identification and Psychotherapeutic Technique*. Northvale, NJ: Jason Aronson, 1991.

Ogden, T. H. (1982). *Projective Identification and Psychotherapeutic Technique*. Northvale, NJ: Jason Aronson.

Pfeifer, R. & Bongard, J. (2006). *How the body shapes the way we think: A new view of intelligence*. Cambridge, MA: MIT Press.

Pfeifer, R. & Leuzinger-Bohleber, M. (2011). Minding the traumatized body—clinical lessons from embodied intelligence. Unpublished paper given at the Neuropsychoanalysis Congress, "Minding the Body", June 25, (see www.sigmund-freud-institut.de).

Rado, S. (1928). The problem of melancholia. *International Journal of Psychoanalysis*, 9: 420–438.

Rado, S. (1951). Psychodynamic understanding of depression. *Psychosomatic Medicine*, 13: 51–55.

Reerink, G. (2003). Traumatisierte Patienten in der Katamnesestudie der DPV. Beobachtungen und Fragen zur Behandlungstechnik. *Psyche—Z Psychoanal, 57*: 125–140.

Rohde-Dachser, C. (in press). Depression bei Borderlinepatienten. *Psyche—Z Psychoanal, 64*: 862–889.

Rosenfeld, H. (1964). On the psychopathology of narcissism: a clinical approach. In: *Psychotic States. A Psychoanalytic Approach* (pp. 169–179). London: Maresfield Reprints, 1984.

Rutter, M. (2009). Gene-environment interactions. Biologically valid pathway or artefact? *Archives of General Psychiatry, 66*: 1287–1289.

Schulte-Körne, G. & Allgaier, A.-K. (2008). Genetik depressiver Störungen. *Zeitschrift für Kinderund Jugendpsychiatrie und Psychotherapie, 36*: 27–43.

Skalew, B. (2006). Trauma and depression. *International Journal of Psychoanalysis, 87*: 859–861.

Spence, D. (1982). *Narrative Truth and Historical Truth: Meaning and Interpretation in Psychoanalysis*. New York: Harper.

Spitz, R. (1946). Anaclitic depression. *Psychoanalytic Study of the Child, 2*: 313–341.

Steiner, J. (2005). The conflict between mourning and melancholia. *Psychoanalytic Quarterly, 74*: 83–104.

Stone, L. (1986). Psychoanalytic observations on the pathology of depressive illness: selected spheres of ambiguity or disagreement. *Journal of the American Psychoanalytic Association, 34*: 329–362.

Suomi, S. (2010). Trauma and epigenetics. Unpublished paper given at the 11th Joseph Sandler Research Conference: Persisting Shadows of Early and Later Trauma. Frankfurt, Germany, February 7.

Taylor, D. (2010). The Tavistock Depression Manual. *Psyche—Z Psychoanal*, 64: 833–861.

Terr, L. C. (1994). *Unchained Memories: True Stories of Traumatic Memories, Lost and Found*. New York: Basic.

Thomä, H. & Kächele, H. (1987). *Psychoanalytic Practice. Volume 1: Principles*. Berlin: Springer.

Winnicott, D. W. (1965). *The Maturational Processes and the Facilitating Environment*. London: Hogarth and the Institute of Psycho-Analysis.

第二部分

梦的非临床研究

第五章
梦作为精神分析治疗的主题
Horst Kächele

综观梦的多种功能，梦有如下六个功能（Strunz, 1989）：

1.梦是睡眠生理现象的副产品；

2.适应功能；

3.创造功能；

4.防御功能；

5."负面作用"，如在梦魇中重复体验创伤；

6.所谓"需求功能"，如心理治疗时的梦。

本章将通过三个实证例子重点讲述梦的六个功能中的最后一个，同时也指出在治疗研究中对梦的报告的关注相当不足。当我们说到精神分析治疗中的梦时，我们倾向于想到的是某一个具体的梦，而很少有人会认为梦的重复交流其实是精神分析治疗的核心特征。不然，一个由北美精神分析学家组成的专家小组怎么会把这个特征放在区别"精神分析模式"和其他精神疗法模式的特征列表的第一级呢（Ablon & Jones, 2005）？

表 1　基于理想的精神分析过程因素因子量表获分排序，20 个理想的精神分析治疗特征中最具特征的 8 个条目（Ablon & Jones, 2005）

条目	条目内容	因子获分
90	对病人的梦或幻想进行讨论	1.71
93	分析师是中立的	1.57
36	分析师指出病人惯用的防御机制（如抵消、否认）	1.53
100	分析师指出治疗关系和其他关系之间的联系	1.47
6	分析师对病人的情感很敏感，理解病人；能与病人共情	1.46
67	分析师解释隐蔽了的或是潜意识的欲望、感情和想法	1.43
18	分析师传递一种无偏见的接纳的感觉	1.38
32	病人获得一种新的理解和领悟	1.32

　　在 20 世纪中叶的精神分析文献中，我想请大家回忆其中的两个文献，它们阐明了对完整的系列梦进行系统的研究的用处。其中一个是 Alexander Mitscherlich 的书《成瘾的起源》（1947），在这本书中，作者试图传达"病人所能交流的，是她潜意识的态度所期望的信息"（Mitscherlich, 1983, p. 285）。作者在书的附录中提供了来自他第三个案例中的 103 个梦的完整清单。另一个也被广泛忽略的文献是 Thomas French 的三卷合集《行为的整合》（1952, 1954, 1958），在第二卷的导言中，他写道：

在这一卷中，我们将展示每一个梦其实都有其逻辑结构，同一个人的不同的梦的逻辑结构是相互关联的，它们都是同一个相互关联系统的组成部分（French, 1954, p.V）。

我再举个与梦相关的精神分析治疗研究最初阶段的例子。认知疗法的创始人 Aaron Beck 在他仍是精神分析取向的那段时间里，他和他的同事 Hurvich（1959）发表了一篇关于抑郁症心理相关因素的文章。他们以私人诊所的病人为样本，调查了含受虐内容的梦的发生频率。回过头来看，正是这一研究的发现促使 Beck 远离了精神分析。

我现在将报告三个有关梦的研究，这三个研究都是我和很多同事一起合作承担的。

研究一：病人的梦和治疗师的理论（基于 Fischer 和 Kächele 2009 年的研究）

临床上经常被提及的一个重要的观点是，病人的梦和他们的治疗师的理论相适应。如果要说证据的话，可以在 Hall 和 Domhoff（1968）的著名研究中找到一些。他们将弗洛伊德和荣格自己的梦与 Hall 和 van de Castle 在 1966 年开发的"内容分析系统（content- analytic system）"进行了比较。我和我的博士生 Christoph Fischer 决定去验证这一问题（Fischer, 1978; Fischer & Kächele, 2009）。

8 个病人，每人提供 30 个梦，其中 4 人接受弗洛伊德流派治疗师的治疗，4 人接受荣格流派治疗师的治疗，分别在内容的种类以及随时间而发生的变化方面进行了比较。两组被试在诊断、性别、年龄和社会背景上相匹配。

我们用 Hall 和 Domhoff 的内容归类法（content constellations）来研究这些梦的材料，用这种方法可以将梦的内容分为"弗洛伊德综合征"和"荣格综合征"。在系列梦的前三分之一部分，弗洛伊德流派组的病人梦到了更多的属于"弗洛伊德综合征"的梦，而荣格流派组的病人梦到了更多的"荣格综合征"的梦，而且两组间有明显的差异。在后三分之一的系列梦中，两组间不再有统计学意义上的差异。这些发现支持了前面的理论假设，即在初始阶段治疗师的理论取向对病人的梦有影响，这种影响随着治疗的进展和病人变得相对独立而减弱。

研究二：梦中的关系模式（基于 Albani, Kühnast, Pokorny, Blaser & Kächele 2001 年的研究）

22 年前 Lester Luborsky 研究团队曾报道：在所报告的梦中，CCRT 研究法中出现最频繁的成分与所叙述的（当时的）治疗关系是一致的，反应成分的内容和性质均是如此，负性反应占主导地位时也是一样。根据这些作者的观点，可以肯定的是，存在一个与在梦中表达出的关系和某个治疗片段的关系相一致的核心关系模式。（Popp, Luborsky & Crits-Christoph, 1990）

为了检验这个观点，我们研究了对这位 27 岁的病人 Franziska X 长达 330 次的精神分析治疗，病人被诊断为"伴有强迫、恐惧特征的焦虑性癔症"（参见 Thomä & Kächele,1994, chap. 2.2.2）。

Franziska X 被强烈的惊恐发作所困，尤其在她必须展示她的专业技能的场合时。她作为律师的在校训练是非常成功的，如果她能克服这些焦虑，可以期望开始一个良好的职业生涯。在校学习期间，她和丈夫结识，同他一起时，她能享受到心理的和社会的关系的满足，而性在其中不占主要地位。

Franziska X 的成长经历很复杂，在她 6 岁时就要面对妈妈因生小妹妹而导致的子痫发作的后遗症。她只记得妈妈当时没法清楚地说话。爸爸不得不去照顾孩子们，可她又害怕爸爸。

我们分析了整个治疗过程中的三分之一，共有均匀分布于整个治疗过程的113次的转录的治疗记录。我们从中识别出57个梦以及其中相关的21个关系片段。

我们发现，在这些梦里对主体有较多的正性反应，但在紧接着一个梦之后的关系片段里，就会呈现较多的负性反应。对客体的反应也与此类似，虽然还没有得到统计学上的证实，但在梦里对客体的正性反应占主导地位。

梦中的愿望和叙述时的愿望广泛一致。然而，主体和客体的预期反应明显不同。在她的梦里，病人有着友好的客体关系，感受到了尊重，这恰好同她现实关系里所表现出的挫折性反应形成了强烈对比。

性欲望主导着大部分梦的内容，在她的梦中这些欲望得到了满足。但在这类梦之后的关系片段中，性欲望则非常罕见。所以，这个研究否定了 Luborsky 的团队以此个案得出的结论。在梦里和叙述时，对重要他人的期待明显不同。在她的叙述中，病人感到的是被拒绝。

我们也注意到在从梦境和叙述中摘取出来的大部分关系片段中，"男人"是其人际关系中占主导地位的伙伴（如男医生、男朋友、音乐老师），治疗师是其中出现频率最高的人。在她的梦中，她的丈夫从未露面。与父亲的关系片段也非常少，对她的父亲病人谈论过很多，很显然父亲是一个重要的客体，但是梦的片段常是不完整的，因此不能用于正式的评估。在我们看来"客体父亲（ object father ）"是一个重要的主题，而不是与父亲的关系。我们发现几乎没有关于和母亲的关系片段，这表明母亲的形象在心理上是缺失的；仅仅在治疗后期与母亲的关系才变成突出的主题；由于治疗因外部环境因素而过早中断，这个研究没法再观察她与母亲关系变化的模式。我们的研究肯定了一个关于梦的观点，即正如 Ilka von Zeppelin 和 Ulrich Moser（ 1987, p122 ）曾指出的那样：梦是以"情感客体相关人物模式（ modeling of affective-object related references ）"为存在基础的。

概括这项研究的发现，我们可以说梦的片段和叙事片段之间的差异并非是由不同的主题造成的。在梦的片段中以及梦后的第一个叙事中，主题是一致的，但是组织关系模式是截然不同的。这些发现没有证实Popp 等人（1990）的说法。在这个案例中，梦中的和叙事中的核心关系模式并不一致。在病人的梦中，对客体和自体（ self ）的正性的期待占据主导地位。这就意味着病人可以在梦中逆转她令人沮丧的体验。与此相反，在她的叙述中，病人以相当负面的信息来呈现她的现实关系体验。这意味着显梦的内容与治疗相关。它代表了她内化了的关系体验。因此，就像 Mark Kanzer（ 1955 ）已经指出的那样，对日常经历的叙述和梦境报告之间的对比可能具有诊断和交流功能。

研究三：对系列梦的分析作为一种测量治疗进程的工具（基于 Kächele & Leuzinger-Bohleber 2009 年的研究）

这项与 M. Leuzinger-Bohleber 密切合作的研究，探索了如何通过梦的研究来描述治疗的进程问题。尤其是对于长程的治疗，我们需要什么样的模型来描绘这个过程？在我们的长程治疗的工作中，我们看到了了不同变量的不同过程（Kachele & Thoma, 1993）；然而，我们假设用线性趋势模型（linear trend model）来评估基本认知功能改变是最合理的。

为了验证这个假设，我们需要涵盖治疗开始到最后的数据。通过使用单一的案例设计，我们可能会发现哪些描述最有可能遵循线性趋势模型。

该研究使用了 Leuzinger-Bohleber（1987, 1989）在其早期关于认知变化研究中所开发的工具，用于检查治疗的开始和结束阶段。

现在我们要利用转录的对 Amalia X 进行的精神分析治疗记录中能够识别的梦的全部材料（参见 Thoma & Kachele, 1994，chap2.4.2）。

在进行这项研究时，我们已拥有大量转录的治疗记录：在 517 次有记录的治疗资料中有 218 次治疗资料被转录用于不同的研究。在这些治疗记录里，学生评审员（M.E.）辨认了所有的梦。共有 93 个梦的报告被确认，其中一些是在一次治疗中报告了多个梦：所以在这个复制资料研究中使用的梦的总数是 111 个。

研究信度

三名评审员——其中两名是医科学生（M.E. 和 M.B.），另一名是具有十多年临床经验的精神分析临床心理学家（L.T.）——他们均接受了深入培训，理解 Clippinger 和 Moser 的认知过程模型。

在几次前测（ pre-tests ）中，他们都已熟知要评定的材料是什么。培训非常耗时，评审员之间的可信度令人印象深刻：三名评审员共同评出了三分之一被认定的梦（在93次治疗的111个梦中的38个梦）：

Item B2.1, B2.2, C4:　　　　　　　Kappa 0.82–0.89

Item A1, A2, C1, C3:　　　　　　　Kappa 0.90–1.0

Item A3.1, A3.2, B1,C2:　　　　　　Kappa 0.47–1.0

值得注意的是84%的kappa值超过0.7。

该研究以 Moser 的梦的理论的基本原理为指导，以 Leuzinger-Bohleber 的研究为具体假设，重点研究梦内容的各个方面，下面我们将对此进行评论。

表达的关系

A1.在梦的活动中，梦者是怎么出场的?

在治疗的整个过程中，梦者是最频繁地积极参与其中的。这有点令人吃惊，因为病人来接受分析时的基本心境是抑郁的。

A2.梦里有其他的参与者吗?

病人总是深陷与不止一个伴侣的关系之中。临床医生可能会在数据中"看到"二元关系的轻微增加，这可能反映了病人在亲密关系中的收获，其中一种是与分析师的关系。

A3.1.梦者和梦中的伴侣之间是什么样的关系?

据统计，梦中有较多的爱、友好、尊重的关系而少有中立的关系。我们认为这是一种在人际关系中发展出较为明显的积极性的品质转变。

　　为了总结这些发现，我们使用了一个插图来说明我们的观点，大家可以通过对图中这些涉及精神分析治疗过程的条目的总体印象获得相当直观的结论。当仅将开始和结束阶段时的治疗情况进行比较时，其结果正如一项早期研究所表明的那样，改变没那么戏剧化，而是较为稳定（见图1）。

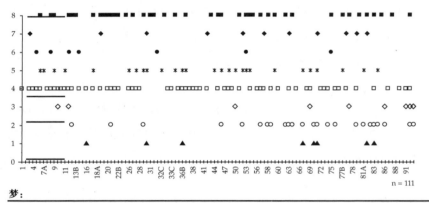

梦：

■模糊不清的(8)◆性相关的(7)●中性的(6)＊拥抱相关的(5)□争吵的(4)◇尊重的(3)○友好的(2)▲有爱的(1)

图1　你在显梦的内容中发现梦者和梦中的其他参与者是怎样的关系？

梦的氛围

　　B1.1.梦者变得更经常评论梦里的氛围吗？

　　没有明显变化。

　　B1.2.如果是，她是怎么评论的？

　　这些发现以她评论梦里的氛围的句子总数中，中性的和正性的句子所占的比例来呈现（见表2）。

在分析治疗的后半部分的描述梦里的氛围的句子中，中性与正性评论的比例有明确的增加。根据我们的临床经验，我们发现这与她个人生活的发展情况高度吻合。

B2.1.你是如何评价显梦内容中的氛围的？

通过对时间和两极形容词表的 Spearman 等级相关性分析，我们发现一些两极形容词会适时发生令人印象深刻的系统性变化，如愉快的 / 不愉快的（ -0.56 ），欣快 / 抑郁（ -0.64)、和谐 / 不和谐（ -0.42)、充满希望 / 放弃（ -0.70)、快乐 / 悲伤（ -0.58)、随和 / 令人不快（ -0.61)、和平 / 危险（ -0.52)、快乐 / 绝望（ -0.68)；所有这些相关系数的 p 值都小于 0.001。

通过 Spearman 等级相关性分析，我们也发现随着时间的流逝某些单极形容词比如焦虑缠身（ -0.43 ），中立（ -0.26 ）等，有令人印象深刻的系统性变化。然而，攻击性氛围却持续存在，随着治疗的进展从很低水平转变到高水平。

表2　梦里的氛围

阶段/治疗次数		梦	中性与正性句子的比值	百分比
Ⅰ	1–99	1–18	1/11	9
Ⅱ	100–199	19–34	3/14	21
Ⅲ	200–299	35–54	5/16	31
Ⅳ	300–399	55–70	6/8	75
Ⅴ	400–517	71–111	6/10	60

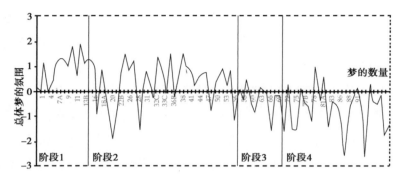

图2   总体梦的氛围。一般因素：负性（高）对正性（低）情绪

通过因子分析技术，我们发现了一个强大的通用因子，它展示了梦里的氛围在治疗过程中从负性到正性的发展（见图2）。

考虑到单个项目水平上的不同结果，我们进行了正交方差极大旋转（orthogonal varimax rotation）。这样操作的结果指向两个组成部分。Dahl的情绪分类系统（Dahl, Holzer & Berry, 1992）中的"否定我（negative me）"因素整合了自我情绪状态并呈现出下降趋势，而"否定它（negative it）"因素则集合了攻击和焦虑的状态，这些状态是客体取向的，在整个治疗过程中呈现出一种上下起伏的状态。

问题的解决

C1.是否有一个或多个问题解决的策略？

在整个治疗过程中平均分布了一个或两个问题解决的策略。没有实质性的变化。

C2.问题解决成功了吗？

成功的问题解决策略的百分比在增加，不成功的策略在减少；此外，部分成功的策略越来越多。

C3.你发现了什么问题解决策略？

病人在整个分析过程中都在积极寻求问题的解决；延迟行动略有增加。临床医生可能会对这个结果感到惊讶。

C4.对问题解决策略是否进行了反思？

在分析的过程中，对这些策略的反思不断增加。这一发现可以很好地用图3来表示（见图3）。在治疗的连续过程中，变化以一种连续的、非戏剧性的方式出现。

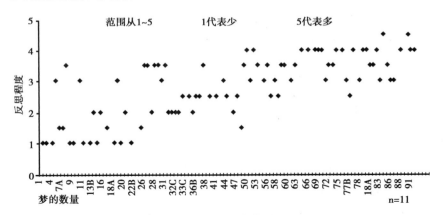

图3　对问题解决的反思

这项研究的总体假设集中在这样一个问题上：这些变化是否可以被建模为线性趋势，或者是否需要其他非线性模型。我们的发现是非常明确的：要么是伴有不同紧张程度（比如攻击或焦虑的感受）的稳定过程，要么是沿时间轴呈线性上升或下降的变化模式。

研究结果中的一些令人惊讶之处与病人的特殊能力有关，她已经将这种能力运用到治疗中。从一开始，她就具有在梦中积极组织关系模式的能力。然而，这些关系的质量发生了变化：它们变得更加友好和体贴。

　　这些令人印象深刻的发现涉及梦里的氛围在时间轴上的系统性变化："否定我"的情绪减少，但"否定它"的情绪表现出（总体）稳定的变异性。另一个令人印象深刻的发现是，随着精神分析的治疗，病人的能力呈现一种从不成功的问题解决策略转向成功的问题解决策略的系统性趋势。

　　我们的结论是，这种在精神分析治疗中的变化过程，在基本的心理能力方面——就其表现为组织梦境空间的能力而言——一直在进行。如果构成梦的文本材料被认为是有效地从病人的精神生活中提取而来，那么这项研究证明了以下几点：

　　a. 确实发生了心理变化；

　　b. 心理变化主要以线性趋势出现；

　　c. 梦中的关系、氛围和问题解决是捕捉病人心理变化过程的宝贵指标。

　　我试着用三个研究来说明，对梦境报告的正式研究可以成为一种有用的工具，用来研究临床医生通常不会注意到的某些现象，他们的好奇心更多的是指向临床上有完美意义的单一梦境。正规的治疗研究在临床工作中占有不同的位置，并有其重任。

（蔡琴凤翻译　李晓驷审校）

参考文献

Ablon, J. S. & Jones, E. E. (2005). On analytic process. *Journal of the American Psychoanaytic Association*, 53, 541–568.

Albani, C., Kühnast, B., Pokorny, D., Blaser, G. & Kächele, H. (2001). Beziehungsmuster in

Träumen und Geschichten über Beziehungen im psychoanalytischen Prozeß. *Forum der Psychoanalyse, 17*, 287–296.

Beck, A. T. & Hurvich, M. (1959). Psychological correlates of depression. I: Frequency of "masochistic" dream content in a private practice sample. *Psychosomatic Medicine, 21*, 50–55.

Dahl, H., Hölzer, M. & Berry, J. W. (1992). *How to Classify Emotions for Psychotherapy Research*. Ulm, Germany: Ulmer Textbank.

Fischer, C. (1978). *Der Traum in der Psychotherapie: Ein Vergleich Freud'scher und Jung'scher Patiententräume*. Munich, Germany: Minerva-Publikation.

Fischer, C. & Kächele, H. (2009). Comparative analysis of patients' dreams in Freudian and Jungian treatment. *International Journal of Psychotherapy, 13*, 34–40.

French, T. M. (1952). *The Integration of Behavior. Volume 1: Basic Postulates*. Chicago, IL: University of Chicago Press.

French, T. M. (1954). *The Integration of Behavior. Volume 2: The Integrative Process in Dreams*. Chicago, IL: University of Chicago Press.

French, T. M. (1958). *The Integration of Behavior. Volume 3: The Reintegrative Process in a Psychoanalytic Treatment*. Chicago, IL: University of Chicago Press.

Hall, C. S. & Domhoff, B. (1968). The dreams of Freud and Jung. *Psychology Today 2*: 42–45, 64–65.

Hall, C. S. & van de Castle, R. L. (1966). *The Content Analysis of Dreams*. New York: Appleton-Century-Crofts.

Kanzer, M. (1955). The communicative function of the dream. *International Journal of Psychoanalysis, 36*, 260–266.

Kächele, H. & Leuzinger-Bohleber, M. (2009). Dream series as process tool. In: H. Kächele, J.

Schachter, H. Thomä & The Ulm Psychoanalytic Process Research Study Group (Eds.), *From Psychoanalytic Narrative to Empirical Single Case Research* (pp. 266–278). New York: Routledge.

Kächele, H. & Thomä, H. (1993). Psychoanalytic process research: Methods and achievements. *Journal of the American Psychoanalytic Association,41*: 109–129 Supplement.

Leuzinger-Bohleber, M. (1989). *Veränderung kognitiver Prozesse in Psychoanalysen. Band 2: Eine Gruppen-statistische Untersuchung.* Berlin:Springer.

Mitscherlich, A. (1947). *Vom Ursprung der Sucht (The Origin of Addiction)* Stuttgart, Germany: Klett. In: A. Mitscherlich (Ed.), *Gesammelte Schriften* (pp. 141–404). Frankfurt, Germany: Suhrkamp, 1983.

Mitscherlich, A. (Ed.) (1983). *Gesammelte Schriften* (pp. 141–404). Frankfurt, Germany: Suhrkamp.

Popp, C., Luborsky, L. & Crits-Christoph, P. (1990). The parallel of the CCRT from therapy narratives with the CCRT from dreams. In: L.Luborsky & P. Crits-Christoph (Eds.), *Understanding Transference*(pp. 158–172). New York: Basic.

Strunz, F. (1989). Funktionen des Traums—Teil 1 und 2. *Psychotherapie, Psychosomatik, Medizinische Psychologie, 39*: 282–293, 356–364.

Thomä, H. & Kächele, H. (1994). *Psychoanalytic Practice, Volume 2: Clinical Studies.* Paperback edition. Northvale, NJ: Jason Aronson.

Von Zeppelin, I. & Moser, U. (1987). Träumen wir Affekte? Teil 1: Affekte und manifester Traum. *Forum der Psychoanalyse, 3*: 143–152.

第六章
临门一脚——对 Juan Pablo Jiménez 和 Horst Kächele 论文的讨论
Rudi Vermote

Juan Pablo Jiménez 的论文是精神分析中处理和思考梦的一个很好的阐释。而 Horst Kächele 所做的精神分析研究则表明，使用严格的方法对长程分析治疗的资料进行统计分析，可以提供在具体临床治疗中看不到的新的和发人深省的发现。

这两篇论文有着非常醒目的共同点——聚焦于显梦。Kächele 及其同事研究的是梦的故事，而 Jiménez 研究的则是对梦的叙述和与之相关的联想。

两位作者都进一步关注了梦的内容和有意识的生活中所发生的事情之间的差异。这种差异可能让我们有这样的印象：这是两个独立的世界。这样说是有挑战性的，因为大多数关于梦的精神分析模型都是建立在梦和实际经历之间是有联系的观点之上的：弗洛伊德流派将梦与内在冲突和愿望的满足联系起来；克莱因流派将梦与此时、此地的移情—反移情联系起来；而比昂流派则认为梦似乎是通过梦的阿尔法工作（dream work alpha）对思维和情感的加工过程，这接近于 Mauro Mancia 从神经科学的角度提出的假设。

在临床实践中，梦的内容似乎影响着有意识的现实生活中所发生的事情，反之亦然。但有时梦的内容和清醒状态下的实际生活似乎截然不同。让我给出三个简短的临床花絮：

第一个是一位曾接受长程精神分析的患者，因为严重的抑郁症而再次来诊。患者当时体重下降超过10公斤、缺乏兴趣和性欲、运动迟缓、焦虑、早醒、悲观、无望，但没有哭泣。精神科治疗诸如多种抗抑郁药物联合治疗无效。在他的要求下，我再次开始为他采用躺椅式的精神分析治疗。结果很特别：患者一直处于饱受心身痛苦的折磨，且还处在如同治疗开始时的抑郁状态，但却开始做充满良好氛围的梦。他梦见一个像我诊室一样的地方在不同的街道上扩展；梦里他感觉良好，甚至坠入爱河。但在很长时间里，他的重度抑郁的情绪并没有什么改善。在他同一个人身上有着两个完全不同的世界。

第二个是一位多年没有约会的患者，开始做与移情有关的色情梦。在她的梦里，她有了新的经历，而在这以后她似乎是偶然地遇到了好几个被她吸引的男人。正是这个梦给了她新的体验，而且这梦的体验是发生在现实生活之前。

第三个是一个显梦和现实之间的有趣例子，该患者是因为快感缺失而被转诊而来。他因为任何事情，诸如美食、爱情、性、外出、交友、工作等都不能激起他的兴趣而在综合科接受检查，我的内科和神经内科的同事认为存在某种躯体疾病，但什么阳性结果也没发现。一位精神科医生的同事也排除了抑郁症。在给患者提供精神分析后，他说他很久都没做梦了，而现在他有了一个梦：他梦见自己的肚子变成了郁金香种植地。这个梦提供了一个进入心灵情感世界的入口，在那之前他一直感受不到情感。

现实生活和梦的生活之间有什么有趣的区别？ Horst Kächele 的论文，特别是那篇第一个关于长程分析的研究的论文，令我兴奋不已。这项研究表明，无论是在内容上，还是在 CCRT 主题上，梦在很大程度上似乎都是一个独立的产物。

我们在研究这种现象时除了关注梦的内容外，还应该关注梦的功能。这让我想起了在 Matte Blanco（1988）的小说《思考、感受与存在》中一个关于梦和潜意识的故事。一个男人走进一个俱乐部，越过墙壁，头朝下走过天花板，又越过墙壁来到吧台，向酒保要了一杯牛奶。分析师脑子里的问题是：为什么是一杯牛奶，而不是想知道怎么可能从天花板走到吧台？这种奇妙的梦的功能可能是一种不同于有意识思维的图像式思维形式。弗洛伊德发现了这种类似于《爱丽丝梦游仙境》中不受时间和逻辑联系限制的语言。

与弗洛伊德将梦视为睡眠的保护者不同，我们现在更赞同我们睡眠是为了做梦。奇怪的是，人类进化成每天都要花这么多的时间去睡觉，而且处于一个乍一看似乎是危险和低效的易受伤害的状态。但这意味着一定有什么重要的事发生在我们的大脑中并由此有了神经科学的观点，即（睡梦中发生了）前额叶皮层的去激活和杏仁核的激活。梦是大脑活动的随机副产品吗？或者它们是一种创造性的重组和形成了新的链接？

我们的分析经验驱使我们支持后一个假设，那就是梦具有一种创造

性的功能 [引自 Borges, Grotstein（1979）"一个做梦的人"]，而让患者
接触到他们体内的这个自主过程往往是精神分析工作中最具治疗性的事件
之一。

　　把这（创造性）看作一种原始的功能可能是错误的，同理 Damasio
的观点可能也是错的，他认为边缘系统没有原始的情感，新皮层中也没
有复杂的思想。事实恰恰相反：一方没有另一方的存在就无法运作。

　　在这里我们可以回顾一下 Horst Kächele 的论文，如果我们假设梦确
实具有一种必要的和或许有疗愈作用的创造性的功能，那么我们可能希
望在精神分析过程中这种创造性的功能不会像 Leuzinger-Bohleber
（1987/1989）研究的最初假设那样，变成某种整合的、平衡的东西。从
这个意义上说，我们就不难理解他的研究结果是，在精神分析过程中，
爱和冲突的量没有改变（图 1），但攻击性的氛围却在由低到高不断地变
化。如果梦的功能是创造性的，它就应该以 Green（1999）所提出的那样
的方式，保持它的所有力量和消极力量。在这方面，我不明白对梦中问
题解决态度的研究何以呈线性增长。从我的经验来看，梦可以提供解决
问题的新方法，但这是清醒时要根据梦所做的事。Kächele 的意思是否是
做梦的人在梦中的态度变得更能解决问题？

　　这就引出了一个问题：作为分析师，我们应该对梦持何种态度。
Jiménez 和 Kächele 都采取开放和创造性的态度。用 Bion 的"在分裂偏执
和抑郁位相之间变换的、被容器包容的、选择性的事实（PS-D,
container-contained, selected fact）"的公式可以对这种对梦的创造性态
度给出独特的、很好的解释，换句话说，就是容忍一种不理解，直到用
某种形式找到经验并赋予它意义。Jiménez 对 Carmen 的资料的处理就是
一个很好的例子。这种创造性和主体间的互动过程给显梦增加了一些新的

东西，在这个意义上，它比弗洛伊德定义的隐梦（latent dream）更为重要。然而，依然存在的问题是，我们的任务是理解梦的内容还是促进梦的功能？是用征服者俄狄浦斯的态度还是狮身人面兽斯芬克斯的态度？两者又能整合到什么程度呢？

面对这些问题，在我的临床实践中，我信赖 Wilfred Bion 的一些思想（Vermote，出版中）。Bion 问一个患者："你昨晚在哪里？"然后倾听那似乎是来自另一个国度、来自不同生活、像是希腊神话故事中河神阿尔斐俄斯降临的梦。现在分析师就处在临门一脚的位置，在这个节骨眼上，分析师作为一种观察者（或助产士），使得触及梦赋予生活意义的功能成为可能。换言之，梦可能会唤起新的体验，对生活产生影响，反之亦然，梦的生活与现实生活及其所有未知方面都有联系。Bion 用一种诗意的方式（这是我的意译）说，如果我们在某个节点对梦有在意识层面的解释，那么在另一方面，我们应该对梦中的现实及其理论有在潜意识层面的解释（Bion, 1991, p. 470）。从这个角度来看，梦不仅仅是发生了体验、思想和感受的心灵转变（Bion 称之为"知识的转变"），它们还提供了绝对新颖、不断变化着的体验（Bion 称之为"O 的转变"，tansformations in O）（Bion, 1970）。

Juan Pablo Jiménez 的论文展示了梦中新的体验对患者生活的巨大影响，以及分析师是如何促进这种影响的。Jiménez 明确指出，在他的印象中，患者在她的分析中所经历的就是一种第一次经历，这就是我对 Bion 所说的"O 的转变"含义的理解。

但事物的反面也是正确的：意想不到的体验触动并激发了梦的功能。它们可能会导致一种转换。分析师和患者之间对待梦的复杂而富有创造性的相互作用似乎很重要。Jiménez 很谨慎，但我可以想象，69 次的解释是患者始料未及的，一定产生了很强的效果。我们可能还想知道，如果 Jiménez 自己遇到了梦中的危险、疾病和死亡（黑衣人、沟壑、受感染的阴茎、瘘管），会发生什么。

　　总之，在工作的节骨眼上最好的态度是什么？可能就是最开放的态度。同样，Bion 认为"知识的转变"（或通过创造性的理解和心理加工的改变）和"O 的转变"（或新的和不断变化的心理体验）同样重要，在他最后一本理论著作《注意和解释》的结尾也得出了同样的结论：

　　　　因此，如果在这个阶段，要我用相对较少的句子去描述一下，临床精神分析学家所使用的最重要的机制是什么，可能会让人感到惊讶：……为了达到一种类似于偏执—分裂位相的心理状态，任何坚持他所知道的东西的企图都必须放弃。为描述这个状态，我杜撰了"耐心（patience）"这一术语……

　　　　需要保持耐心，在发展出一个新的模式之前，不要"急躁地追求事实和理由"。这种状态类似于 Melanie Klein 所说的抑郁位相。对于这种状态，我使用"安全（security）"这一术语……我认为在"耐心"和"安全"之间的摇摆才是工作取得有价值的进展的指标。

　　　　　　　　　　　　　　　　　　　　　　　　　　（1970, pp.123-124）

　　　　　　　　　　　　　　　　　　　　　　（耿峰翻译　李晓驷审校）

参考文献

Bion, W. R. (1970). *Attention and Interpretation*. New York: Basic.

Bion, W. R. (1991). *A Memoir of the Future*. London: Karnac.

Green, A. (1999). *The Work of the Negative*. London: Free Association.

Grotstein, J. S. (1979). Who is the dreamer who dreams the dream and who is the dreamer who understands it—a psychoanalytic inquiry into the ultimate nature of being. *Contemporary Psychoanalysis*, 15: 110–169.

Leuzinger-Bohleber, M. (1987/1989). *Veränderung Kognitiver Prozesse in Psychoanalysen*. Ulm, Germany: PSZ.

Matte Blanco, I. (1988). *Thinking, Feeling and Being: Clinical Reflections on the Fundamental Antinomy of Human Beings*. London: Routledge.

Vermote, R. (in press). *Reading Bion: a Chronological Exploration of Bion's Writings*. Forthcoming publication.

第三部分

概念的整合

第七章
理论的碰撞：梦理论的整合与创新
Steven J. Ellman, *Lissa Weinstein*

　　尽管弗洛伊德最初提出的是一个关于梦的复合模型，但该模型侧重点主要在于愿望。根据弗洛伊德的解释，愿望是促成梦的最重要的要素，因此弗洛伊德及其拥护者们在解释梦的时候都十分看重愿望。弗洛伊德坚持认为梦受潜意识愿望所驱使。弗洛伊德（1900）在《梦的解释》第七章中提出这个论断后，经常让我们想起苏格拉底帮助他的听众寻找善与美的意义。对此观点持怀疑态度的学者提出疑问，是否所有的梦都是受愿望所驱使？那些焦虑的或者让人感到恐惧尤其是我们称作梦魇的梦也是如此吗？弗洛伊德回答了这些问题，他的回答引导他进入了探索人类最早期、最深层的体验王国，而这领域当时还没有得到广泛研究。他把潜意识愿望定义成一种源自童年早期的快乐。正是这种早期的快乐一旦被激活就会造成心理冲突，因为在一种意识水平（潜意识水平）感到愉悦，会在另一种意识水平（前意识—意识水平）引起焦虑，这种冲突受稽查机制（服从于防御功能）的调节，而这两种意识水平主要受不同的认知模式（初级过程与次级过程）所支配。

　　弗洛伊德建构了不同系统之间是如何交流的理论，他将这种交流称之为移情（transference）。弗洛伊德正是通过梦对这一概念进行了理论界定，并逐渐改变了他对治疗情境的概念化的方式。弗洛伊德（1901）在这篇文章的小结中的最后部分，试图说明梦的形成，症状的形成，以及在同一时期，各种其他现象（暂时性的遗忘，口误等）之间存在相似之处。总的来说，弗洛伊德在第七章中绝无仅有地尝试性提出了可能迄今为止仍是最基本的理论的精神分析思想。尽管这堪称壮举，但弗洛伊德仍感到他的理论结构存在多种问题，当然其他人更觉得问题多多。

相关理论问题

当弗洛伊德写作《梦的解析》一书时，正是他开始（或即将开始）发展其内驱力理论之时。他最先形成的这种理论将个体生存的驱力或者趋向力与种族生存的驱力或者趋向力做了对比。这种理论导致很多对比倾向的出现：自我（自体）力比多和客体（他人）力比多被转化为自恋和爱客体的问题。在那个时期，他利用内驱力理论发展了他的最复杂（至少最多样化）的固着点观点（固着点并不仅仅局限于俄狄浦斯时期）。这个阶段（即1906—1915年）被Ellman（2009）称之为弗洛伊德的客体关系时代。

理论阐述

我们将呈现一项来自我的实验室的研究成果，这项研究从1970年持续至今。在这项研究中我们试图找到圣杯，或者更确切地说，是在尝试实践弗洛伊德关于梦以及驱力或者我们称之为内源性的（内部的）刺激的观点。由于梦与快速眼动睡眠（REM睡眠）有关（至少大部分人是将最生动的心理状态称之为梦），和很多分析师、心理学家和精神病学家一样，我们把兴趣点放在快速眼动睡眠期的发现上也就不足为奇了。关于快速眼动睡眠，我们将只提三件事：

　　1. 大脑在 REM 睡眠期尤为活跃（如同清醒期一样活跃），即使机体（典型的如哺乳动物）是处于睡眠状态（Ellman, 1992）。

　　2. 做梦发生于 REM 睡眠，或者更准确地说，最生动的睡眠心理状态发生于REM睡眠。其他很多学者将睡眠的其他时期的心理状态也称为梦，但我们将梦或者做梦这一术语限定为 REM 睡眠时的心理状态 （Ellman & Weinstein, 1991）。

　　3.如果剥夺了哺乳类动物的REM睡眠，那么在接下来的睡眠周期中，REM 睡眠将增加，这种现象称为 REM 睡眠反跳（Ellman, Spielman, Luck, Steiner & Halperin, 1991）。

　　根据弗洛伊德的观点，我们假设存在至少一个［或者两个，如果把上行网状激活系统（ARAS）算在内的话］神经生理系统提供哺乳类动物的内源性刺激。弗洛伊德认为梦是一种安全阀门。我们不禁要问，这种解释在现代精神生物学领域意味着什么？最接近于他的观点的解释是，可以把 REM 睡眠视为对驱力或者认知性的幻想的监管。在我们描述 REM 睡眠的监管功能之前，我们需要先阐释另一种关于REM睡眠机制的假说。在我们看来，REM 是 Kleitman 所说的基本的静息活动周期（basic rest activity cycle, BRAC）的表现形式。Kleitman 认为 24 小时的或者说昼夜节律的循环是一系列静息和活动状态的交替。我们的理论认为 REM 机制周期性地激起了哺乳类动物（以及食肉鸟类）的活动。这种活动是驱力或内源性的机制的表现形式，并由此调节对动物的存活至关重要的中枢的激活阈值。因此在活动状态时，动物可以去执行一些与该动物或者其物种的生存有关的重要行为（如觅食、求偶、筑巢等）。REM 睡眠是基本静息活动周期的一部分，并且是睡眠时期的一种活动。这种活动可以保证一段不间断的睡眠，同时也可以在动物遭遇紧急情况时（如遇到捕食者）周期性地激活生存机制。REM 睡眠也可改变觉醒阈值。例如，对于驱力行为而言，如果觉醒阈值高时（如处于抑郁状态），REM 睡眠就趋向于减少，或者睡眠时的能量释放将减少，由此降低觉醒的阈值。这样我们可以将REM睡眠看作执行调节功能，或者说REM睡眠是基本静息活动周期的一部分，并且受觉醒阈值和体验所影响。这些陈述暗示了这样一个观点，即在 REM 睡眠期处于激活状态的机制，同样在觉醒时也会周期性地处于激活状态（Ellman & Weinstein, 1991）。

　　为了将弗洛伊德的理论付诸实施，我们推断，如果个体在白天（在没有外部威胁的情况下）有较多的内驱力（更多能量释放或者活动），那其对 REM 的睡眠量的需求将减少。相反的，如果个体的 REM 睡眠较少，那么其在觉醒时将有更多内驱力行为或者是出现内驱力行为的阈值降低。Dement 在实施 REM 睡眠剥夺研究时同样运用了这种思路（1960）。他猜想人类个体被消除 REM 睡眠时会呈现极端的心理学效应。他假设被消除REM睡眠的个体在 REM 睡眠剥夺阶段会出现精神病样效应。然而，我们认为 Dement 发现的内驱力增加引起的这种效应并不会在人类群体里普遍存在。相反，我们从弗洛伊德理论的另一方面发现，弗洛伊德试图探讨在人类体验中快乐—不快乐序列。他认为快乐和不快乐是人类体验的基本元素，因此我们试图找到与弗洛伊德理论相对应的生理机制。

　　为研究快乐的生理机制，我们在不同种属的动物身上研究正向奖赏机制。Olds 最先（1956,1962）发现大脑内存在一些特殊位点，当他给予大鼠下丘脑电刺激，大鼠为了获得电刺激就需学会完成很多任务。动物为获取这种刺激而完成任务的行为称为颅内自体刺激（intracranial self-stimulation, ICSS）。已经发现中脑的很多区域存在颅内自身刺激或者快乐位点。我们实验室（ Ellman & Steiner, 1971 ）是最先（或最先之一）从后脑或桥脑（桥脑内的区域是蓝斑[1]）找到ICSS的。

关于快乐通路的一个观点是，决定快乐（强度）的因素至少有三个：刺激的强度，刺激的频率，动物对刺激的控制程度。Steiner 等（1976）表明如果刺激某个 ICSS 位点的强度足够大，可导致逃跑和回避行为。因此，一定程度上增加刺激强度可增加反应频率，如果超过一定强度继续增加刺激强度，反而会减少反应频率。当刺激强度过强时，对正性区域的刺激将转变为负性的或者厌恶的刺激。刺激频率同样存在类似的效应。当刺激频率过高时，对正性区域的刺激将转变为负性刺激。有趣的是，如果每天在同一时刻使动物出现 ICSS，反应频率将趋于稳定。如果某天，实验者不让动物对其在前一天同一时刻所给予的同样强度、同样频率的刺激做出反应，动物会在接受这个刺激时逃跑（ Steiner et al., 1976 ）。这至少可以证明即便动物接受的是和前一天（同样的时候）同样的频率的刺激，动物仍希望自己能控制接受刺激的频率。我们假设人类对于快乐的控制体验和其他哺乳类一样重要。这种控制体验包含的范围很广，包括对行为及认知的反应以及对控制的有意识的和潜意识的幻想。

我们假定梦和 REM 睡眠之间存在紧密联系，因此我们很想知道 REM 睡眠是否可以激活 ICSS 网络。在强有力的理论中我们假设 REM 睡眠是一种 ICSS 网络。在两个相关的研究中，我们发现剥夺大鼠的 REM 睡眠后，大鼠对 ICSS 奖赏刺激的阈值降低且反应频率增加。相反的，使大鼠在被剥夺 REM 睡眠时进行自我刺激，大鼠在剥夺 REM 睡眠后的恢复期，

1　蓝斑位于桥脑内，在我们实验室里发现它所在区域是ICSS一个位点。

REM 睡眠反跳就会减少（ Steiner & Ellman, 1972 ）。我们推断 REM 睡眠和 ICSS 之间存在着互反关系。如果消除 REM 睡眠，那么清醒状态下的 ICSS 行为将增多；如果清醒状态下 ICSS 存在，那么 REM 睡眠将减少。

　　我们在接下来的实验中进行了一项更严格的测试，我们让被试动物在其愿意的情况下尽可能多地进行 ICSS（在双侧蓝斑进行颅内自我刺激）[1]。当我们允许被试动物进行 ICSS 时，它们大约可以连续不断进行 17 个小时（包括休息的时间和非 REM 睡眠时间，但不包括 REM 睡眠时间）。在四天时间里，被试动物进行了大量的非快速眼动睡眠（ NREM ），几乎没有 REM 睡眠，并且在四天后的恢复期，没有 REM 睡眠反跳。REM 睡眠被来自脑桥的 ICSS 全部替换了（ Spielman & Ellman, 2012 ）。我们推测 REM 睡眠是一种 ICSS 系统。当 REM 机制激活时 ICSS 通路同时也被激活。以上所述虽然已超出了我们目前讨论的范围，但通过一系列的实验我们尝试描述 ICSS 通路。我们将陈述三个我们认为得到大量证据支持的结论：

　　1. 我们不知道 REM 睡眠的确切位点（或有哪些位点）。

　　2. 我们已经记录到一条 ICSS 通路，该通路由位于脑桥的位点出发，经中脑到皮层。我们有强有力的证据显示 REM 睡眠时期这个通路处于激活状态（我们的研究及后来的研究均表明这点）（ Bodnar, Ellman, Coons, Achermann & Steiner, 1979; Bodnar, Steiner, Frutus, Ippolito & Ellman, 1978; Ellman, Achermann, Bodnar, Jackler & Steiner, 1975; Ellman,

---

1　面向精神分析的读者时，我们主要使用术语驱力（ drive ），而不是内源性刺激（ endogenous stimulation ）。

Achermann, Farber, Mattiace & Steiner, 1974; Farber et al., 1976）。

3. 我们已经证实 ICSS 和 REM 睡眠之间呈互反关系，据此我们认定两者属于同一神经系统（Steiner & Ellman, 1972; Spielman & Ellman, 2011）。

我们已经积累了大量证据能证明我们的理论，即 REM 激活了快乐（ICSS）通路或者与基本行为功能密切相关的神经网络。大鼠（因和人类拥有很多共同点而被选取的物种）的基本行为包括筑窝、觅食、求偶，以及最基本的攻击。当哺乳动物进入 REM 睡眠，ICSS 通路或者快乐通路会被激活，并反过来调节产生这些行为的脑区。与这些区域相关的记忆也将受到刺激。需要记住的是，在这个理论里，快乐中枢包括负责攻击行为的脑区。所有可以引起攻击的中枢同样也是 ICSS 区域。

或许有人会问，这个理论如何运用到灵长类特别是人类中去？我们假设人类的 REM 机制和其他哺乳类作用一致。频繁刺激人类的 ICSS 通路可激发涉及冲突的记忆系统，最典型的就是梦或者是在 REM 睡眠阶段的任意时间发生的和个体最密切相关的或者具有威胁性的心理状态。这种观点并不一定在所有情况下都成立。一个人可能做非冲突性的愉快的梦，但我们认为在大部分成人（以及大部分儿童）的生活中，最重要的事都包含一些冲突。在最理想的情况下，梦提供解决冲突的某些途径，如果是这样的话，梦则会被忘记。有时候那些非常令人愉快的梦会被记住（通常是那些容易记住梦的人），但这种情况并不常见。创伤性的梦是梦者想不出有什么无痛苦的方法来解决问题的梦。他们只能梦见结局是自己受伤或者死亡。创伤的梦是一些反复重复的梦，不幸的是，这些梦表达的是梦者感受到的无法避免的生存威胁。在 Weinstein 和 Ellman 所写的章节中，我们将介绍我们的实验室所做的一些关于梦的研究。

尽管我们强调生存本质在梦的发生中的重要性，但仍需指出的是，在最佳的或者足够好的发展的情况下，我们假设梦首先是对某个令人满意的事件的记忆。在这种状态下的婴儿想象对其生存至关重要的需要得到满足，这种记忆继而得以巩固。在发展足够好的情况下，梦的状态被视为适应性的而非退行的。这个理论修正了弗洛伊德关于初级和次级过程的概念。根据目前的理论，如果发展得顺利，婴儿最初始的想象就是适应性的且会不断自我强化，这样婴儿就会发展出适应性的依恋行为。REM 睡眠是为了促进婴儿和母亲之间的愉悦性的互动。然而，即使 Winnicott "绝对依赖"的观点是正确的，婴儿在早期生活中仍不可避免地会发生冲突。无论多么具有奉献精神的父母，也不会总能做出完全令人满意的事，并且在某种程度上，最健康的婴儿也会体验到 Winnicott（1962）所谓的"崩溃（falling to pieces）"或者毁灭性的焦虑。因此，对生存问题的焦虑会在婴儿生命早期就进入其梦境。进入 REM 睡眠时的心理状态的问题是关乎生存的问题，并且通常（事实上总是）与在梦中代表躯体自我（body-self）的元素有关。这里所说的躯体自我是指婴儿或者成长中的儿童通常用他们的身体体验或者身体的功能来代表自我。这些生存问题都是愿望吗？

我认为，有些时候产生梦的促发因素可以是一种对梦者的安康至关重要的愿望；然而，梦也可能很容易被和愿望（弗洛伊德观点中的愿望总是涉及冲突）无关的恐惧或者焦虑所促发。在这个理论中，梦的适应性和生存性功能是核心假设。需要认识到，梦是在试图寻求一种适应性的解决方案，但这种方案不一定在今后也能被证明是适应性的。这种方案被梦者认为是其在人生某个阶段的最佳解决方案。鉴于某些冲突的重复性，那些通常在梦者生命早期阶段属于适应性的解决方案，今后将不再是适应性的。这个观点和我关于在分析情境中也需对冲突的适应性做出解释的观念是一致的。

既求快乐，也求客体，而非二者对立

　　现在我要把话题转到我最近的新书中提到的问题。我们说的这些观点与一些精神分析的争论有何相关？ Fairbairn 和 Mitchell 坚持认为人类是寻求客体的而非是寻求快乐的。这个观点在我看来是错误的二分法。婴儿既是寻求客体的，也是寻求快乐的。在理想的发展条件下，两者是协调的，因此主要的客体或者说母亲同样也是主要的快乐给予者。如果哺育进展顺利，母亲也会逐渐从婴儿那里获得很多快乐。这种双向的互动为婴儿提供了最大的伴有安全感的生存概率。这里我们所说的安全感，指婴儿在发展过程中感受到"生存"是安全的，并且最低程度地感到被干扰。这是最基本的论点，即自我生存是最基本的动机，安全感或者信任感是这种生存意识的最关键因素。显然，一个婴儿可以在身体上处于存活状态，但却被严重干扰或者受到创伤。因此当我们说自我存活时，我们不仅仅是指身体上的存活，更多的是指躯体完整无缺地生存以及没有受到严重损害的存在感。用 Winnicott 的术语来说，儿童确实经常体验到崩溃及毁灭性焦虑的感受（ Hurvich, 2003 ）。

　　尽管有人会说婴儿和母亲之间最初的对话模式是由一系列快乐和不快乐组成的，但我们赞成 Ellman 关于 Fairbairn 和 Mitchell（ Ellman, 2009 ）以及 Bowlby（ 1969, 1973, 1980 ）的解读，这些模式的总的功能是将母亲—婴儿配对看作一个（本能的）单元……在这个理论中，这种模式是为了确保婴儿的生存。这里我们要提出，为了婴儿的健康，母亲和婴儿最终都是在寻求客体。这是弗洛伊德甚少提及的关于早期发展的观点，他是在阐述他最重要的理论时在一个长篇的脚注里提及此种观点的

（Freud, 1911）。然而，如果我们从婴儿出生时开始观察，Fairbairn 关于人类更多的是寻求客体的而非寻求快乐的观点看起来不切实际，因为婴儿大部分时间都在从事睡眠、进食以及很多需要他人监护的生理活动。从某种意义上来说寻求客体以及寻求快乐均不切实际，因为婴儿最需要的是被接受和被抱持。虽然婴儿的心智力肯定比 1900 年时人们想象的活跃，但他们依旧主要是在睡觉（每天 10 到 17 小时）、进食，并且需要被变换体位及安慰（抱持）。Winnicott 对于婴儿"绝对依赖"的描述在我看来是对母亲和婴儿之间行为活动最准确的描述。Winnicott 不仅仅描述两者之间的互动，还描绘了婴儿的内部状态。他假定这些内部状态需要母亲以这样一种方式来预期（客体呈现），即当需要出现时，甚至在需要刚要出现之前，婴儿就体验到环境就是为其的需求提供者。这就是 Winnicott 所说的天生的全能感，一种婴儿感受到他的需要（无论多么早期的经验）能快速地被环境满足的意识。用 Winnicott 的话来说，这是"足够好的母性（good enough mothering）"。尽管我们同意 Winnicott 关于婴儿应该得到被其称为"足够好的母性"的照顾，但我们认为足够好的母性很难做到。

寻求快乐还是寻求客体，还是另有其他载体

让我们回到似乎已有答案的问题：婴儿在其生命的最初几天是寻求客体，还是寻求快乐，还是两者皆寻？我们探讨了将二者割裂是错误的，但是我们同样认为或许理论上这两者均不能阐释婴儿早期的需要。正如 James W. Prescott 所述（2001），母亲—婴儿互动至关重要的是"携带新生儿 / 婴儿"，这是另一种在类人猿灵长类中普遍存在的母性，而现代人类母亲已经大部分丢失了这种母性。在我看来，身体运动（前庭—小脑刺

激）是外部的脐带——最初的在子宫内的感觉刺激——在持续性地向新生儿 / 婴儿输送基本的信任和安全感"（Prescott, 2001, p. 227）。如果 Prescott 是正确的，那么对于新生婴儿来说，主要的问题不是寻求快乐或寻求客体，而是寻求一种持续性的基本的信任和安全感，使得他在新环境中更可控，并降低出生以及出生后的效应成为创伤的可能性。母亲和婴儿最主要的连接方式似乎首先是抚慰。这对于母亲来说是寻求客体，而对婴儿来说无疑是寻求快乐。你可以称之为寻求客体或寻求快乐，但在我看来，这主要是安全感的建立。

足够好的母亲

之前的总结中没有提到新生儿 REM 睡眠量的问题。刚出生的婴儿可能每天有 10 至 12 小时的 REM 睡眠，早产儿的 REM 睡眠所占比例更高。因此，母亲必须能够识别婴儿在 REM 睡眠期的活动不是清醒时的行为，而且有时候很难识别，特别是当婴儿的瞳孔很大且眼睑并非完全闭合时。能够识别婴儿的状态是足够好的母性的一个方面。

要想成为足够好（指 Winnicott 的所谓"足够好的"）的母亲，母亲就必须是寻求客体的。我们怎么能怀疑母亲是寻求客体的呢？尽管在西方社会我们假定母亲对她的婴儿感兴趣，但这远没有我们大多数人认为的那么确定（Hrdy, 1999）。就像 Winnicott（1962）、Searles（1965），以及其他学者指出的那样，母亲自身需要大量的支持和满足才能提供大多数婴儿所需求的心理甚至身体健康。如果婴儿得到大量的母性的支持，他的存活概率将大幅增加。而对母亲的支持主要来自周围环境（丈夫、母亲、智慧的长者等）。

　　不容易注意的是，婴儿也可以是这些支持的来源之一：如果婴儿逐渐变成其照顾者的快乐给予者同时也是接收者，那么他健康生存的可能性将增加。目前的观点来看，婴儿如果不和母亲发生连接的话，他的生存将受到威胁。或许有人会说，那些拥有更高的健康生存概率的婴儿，是在寻求客体的过程中寻求快乐。很明显，那些与在寻求客体的过程中找到了快乐且能获得环境支持的母亲密切相连的婴儿，他们将获得最大的生存可能性。

母—婴二联体和 REM 睡眠

　　下面，我们将运用我们做过的实验作为这一理论探索的模型。为和我们过去的实验范例保持一致，我们运用"刺激"这个词，而不是"活动"或者"行为"，因此，下面的句子难免有些显得生硬。这些句子要表达的是：母亲在和婴儿游戏、喂养他、抱他，或者给他变换体位时，实际上是在刺激婴儿。无论是哪种情况，母亲都在某种程度上给婴儿以刺激，这是我们所关注的。在开始讨论前，我们先设想一个具有高水平内源性刺激的婴儿。假设个体在内源性刺激产生量的方面是不同的。此种刺激在人类每70到90分钟产生一次（REM 周期）。因为我们设想的这个婴儿有大量的内源性刺激，那么对于这种类型的婴儿，少量的外部的或者外源性的刺激将产生愉悦，而大量的或强烈的刺激将产生不愉悦。在这个例证中，内部的和外部的刺激的总和将使得婴儿产生不同程度负性的或不愉悦的体验。因此，对于高内源性的婴儿来说，其他儿童体验到的正常范围量的愉快刺激可能会被其体验为不愉快。这些婴儿会像受到太多刺激的动物一样，想逃离给他们带来不愉快或痛苦的处境。因为正常的母亲都想把她的婴儿揽在怀里，当她的孩子对她的一系列行为做出消极的反应时，这对她来说是很痛苦的，因为她原本是想以这些行为来取悦甚至是抚慰孩子。此时这个母亲的任务应当是减弱她的反应，试着去感受和接受婴儿正在经历的一切。如果她能克制自己的失望，感受婴儿的体验，婴儿就更有可能与母亲结合在一起。对于一个母亲来说，即使她认为自己的行为是"正常"的，能感受到婴儿的痛苦的体验并不是件容易的事。当然，如果婴儿对她的看起来应该是温和的接触意愿做出负面反应，理想的母亲可能不会把这当成对其自恋的打击。大多数母亲都会希望婴儿对她们的照料做出积极的反应，如果这种积极反应没有发生，需要母亲能有弹性地接受这一点，并且学着如何精准把握（学习有效地调节）与婴儿一起活动的水平。如果她觉得她是一个失败者或者认为婴儿出了问题，会怎么样呢？这可能促使她要么是给婴儿更多刺激（拼命地试图吸引婴儿），要么是和孩子保持距离。如果婴儿不能对这种 LaPlanche（1997）称之为"母亲的诱惑（ mother's seductions ）"做出反应，那么对于母亲来说很可能是对其的自恋的打击（更不必说抑郁了）。这可能发生在现实生活中，也可能发生在隐喻层面。对于一个母亲来说，处理高内源性刺激婴儿的任务可能是相当困难的，因为这样或那样的原因，她总是积极地想让她的婴儿产生反应。对于高内源性的婴儿，适应性的内在反应可能就是开始发展虚假自体。换言之，婴儿学着如何对失望的母亲——希望婴儿对她的主动刺激做出享受反应的母亲——做出反应。这里的虚假自体（ false self ）是指婴儿在被要求作出努力、要求其抑制其的正常反应时，被迫屈从外部的指令。根据这样的早期（出生至 5 周时）发展的观点，婴儿不应过度关注外部客体。婴儿试图限制其的自发行为

（各种姿势）标志着虚假自体发展的开始。其他不能虚假依从的婴儿可能会转身离去，无法融入他们所处的环境。一个母亲如果能够感受到婴儿对主动的和高强度的刺激的不满，并能调节自己的反应，那么她可能会逐渐对婴儿或正在学步的幼儿的自发的活动感到惊喜。"学步"这个词用在这里，是因为母亲可能需要一段时间才能主动地享受她的孩子。这种类型的学步婴幼儿会吸引母亲并且引起母亲的兴趣。如果母亲的行为是有利于此的，就会让婴儿和他活跃的内在生活相联系，并最终享受他的自我意识。如果母亲受到婴儿敏感性的负面影响，可能会导致婴儿尝试沉默或主动抑制其内部刺激，或以某种方式主动缩减自己的心理活动。当然，Klein的投射性认同的概念与这些婴儿可能缩减自己的心理活动相关。

那么对于那些具有低水平内源性刺激的婴儿会怎样呢？这里我们发现这样的婴儿可能很少对正常水平的外部刺激做出反应。外部刺激可能是不愉快的或者强度不足以吸引到婴儿。母亲可能会由于婴儿缺乏反应而感到失望。相比那些与高水平内部刺激的婴儿不匹配的母亲，这种失望的程度可能相对弱一些，因为低水平内源性刺激的婴儿不会转身离去或者变得烦躁，他们只是没有做出足够的愉悦反应而已。再重申一次，一个理想状态的母亲要么会感受到自己的孩子需要更多刺激去吸引他，要么会在婴儿未能按自己所希望的那样做出反应时处理好自己的失落。如果母亲不能容纳自己的失望，那么她可能要么抽身离去，要么尝试让婴儿以一种让他感到不舒服的方式进行反应。她或许还会不停地试图让婴儿做出反应。这种类型的不良匹配也可能导致婴儿形成虚假自体，就像许多不匹配的母—婴二联体（mother–infant dyads）的情况一样。

其他理论问题

我们可能会问，有无必要去设想发展问题是先天的问题还是后天经历的问题？大部分理论对此的观点普遍倾向于"这个问题是至关重要的"，但也有一些理论认为这点"不那么重要"，"人类是寻求客体的，而非主要寻求快乐的"，就是这种说法的一个例子，弗洛伊德流派关于本能的重要性的观点则是另一种说法的例子。在目前讨论的理论模型中，何种因素为主要影响因素，因个体素质及个体所处的刺激性环境的不同而有所不同。某些婴儿可能主要受实际经历的环境的影响，而其他婴儿可能主要受先天条件的影响。即便是这种说法也具有误导性，因为它不是一种真正的交互作用的阐述。高或者低内部刺激的婴儿在某些环境中可能不会受先天因素影响。更确切的说法是，在某些社会中，这些婴儿更有可能受到先天因素的影响。

我们普遍存在的移情可能阻碍我们以交互作用模式看待母亲—婴儿配对。很难做到同时看到这种交互作用的两方面，且不因为我们的偏见而使得我们仅仅只着重看到某一面。这就是为什么当面对这种类型的情境时，最好将统计研究结果抛之脑后，而尽可能地以"无忆无欲（without memory and desire）"的方式，既看重母婴配对也看重个体，那将十分有利。

一个例子——Melanie Klein（1975）强调婴儿的抗挫折能力对理解早期发展十分重要。她写道，好像这是婴儿与生俱来的特点，而不是母亲和婴儿互动的结果。在高水平内源性刺激的婴儿中，大部分婴儿将呈现出低抗挫能力，因为他们对于刺激更加敏感并且他们的母亲很难始终理解他们。然而，那些能够理解这种类型的婴儿的母亲将培养出高于正常抗挫能力水平的婴儿／儿童。这样的婴儿将以某种方式体会母亲的理解和照顾，使得他们比通常的婴儿有更多感恩之情。此外，这种婴儿可能发展成为那种具有更大内部空间的人。如果能够达到和控制这种状态，那么其抗挫能力将发展得更为宽广和深刻。因此在重视抗挫能力的同时，也应将其同样视为环境和婴儿相互作用的产物。相对于中等水平内源性刺激的婴儿，高内源性刺激的婴儿看起来更像 Klein 所描述的那种婴儿。

从 Winnicott 关于足够好的母性行为的说法来看，"足够好的母性"对于母亲们来说似乎是一种常态。尽管他承认母亲需要支持，但他在书中写道：母性似乎是一种一旦婴儿出生，女性就很容易进入的状态。从 Hrdy 的书中关于母亲、婴儿以及自然选择的描述，我们可以从很多不同的角度来理解母性行为。Hrdy 阐述了对于婴儿来说引诱母亲去照料是多么重要，因为从她的观点来看母性既不是天生的也不是自动获得的。虽然所有的母亲都可能患产褥期精神病（ puerperal insanity, Winnicott 使用的术语），但 Hrdy 记载的杀婴和弃婴的发生率高于如果所有的母亲都患有这种疾病时可能出现的杀婴和弃婴的发生率。Magurran（2000）在一篇综述中说到，Hrdy "甚至提出人类新生儿比其他灵长类婴儿更丰满，这种格外的丰满是在试图说服他们的父母他们值得养育。在 Hrdy 的眼里，甚至连婴儿的微笑都成了引诱母亲的策略"。尽管（婴儿）如此富有魅力，但很多母亲在照料婴儿时仍感到步履维艰。这可能是因为有些婴儿不那么具有吸引力，更可能是因为有些母亲并没有在她们生活的某个时刻做好做母亲的准备或者不具有做母亲的能力。依据母亲和婴儿相互作用的观点，Hrdy 认为婴儿的引诱在多数互动中起重要作用。Winnicott 带着他的敏锐性，坚持主要从婴儿的角度看待问题。他强调母亲的任务是为婴儿提供一个辅助自我（auxiliary ego），却忽视了母亲至少是需要被促发（引诱）去哺育她的婴儿的。这种引诱极为重要，因为在 Winnicott 所描述的绝对依赖期，母亲必须提供一切。

总结

　　我们提出了一个内源性刺激的模型，并以此来解释做梦以及早期发展的问题。我们试图提出一个真实的相互作用的模型，在这个模型中，先天因素和环境因素都不被认为是绝对的影响因素，更重要的是婴儿的生物学倾向、后天所处的环境以及围绕母—婴配对的社交环境之间的相互作用。我们试图澄清我们不幸的是在以二分法的方式构建精神分析的理论。同时我们也尝试厘清一些已被证明阻碍发展更为完善的精神分析理论的陈旧术语。

（杨静月翻译　李晓驷审校）

参考文献

Bodnar, R., Ellman, S. J., Coons, E. E., Achermann, R. R. & Steiner, S. S. (1979). Differential locus coerulues and hypothalamic self-stimulation interactions. *Physiological Psychology*, 7: 269–277.

Bodnar, R., Steiner, S. S., Frutus, M., Ippolito, P. & Ellman, S. J. (1978). Hypothalamic self-stimulation differs as a function of anodal locus. *Physiological Psychology*, 6: 48–52.

Bowlby, J. (1969). *Attachment and Loss: Vol. 1. Attachment*. New York: Basic.

Bowlby, J. (1973). *Attachment and Loss: Vol. 2. Separation*. New York: Basic.

Bowlby, J. (1980). *Loss: Sadness and Depression*. London: Hogarth.

Dement, W. C. (1960). The effect of dream deprivation. *Science, 131*: 1705–1707.

Ellman, S. (1992). Psychoanalytic theory, dream formation and REM sleep. In: J. Barron, M. Eagle & D. Wolitsky (Eds.), *Interface of Psychoanalysis and Psychology* (pp. 357–374). Washington, DC: American Psychological Association.

Ellman, S. (2009). *When Theories Touch: A Historical and Theoretical Integration of Psychoanalytic Thought*. London: Karnac.

Ellman, S. & Weinstein, L. (1991). REM sleep and dream formation: A theoretical integration. In: *The Mind in Sleep: Psychology and Psychophysiology*. New York: Wiley.

Ellman, S. J., Achermann, R. F., Bodnar, R. J., Jackler, F. & Steiner, S. S. (1975). Comparison of behaviors elicited by electrical brain stimulation in dorsal brain stem and hypothalamus of rats. *Journal of Comparative Physiological Psychology, 88*: 316–328.

Ellman, S. J., Achermann, R. F., Farber, J., Mattiace, L. & Steiner, S. S. (1974). Relationship between dorsal brain stem sleep sites and intracranial self-stimulation. *Physiology and Behavior, 2*(1): 31–34.

Ellman, S., Spielman, A., Luck, D., Steiner, S. & Halperin, R. (1991). REM deprivation: A review. In: S. Ellman & J. Antrobus (Eds.), *The Mind in Sleep: Psychology and Psychophysiology*. New York: Wiley.

Ellman, S. J. & Steiner, S. S. (1971). Relation between REM sleep and intracranial self-stimulation; a reciprocal activating system. *Brain Research, 19*(2): 290–296.

Farber, J., Ellman, S. J., Mattiace, L., Holtzman, A., Ippolito, P., Halperin, R. & Steiner, S. S. (1976). Differential effects of bilateral dorsal hindbrain lesions on hypothalamic self-stimulation in the rat. *Brain Research, 117:* 148–155.

Freud, S. (1900). *The Interpretation of Dreams. S. E., 4–5*. London: Hogarth.

Freud, S. (1911). Formulations on the two principles of mental functioning. *S. E., 12*: 213–226. London: Hogarth.

Freud, S. (1915). *Instincts and their vicissitudes. S. E., 14*: 109–140. London: Hogarth.

Hrdy, S. B. (1999). *A History of Mothers, Infants, and Natural Selection*. New York: Pantheon.

Hurvich, M. (2003). The place of annihilation anxieties in psycho- analytic theory. *Journal of the American Psychoanalytic Association, 51*: 579–616.

Klein, M. (1975). The development of a child. In: *Love, Guilt and Reparation, and Other Works, 1921–1945* (pp. 1–53). New York: Free Press.

Kleitman, N. (1963). *Sleep and Wakefulness* (2nd *ed*.). Chicago: University of Chicago Press.

Laplanche, J. (1997). The theory of seduction and the problem of the other. *International Journal of Psychoanalysis, 78*: 653–666.

Magurran, A. (2000). *New York Times* on the Web, 23 January, p. 20.

Olds, J. (1956). A preliminary mapping of electrical reinforcing effects in the brain. *Journal of Comparative and Physiological Psychology, 49*: 281–285.

Olds, J. (1962). Hypothalmic substrates of reward. *Physiological Reviews, 42*: 554–604.

Prescott, J. W. (2001). Along the evolutionary biological trail. A review and commentary on *Mother Nature: A History of Mothers, Infants, and Natural Selection by* Sarah Blaffer Hrdy. *Journal of Prenatal and Perinatal Psychology and Health, 15*(3): 225–232.

Searles, H. F. (1965). *Collected Papers on Schizophrenia and Related Subjects*. New York: International Universities Press.

Spielman, A. J. & Ellman, S. J. (2012). The effects of locus coeruleus ICSS on the sleep cycle in rates in preparation. Forthcoming publication.

Steiner, S. S., Achermann, R. F., Bodnar, R. J., Jackler, F., Healey, J. & Ellman, S. J. (1976).

Alteration of escape from rewarding brain stimulation after d-amphetamine. *International Journal of Neuroscience*, *2*: 273–278.

Steiner, S. S. & Ellman, S. J. (1972). Relation between REM sleep and intracranial self-stimulation. *Science, 172*: 1122–1124.

Winnicott, D. W. (1962). Ego integration in child development. In: *The Maturational Processes and the Facilitating Environment* (pp. 56–63). New York: International Universities Press.

第八章
"一梦而已"：生理和发展对现实感的影响
Lissa Weinstein, *Steven J. Ellman*

    Julio Cortazar 在《夜幕降临》这篇故事里讲述了一个年轻人遭遇摩托车事故后在医院醒来发生的事情。那天对于主人公来讲原本平淡无奇，直到他受到一个粗心的行人的惊吓，躺在拖车里从梦境中穿梭了一遍，生活就此发生了改变。在梦中，他是个正在逃命的摩特肯（Motecan）印第安人，阿孜客（Aztec）猎人想把他抓去当众献祭。随着他的高烧越来越严重，医院的元素也化作梦的一部分：外科医生的手术刀变成了祭司手中锋利的石片，手术室的气味化作了树林、沼泽和死亡的味道。故事中多数时候，主人公都确信自己是受了伤躺在医院里，直到他躺在祭坛上，等着祭司用那把黑曜石刀切过来的最后一刻，"他才明白自己是不会醒过来了，他原本就是清醒的，而那个神乎其神的梦才是梦境，同其他梦境一样荒谬——他在梦中那个光怪陆离的城市里穿梭于诡异的街道之间，四处都燃起了花花绿绿的光，却既无火也无烟……在这个没头没尾的梦中，人们将他抱离了地面，某个人也拿着刀朝他走来，越走越近，他仰面朝天，紧闭双眼，躺在灯火阑珊的台阶上面"（Cortazar, 1968）。

    弗洛伊德（1900）也像 Cortazar 那样，将梦的现实问题视作探究的核心，如他在《梦的解析》第七章介绍了"你看不到我在燃烧吗，父亲？"

这个梦，这个梦用他自己的话来说："解析起来没什么难处，其含义也显而易见，但也正如我们所见，该梦仍然清晰地保留了能将梦境与现实区分开来的核心特征，所以仍需对此加以解析。"（P.50）梦对他来说是一个解释"心理装置的结构"和"运作于其中的各种力量所起的作用"的起点（p. 511），他将梦的那些复杂的文法和句式搁置一边，从而建立一种更为抽象的解释模型："……梦的过程最为显著的心理特征是：一种想法，通常是包含某种愿望想法，在梦中被具象化，并以一个情境的方式呈现，或者说，它似乎正在被我们所体验"（p. 534）。

本文呈现了我们对反思性自体表征（self representation）在梦中的变化的研究结果，即作为思考者或梦者对自己的认识的变化，以丰富（姑且这么说吧）我们对快速眼动睡眠（REM 睡眠）的生理机制、内源性刺激和意识体验之间的关系的认识。为做到这些，我们将试着为自我反思的发展模型提供依据，该模型重点考虑 REM 睡眠的生理模式和在依恋关系发展中的母亲的敏感性之间的双向交互关系，并简要探讨在分析情境中——分析情境本身也已被概念化为一种梦的变体（Ferro, 2002）——影响噩梦产生的各种力量。为便于在睡眠研究的历史背景下将重点聚焦于自我表征这个方面（详情参见 Nir & Tononi, 2010），我们还对当前梦的理论做了简要回顾。

先回顾一下弗洛伊德在文中所糅杂的两个问题：首先，引起这种真实体验现象的内部刺激究竟是何本质？它是如何产生和调节的？其次，这些与清醒时人格有关的场景究竟是如何被赋予各种意义的？虽然弗洛伊德谨慎地强调，他的模型仅指心理层面，而非任何与"解剖基础"有关的躯体部位，但正如 Pribram 和 Gill（1976）等人的观察，在第七章当中提到的弗洛伊德的模型只有结合他当时未发表的神经学论文"科学心理学的方案"才好理解。目前的睡眠研究者仍然致力于弗洛伊德在构想中所暗指的那种分歧，实际上，如同梦与神经生理学相关性的争论一样，该领域的分歧仍在逐步增加，并将精神分析学界一分为二，Green（Green & Stern, 2000）以及最近的 Blass 和 Carmelli（2007）就认为神经生物学的"客观"数据几乎不能用于临床分析的过程，而临床分析过程自有其收集心智功能信息的方法。

　　一方面，生理学、神经解剖学和神经生物学方面关于睡眠的文献如雨后春笋般蓬勃发展，将那些忽视梦之复杂象征性过程的理论都"捧上了天"，还将梦的形式属性（它们的幻觉感知、妄想信念、怪异思维、记忆缺失和虚构）和所有单个梦的意义做了区分。倒也不是说 REM 睡眠的生理机能在其中一些模型中不具备心理功能，比如说能在长期记忆中巩固记忆的痕迹，或是可以在大脑准备整合诸如学习等各种功能时提供一个虚拟的现实模型（Hobson, 2009），而是说这些理论家否认了梦的特定内容具有任何适应功能。让人意想不到的是，睡眠中认知与生理的交互关系竟然同时鼓舞了对立两派的研究者们，其中一方是精神分析的拥趸者，比如 Solms，他以非快速眼动睡眠（NREM 睡眠）的梦作为证据来说明做梦对于其他所有潜在的状态而言都是相对独立的（1997），对立方包括 Crick 和 Mitchison（1983）、Hobson（1998）和 Hobson，Pace-Schott 及 Stockgold（2000）等人，他们认为梦是 REM 睡眠中大脑神经生理过程的副产品，是尝试将由 REM 所激发的随机的边缘系统活动在前脑进行合成的结果。

　　在过去十年中，REM 的神经影像学一直试图对梦的特征提供一种解释（Dang-Vu et al., 2010），这方面的研究提供了在 REM 睡眠期间大脑区域性活动的影像——桥脑、丘脑、颞-枕部、边缘/边缘旁系等区域（包括杏仁核）处于激活状态，而背外侧前额叶以及下顶叶皮质区域相对静止。由此我们认为杏仁核的激活与所报告的梦境中那些显著的焦虑感和恐惧感是一致的。颞－枕部的活动与视觉刺激一直保持同步，前额叶的活动减少说明梦中的认知能力存在障碍——缺乏时间和空间定向，工作记忆出现问题，对稀奇古怪之事全盘接纳。

各种模型都试图解释 REM 睡眠的生理机能与随之发生的心理活动之间扑朔迷离的关系，所有这些模型建立的前提都认为生理现象能够直接被转译为心理事件，两者要么一一对应（例如：Roffwarg, Muzio & Dement, 1966），要么至少心理激活强度与生理激活强度在排序操作上是同构的，这一前提遵循了 Hobson 的激活—合成假说（Hobson & McCarley, 1977），以及他后来的激活—输入—调节（activation-input-modulation, AIM）模型。这些模型均未评估个体差异对激活的处理或认知的影响。

越来越多的文献都试图以各自的象征性语言的视角来解释梦，其中认知学家的作品尤为典型，包括 Domhoff（2002，2005a，b），Foulkes（1985），Hall 和 Van de Castle（1966）以及 Hartmann（2008，2010）。他们倾向于强调多数梦中相对寻常的部分，并将其视作一个"自上而下"的过程，它始于抽象思维，经过处理重新回到图像的、知觉性的表征，他们借由清醒时候那些诸如隐喻、概念整合和反讽等语言程序的视角来解释看似稀奇古怪的梦境。内容分析研究（Content analytic studies）支持梦和日常生活之间存在连续性的观点，如，Cortazer 的故事中主题和意象间的相互穿透，做梦和清醒两种状态下对"日常"问题有着同种表达（Foulkes, 1985），情感和内容相适应（Foulkes, 1999），故事的结构由清醒状态下个体的感受和活动所构成（Domhoff, 2002; Hall & Van de

Castle, 1966），以及随着时间的推移，主题也相当一致（Bulkeley & Domhoff, 2010）等。REM睡眠并没有被视作做梦的模型，因为在入睡时，偶尔在NREM睡眠期间，也会出现类似于REM睡眠时的精神活动。在这些模型中，都不认为做梦有何功能；Flanagan（2000）借鉴了Stephen Gould的观点，将梦比作"拱肩"（spandrels），即扇形拱状天花板上与圆拱相伴的拼嵌装饰物，它们本身对房屋结构没有贡献，只是顺带适应另一种需求的副产品。所以，梦的意义并不存在于其原始构造之中，而是与其他所有幻想一样，是同清醒时的生活整合在一起时才制造出来的。

虽然从直观上看，认知学家的工作采取的是弗洛伊德"自上而下"理解梦的方法，他们显然应该更接近分析性视角才是，但实际并非如此。认知学家强调，梦虽然确实以个性化的方式表达了从经验中提炼出的抽象知识，但并不涉及个体生活中的真实事件，也不与此前生活经历的记忆——如分析师所说的日间残留——直接相关。不存在隐梦和显梦的内容之间的区别，没有对相关精神活动的检查，也无关任何对防御或凝缩作用的探讨。有种典型的方法论涉及对特性、社交、情感、设置和描述性修饰词的字数统计，这种方法提供了很高的评分者信度，但极少触及梦在分析中被理解的方式的复杂性，这种复杂性体现在既是对过往材料的综合，也是对当前移情问题的一种反映。此处令人惊讶的是，我们发现自己的想法与Hobson（2005）不谋而合，他表示，虽然他确实同意Domhoff对一位梦境日记记录者的人格所作出的结论，但认为他"其实并不需要分析梦境就能得出这个结论（记录者是个胆怯、一丝不苟和心胸狭隘的人）"，他只需要通过这个做梦者对梦境日记的介绍就能明确这一点。Ellman（2009）的意见与此相左，他指出对梦的生理心理学研究可以（至少有可能）在弗洛伊德有关驱力的量化概念和内源性刺激对心理状态的影响之间架起一座桥梁。

梦中反思性自体表征的暂停

我们对睡眠心理某个方面的选择性研究，主要是受到精神分析对做梦本质的探究所影响。除了弗洛伊德（1900）之外，Rapaport（1951）和 Schafer（1968）也都曾聚焦于梦中现实检验能力的减弱，这种状态在某些方面与婴儿期的状态异曲同工，此时个体很难辨别事物是由内部还是由外部产生的。这种区分能力的发展与反思意识的成熟有关，即意识到自己是思想的思考者（the thinker of a thought），这也是自体/客体分化的一个方面，当然它是属于发展后期阶段的问题。清醒的时候，这种意识的存在是一个连续谱——在性快感发生时或剧烈的体力活动时几乎不存在，而在导致痛苦的自我意识的焦虑状态下达到峰值。由此人们认为，反思性自体表征的可逆性的暂停可以在一定程度上为强烈的移情状态提供变化的力量。我们推断这种意识在睡眠期间也会有所起伏，但不同的是，由于睡眠时外在的感官输入相对隔断，运动也受到抑制，所以它的变化最主要是受到内源性刺激强度的影响。

REM 睡眠汇聚了两种过程，一种是僵直性过程（tonic processes），持续于整个 REM 睡眠阶段，比如激活的脑电和受抑制的肌张力，还有一种是发作性的或是位相性的（episodic or phasic）过程，比如眼球运动、中耳肌肉收缩和肌张力的高度抑制。我们已做假设，位相性的活动发作提供了最为强烈的内源性刺激。证实这一假设的证据有：功能性磁共振成像（fMRI）研究表明，位相性（phasic）的和僵直性（tonic）的 REM 睡眠期有着不同的功能基质（Wehrle et al.，2007），其特征是 REM 的位相性的发作期间皮质对外部听觉刺激的反应性几乎为零，但 REM 的僵直期则无此特征，这让作者产生一个假设，即存在一个包括边缘区域和海马旁回在内的封闭的丘脑皮层网络回路，这一回路在位相性的 REM 期特别活跃。对我们这个假设的另一种解释是，位相性活动会减少反思意识的存在，让梦更有可能被体验为真实的和可信的。REM 睡眠（尤其是 REM 期中的位相性的发作）被视作高内源性刺激时期，因此反思性意识的暂停更有可能发生在 REM 的位相性的发作期，而较少发生在 REM 的僵直期，出现在 NREM 睡眠期的可能性最小。

　　然而，尽管我们能够分得清位相性过程和僵直性过程，但仅有一些模棱两可的证据可以表明在 REM 睡眠的位相性发作和僵直性发作期间心理状态存在质的不同。先前的研究已经考察过视觉或听觉意象、怪诞感、情感品质、回忆等变量的存在。Pivik（1991）在总结了上述数据后提出，若是想要将离散的生理指标与特定的心理状态进行匹配，需要被试们到达一个不可能达到的自省程度，而且现在已经到达顶点，后期只能是收益递减，但我们仍然认为梦的现象学有可能存在可以定性的方面，而且它可能与位相性的活动存在关联。

　　我们在两项严格控制的研究中得出的结果证明，与位相性 REM 活动相关的主要心理因素是梦境的真实体验，因此做梦者报告自己的心理状态时，会传达出他 / 她对梦境的沉浸感（Weinstein, Schwartz & Ellman, 1988, 1991）。所以我们针对梦境体验中的沉浸感所开发的量表就更能够区分位相性和僵直性活动，而不像之前的那些量表只涉及相关或部分相关的方面，诸如"梦样"感受和主要的视觉体验。实际上，即便是我们最为敏感的量表也没有涉及被试意识层面的反思。它无法将 REM 睡眠和 NREM 睡眠区分开来，但却能很好地区分是在 REM 的位相期醒来还是在僵直期醒来。这个报告纯粹是基于对梦境的自发汇报，比如提问："在你醒过来之前，脑海中正在发生什么？"该报告的评分标准是看有无语法形式的自我反思，即看他是回答"我梦到我在开车"还是回答"我在开车"。因此，对一个概念的测量方式以及要求被试进行内省的程度都有可能改变测量的结果，这样要求被试反思他们的体验，可能会减少他们在参与性体验方面的汇报（Kahan, 1994）。

我们没有预料到竟会有如此巨大的个体差异。在标定基线的晚上，那些在清醒时倾向于以社会期望的方式回答人格自测问卷，使得观察者认为自己更为"正常"的被试，是最不可能在位相性和僵直性 REM 报告中表现出差异的人。就在我们认为被试肯定最为沉浸的那段时间内，他们却反而报告说梦境一点真实感都没有。而那些受"有求于人"特征影响最小的被试似乎更容易体现出位相性和僵直性 REM 报告之间的差异。

第二项研究着眼于个体对 REM 剥夺的反应。在 REM 剥夺后的恢复期的几个夜晚，被试 REM 睡眠中的位相性活动显著增加；据此我们以为被试肯定会报告说他们当时完全沉浸在梦境之中。但实际上在恢复期的几个夜晚，那些根据 REM 睡眠的基准线难以将位相性睡眠和僵直性睡眠区分开来的被试，在 REM 睡眠的位相发作期更加难以产生专注的心理状态。换句话说，这个亚组的被试出现了矛盾现象，他们的反思意识是增强的，而且还援引了免责声明："我当时只是想观察一下；我知道那只是个梦。"

对于有些被试（但不是全部）来说，较高水平的内源性刺激促使他们以防御的方式（或者换个角度看，也是在适应）坚称梦只是一个想法。Schaefer（1968）把反思性意识的暂停进行了概念化，认为这是丧失了自体—客体之间的分化的一种形式，它可能会给人带来愉悦感，也可能令人恐惧，这取决于相关背景和做梦者本人。谈及梦中表达的渴望，做梦者可能会深感不安，梦的真实体验会让梦者感觉受到威胁，对那些特别是在清醒时不太能够忍受因焦虑而产生的种种念头的人，此种体验就必须被阻断。我们可以结合内源性刺激的水平及其防御方式来预测个体在梦中会有什么样的体验，当然梦境内容中的细节另当别论。

最近的一些关于在不同睡眠状态下自我体验的研究与我们的研究不具备直接的可比性，部分是因为自我意识属于一个多变量的概念（参见Kozmova & Wolman，2006），而且用于评估自我意识的方法也涉及该特征的各个方面。McNamara，McLaren 和 Durso（2007）想要刻画出 REM 和 NREM 睡眠中自体表征的特点，但没有对位相性事件和僵直性事件进行区分，也没有考虑个体差异，然后使用与自体概念相关的梦境内容（比如身体遭受苦难，做梦者参与的成功，以及社交活动的本质，这些内容都源自 Hall/Van de Castle 梦境内容评分系统）来评估自体。此外，他们还比较了相同长度的 REM 和 NREM 梦境报告，结果是区分出两种状态下报告的可能性降到几乎为零，因为他们实质上选择的是最不"像REM梦"的 REM 梦的报告。不过他们倒是确实注意到，梦中的自体显然在 REM 睡眠中更常表现为一个攻击者，在 NREM 睡眠中则相反，这一发现与 Pivik（1971）和 Watson（1972）早期的发现相符，他们当时也指出在 REM 睡眠阶段被唤醒的梦会含有更多的敌意。Occhionero，Natale，Esposito，Bosinelli 和 Cicogna（2000）发现在 REM 睡眠和慢波睡眠之间，自体表征存在显著差异，REM 睡眠期间自体的幻觉更像是现实，而 Fosse，Stickgold 和 Hobson（2001）所定义的幻觉与反思性自体表征的暂停类似，他们发现这种幻觉状态从睡眠开始到 NREM 睡眠逐渐明显，并在 REM 睡眠时达到峰值。

我们的研究结果清楚地证明了内源性刺激对心理活动的影响，但除此之外，像防御或对自体状态改变的耐受力等其他因素也决定了梦境最终会以何种方式被体验和报告。总之根据我们的推断，对各种心理活动的耐受力既取决于内源性刺激的水平（我们假设它在人群中有正态分布的特征），也取决于个体发展的经历（这改变了体验为快乐还是痛苦的阈值）。

虽然 REM 睡眠中的内源性刺激水平会继续在成年期起作用，但我们想知道哪些发展经历可能会对我们发现的个体差异产生影响。其中有个明显的候选因子是依恋关系，特别是考虑到大量研究都试图将依恋与反思功能的发展联系在一起（Fonagy & Target，2002）。

婴儿期的 REM 睡眠：影响依恋行为组织与反思性自体表征发展的内源性因素

根据REM睡眠期间选择性激活的神经解剖结构和神经化学过程来看，McNamara 及其同事（McNamara, Andresen, Clark, Zborowski & Duffy, 2001; McNamara, Belsky & Fearon, 2003; McNamara, Dowdall & Auerbach, 2002; Zborowski & McNamara, 1998）认为 REM 睡眠在对于促进和维持生物性的依恋过程以及辅助发展繁殖策略方面是不可或缺的。他们注意到，依恋和 REM 睡眠在解剖学当中存在部分重叠，正如 Steklis 和 Kling（1985）也曾发现，边缘系统的数个位点，尤其是处于调节生理平衡和情感行为的核心地位的杏仁核，以及颞叶前部皮层和眶额叶皮层，都对依恋至关重要，而边缘系统和扣带回前部的皮层也被证实与 REM 睡眠期间的高激活作用有关。此外，REM 睡眠与催产素的释放也有关系，催产素是一种与依恋密切相关的激素（Insel, 1997），它的峰值出现在凌晨4点，此时是REM睡眠开始比NREM睡眠更占优势的时期。依恋（McNamara，Dowdall & Auerbach，2002）实际上出现在睡眠和护理期间，此时婴儿从母亲那里汲取营养和热量资源，"在传热，触摸，洗漱，婴儿吮吸乳汁，母亲分泌乳汁时，会顺带形成生理和行为的节律……就有可能发生婴儿的主动睡眠/REM的激活、唤醒重叠、激素节律重叠、相应的体温周期等"。此外，人们认为REM睡眠可以因一些主动性的行为，诸如呓语、哭泣、微笑和吮吸等，从而诱发母亲的照顾行为。

经历数次实验室睡眠监控之后，异相睡眠（paradoxical sleep）选择性的增加（Solodkin, Cardona & Corsi-Cabrera, 1985），以及早期REM睡眠剥夺对几种哺乳动物的性功能有负面影响（Kraemer, 1992; Mirmiran et al. , 1983; Kraemer, 1992），这些都进一步印证了REM睡眠在依恋中所起的作用。最新的研究提示，REM睡眠的变化对遭受母子分离的雄性和雌性大鼠对应激的反应有双向的影响（Tiba, Palma, Tufik & Suchecki, 2003; Tiba, Tufik & Suchecki, 2004, 2007），这种机制假设母子分离会诱发下丘脑—垂体—肾上腺轴的过度反应，从而减少应激对睡眠结构的损害。

有几项研究记录了儿童末期睡眠障碍与不安全型母子依恋之间的关系（相关的先前研究综述参见 Benoit, Zeanah, Bucher & Minde, 1992）。后来，Anders（1994），Mahoney（2009），McNamara, Belsk, Fearon（2003）和 Scher（2008）在一项大样本研究中发现，不安全—抗拒型依恋组在夜间睡眠觉醒次数和时长方面要显著多于其不安全—回避型依恋对照组。

Zyborowski 和 McNamara（1998）对其模型中的因果关系作出如下阐述：生物钟会周期性地激活在睡眠和白天都发生的 REM 过程（Kripke

& Sonnenschein, 1978）；REM 进而又激活了支撑依恋的边缘系统和与催产素相关的脑系统，这既可以通过协调在睡眠时处于二元体状态的两个人的生物节律来进行，也可以通过做梦来实现，梦可以把记忆中的客体形象内化，从而对清醒时的搜索策略起到指导作用。通过这种持续不断的处理，母亲便可以调节婴儿的生理程序，同时做梦也有助于建立内部认知工作模型，即适应性地记住过去曾起到抚慰作用的那些复杂的事件和客体。

这种模式与我们提出的模式有些相似，即强调进入共生依恋是进一步个体化过程的必经之路（Mahler, Pine & Bergmann, 1975），其促成因素是母亲同步调节婴儿的各种交流。但是，我们对主观性和反思性自我发展的机制更感兴趣，特别是能证明这种双向适应的内源性证据，因为我们对成人的研究表明，保持反思功能的能力是同时随着生理参数和个体差异的变化而变化的。我们得先把话说在前面，目前现有的研究尚不能够为我们提出的模型提供确凿的证据，充其量只能证明它的相关性，但我们之所以提出这个模型，是因为它为一种临床立场提供了原理上的阐述，而且支持我们对在分析性情境中反复出现的现象以及它与移情破裂之间的关联开展一些研究。

对婴儿期睡眠的研究指出，睡眠周期的早期发展中存在极大的个体差异（Burnham, Goodlin-Jones, Gaylor & Anders, 2002）。除了有据可查的婴儿期 REM 睡眠占比更高（平均主动睡眠的百分比为 66.2，标准差为 9）之外，1 岁以内每个月测量到的不同夜晚和不同年龄的个体差异也相当可观。1 个月以内婴儿的主动睡眠可以低至 41%，也可以高达 92.5%。到第 12 个月时，均值为 41%，在 20%（近似于成人的均值）至 68.5% 之间浮动。Burnham 及其同事们使用的是多导睡眠录像技术（videosomnography），因此无法测量不同年龄的 REM 睡眠结构和内聚力（ the architecture and cohesion of REM sleep ）。但先前研究（ Emde & Metcalf, 1968, Roffwarg, Muzio & Dement, 1966 ）发现存在未分化的 REM 状态，即当婴儿在烦躁、哭泣、困倦或吮吸的时候所出现的比较混乱的一些睡眠片段，也包括睡眠中的 REM 阶段。因此，新生儿的 REM 表现出了生理模式方面最原始的高变异性（ Anders & Weinstein, 1972；Dittrichova, 1966；Emde & Walker, 1976；Hoppenbrouwers, Hodgman, Arakawa, Giedel & Sterman, 1988, Parmelee, Wenner, Akiyama, Schulz & Stern, 1967, Petre-Quadens, 1966 ），其状态较为混乱且形态各异，在出生后 3 个月趋于稳定，这段时间安静睡眠的增加尤为明显，被认为和前脑抑制中心的成熟以及出生第一年模糊睡眠（ ambiguous sleep ）的减少密切相关（ Ficca, Fagioli & Salzarulo, 2000 ）。这种变化随之而来的是 3 个月时睡眠是从 NREM 睡眠开始，而不再是从 REM 睡眠开始。同样的，在这些研究中，不确定性睡眠（ indeterminate sleep ）下降的个体差异也很明显。Anders 和 Roffwarg（ 1973 ）进一步证实了在婴儿早期 REM 并非是一种整齐划一的状态，因此不可能选择性地剥夺婴儿的 REM 睡眠。Roffwarg 认为婴儿期占比如此之高的 REM 睡眠其实也是内源性刺激的来源，可以在缺乏外源性刺激的情况下为更高级的中枢提供刺激，而随着婴儿处理外源性刺激能力的提升，REM 也会有所减少。

根据新生儿睡眠记录来预测后期病理状况的临床研究（ Monod, Dreyfus-Brisac, Eliet-Flescher, Pajot & Plassart, 1967 ）发现，生理学测量之间缺乏正常的一致性（反映为不确定性睡眠的占比增加）是最常见的病理现象。虽然根据 EEG（脑电图）记录对轻微后遗症的预测总体较差，但 EEG 模式中周期性活动的缺失以及枕叶活动的持续性缺失都对预后有所不利。最近，Sheldon（2007）和 Scher（2008）再次强调"多种状态"（states）的明确发展可以反映神经系统功能上的成熟，状态发展的滞后可能会同时通过结构和发育上的影响而体现出来。婴儿 3 个月时的关系变量（父母对婴儿觉醒的响应时间）和睡眠变量（安静睡眠的水平）都显著预测了其 12 个月时的自我安抚能力（Burnham, Goodlin-Jones, Gaylor & Anders, 2002）。

依恋关系在塑造婴儿期新兴神经生物组织的作用已经被充分证实，在此不做赘述（参见 Fonagy, Gergely, Jurist & Target, 2002; Fonagy, Gergely & Target, 2007; Hofer, 2006; Weinstein, 2007）。我们可以这样想，当依恋关系发展到某些关键时期，生理性失调会作为一个独立变量介入这一漫长的过程，以辨认并表征个体内心的想法。3 月龄左右似乎是形成有组织的 REM 睡眠的十分关键的时期，这个时期也正是依恋关系发展的节骨眼。Fonagy 和他的同事们（Fonagy, Gergely, Jurist & Target, 2002; Fonagy, Gergely & Target, 2007; Fonagy & Luyten, 2009; Gergely & Unoka, 2008）提出，婴儿挖掘出它自身初始的程序化的情感状态的次级表征并能制造出这种表征，是通过早期与养育者之间的镜映式互动实现的，这些互动既是应变的（即能反映儿童实际情感状态的）也是 / 或是标志性的（即稍许有所夸大，或转变为另一种表达形式，使得母亲能表达出理解了婴儿的情感，同时又表现出她不是在表达她自己的内心感受）。Watson（1994）指出，正常婴儿在 3 个月左右发生成熟转变，因此婴儿的应变检测模块（contingency detection module）从之前优先检测完美应变的自体意象转而去检测无应变者，或是更确切地说，偏向于检测一种高级的但不是完美的应变。这种成熟转变标志着婴儿转向"探索并表征社会环境"的能力正不断发展（Fonagy, Gergely, Jurist & Target, 2002），也逐渐摆脱了作为

REM 睡眠一部分的内源性刺激，而这一点对感官系统的发展至关重要
（Graven, 2006）。先天性应变检测机制（它同时记录了婴儿传输出的运动
反应与随之发生的事件的相对强度和两者之间的时空关联）当中的任何
失调，都会妨碍儿童区分这些刺激性事件究竟是他们自身运动反应的结
果还是来自别人的能力。一项关于自闭症儿童的研究表明，这种基础性
的失调可能会导致儿童倾向于重复的和完美应变的活动，可此时正常发
育的儿童已经转向了社会环境中表现出的不那么完美的应变活动
（Bahrick & Watson, 1985; Gergely & Cibra, 2009）。

　　这些非典型儿童可能需要更多次精确的重复才能建立客体的准确意
象，也许他们建立这种意象的能力也更容易受损，特别是在外界环境过
度刺激或令人害怕的情况下（Gergely, 2001; Gergely & Watson, 1999）。
我们认为，清晰的 REM 状态的发育迟滞会干扰到注意力机制，而这种机
制本可以让婴儿识别"标志性的"面部表情，从而有助于他们最终定义
自身的个性。此外，婴儿的杂乱无章也可能会让养育者更加难以准确地
"读取"其状态，从而很难正确地镜映回去。虽然各个 REM 过程的合并
可能只是有些延迟，但它却可能对依恋的发展造成持续影响，正如
Koback, Cassidy, Lyons-Ruth 和 Ziv（2006）（引自 Fonagy, Gergely & Target,
2007）所言：依恋组织的变化会随着时间的推移而不断减少，因为其中
不匹配之处会越来越难以纠正。

　　最近有项研究探讨了低风险样本的 4 月龄婴儿和有依恋紊乱的 1 岁婴
儿的亲子情感交流，其结果强调了有必要调整的一些细枝末节（Miller,
2010）。这项研究发现，婴儿在 4 个月大时遭受异常养育行为的性质（此
种性质可以让我们在其 1 岁时明显区分出有序和无序的二元体）就是：状
态无序的婴儿的母亲更倾向于攻击她的孩子，也更容易对婴儿的痛苦报

以不一致的反应。但在时长两分半钟的互动录音中，即便是那些后来被归类为无序婴儿的母亲也表现得"一直挺愉快的……只是偶尔才会以敌意的、攻击性的或不恰当的方式回应婴儿的痛苦"。同样的，虽然有些母亲在整体亲子情感交流中的表现不能被评为糟糕，但却明显难以容忍孩子的痛苦，或者至少有过攻击性的或其他过分的异常行为……包括对婴儿那些中性的／积极的暗示不予回应。对于上述令人费解的早期现象，我们只能解释为：可能这些婴儿暂时还不好解读。

　　综上所述，首先我们可以看到，依恋关系的发展及其对反思性自体产生的作用是生理因素和主体间性因素之间的交互作用，无论婴儿期还是成年后皆是如此。其次，内源性刺激的水平将始终影响到个体区分自体与他人、内在和外在的能力。

结论

　　上述的探讨有些迂回曲折，并似乎已经远离了梦境，现在让我们言归正传回到噩梦上来，事实上噩梦很可能就是一种自传，并构成了 Cortazar 故事的基础。显然我们将梦，至少是部分地，看作一种身体状态的表征（作为其结构的基础），部分是受到了依恋过程的影响，这些依恋过程修改了个体评估其情感体验时的设定点，决定了某种体验究竟是让人厌恶还是令人愉悦，抚平了焦虑感，并且改变了整个发展过程中调动防御的必要性。做噩梦的时候发生了什么？如果我们认为 REM 睡眠对依恋是有帮助作用的，即"唤出"早年发展中的客体，那么随着表征结构的发展，这些过程将同时显示出梦境的情感基调和角色／自体的各种互动。Nielsen、Lara-Carrasco（2008）和 Hartmann（1996，1998）等人指出做梦具有情绪调节的功能，当个体所关心的情感方面化作梦的背景时，即将情感依附于视觉图像并进而产生新的联想时，这种情绪调节的功能便得到了体现，使得记忆系统在 REM 睡眠中得到更加灵活的运用。他们对噩梦的解释包括在杏仁核（状态变量）控制下情绪的主观性和自主相关性的高度激活，还包括特质变量（情感痛苦）所起的作用被认为是由前扣带皮层控制并借由个体的情感史形成的。因此，噩梦既能加剧恐惧感，也意味着客体无法调节这种恐惧。他们认为这可能会呈现在梦的内容之中，表现为越来越多恶意的角色/自体互动。在 Cortazar 的故事中，主角遇到的人们起初都是善意的，递给他舒缓情绪的饮料，但随着他的病情越来越严重，护士们开始闲言碎语，外科医生也拿着某种闪光的东西站在他身旁，此时他再也够不到那瓶让人舒缓的水了。而最终，"这只是一场梦而已"这句出自妈妈之口、能让一个惊恐的孩子得到宽慰的最后希望也失去了，他永远也逃不出这恐怖的深渊了。

依恋过程是通过内源性刺激被体验、认识和象征化的方式而形成的，并且它反过来又能调节这些方式。回到我们之前对梦理论的两大分支——梦的生理和梦的涵义两个极端——的总结，很明显这两种立场都无法凭一己之力表达出梦的过程的复杂性。或许这也是弗洛伊德放弃了此项研究的原因，因为他意识到虽然可以通过神经元放电来对状态进行预测，但符号表征的巨大差异却永远与生理学的精确性格格不入。

但内源性刺激对于我们理解移情体验仍然是至关重要的。移情中必要的"现实性"必然是未满足的愿望的积累，这些未满足的愿望引发了我们对移情客体的关注。我们的核心隐喻同样出自身体这样一个结合了需求和节律的巨大容器，它也可以被我们别称为驱力或内源性刺激。在整个发展过程中，我们的身体经历被编入更加复杂的故事中，这些故事是由生活在我们世界里的各种客体制造出来的。我们只能尝试更加准确地阐述身体、客体、在现实生活和幻想世界里发生的各种事件的历史，以及在分析情境中我们所报告的梦之间的相互作用所产生的影响。

（郑诚翻译　李晓驷审校）

参考文献

Anders, T. F. (1994). Infant sleep, nighttime relationships, and attachment. *Psychiatry*, 57(1): 11–21.

Anders, T. F. & Roffwarg, H. (1973). The effects of selective interruption and deprivation of sleep in the human newborn. *Developmental Psychobiology, 6*: 77–89.

Anders, T. F. & Weinstein, P. (1972). Sleep and its disorders in infants and children. *Pediatrics, 50*: 312–324.

Bahrick, L. R. & Watson, J. S. (1985). Detection of intermodal proprioceptivevisual contingency as a potential basis of self-perception in infancy. *Developmental Psychology, 21*: 963–973.

Benoit, D., Zeanah, C., Bucher, C. & Minde, K. (1992). Sleep disorders in early childhood: Association with insecure maternal attachment. *Journal of the American Academy of Child and Adolescent Psychiatry, 31*: 86–93.

Blass, R. B. & Carmelli, A. (2007). The case against neuropsychoanalysis: On fallacies underlying psychoanalysis' latest scientific trend and its negative impact on psychoanalytic discourse. *International Journal of Psychoanalysis, 88*: 19–40.

Bulkeley, K. & Domhoff, W. G. (2010). Detecting meaning in dream reports: An extension of a word search approach. *Dreaming, 20*(2): 77–95.

Burnham, M. M., Goodlin-Jones, B. L., Gaylor, E. E. & Anders, T. F. (2002). Nighttime sleep-wake patterns and self soothing from birth to one year of age: a longitudinal intervention study. *Journal of Child Psychology and Psychiatry, 43*: 713–725.

Cortazar, J. (1968). The night face up. *The New Yorker*, April 22, p. 49.

Crick, C. & Mitchison, G. (1983). The function of dream sleep. *Nature, 304*: 111–114.

Dang-Vu, T., Schabus, M., Desseilles, M., Sterpenich, V., Bonjean, M. & Maquet, P. (2010). Functional neuroimaging insights into the physiology of human sleep. *Sleep: Journal of Sleep and Sleep Disorders Research, 33*(12): 1589–1603.

Dittrichova, J. (1966). Development of sleep in infancy. *Journal of Applied Physiology, 21*: 1243–1246.

Domhoff, G. W. (2002). *The Scientific Study of Dreams: Neural Networks, Cognitive Development, and Content Analysis*. Washington, DC: American Psychological Association.

Domhoff, G. W. (2005a). The content of dreams. Methodologic and theoretical implications. In: M. H. Kryger, T. Roth & W. C. Dement (Eds.), *Principles and Practice of Sleep Medicine (4th ed.)* (pp. 522–534). Philadelphia, PA: Saunders.

Domhoff, G. W. (2005b). Refocusing the neurocognitive approach to dreams: A critique of the Hobson versus Solms debate. *Dreaming, 15*: 3–20.

Ellman, S. J. (2009). *When Theories Touch: a Historical and Theoretical Integration of Psychoanalytic Thought*. London: Karnac.

Ellman, S. J. & Weinstein, L. (1991). REM sleep and dream formation: A theoretical integration. In: *The Mind in Sleep: Psychology and Psychophysiology*. New York: Wiley.

Emde, R. N. & Metcalf, D. R. (1968). Behavioral and EEG correlates of undifferentiated eye movement states in infancy. *Psychophysiology, 5*: 227.

Emde, R. N. & Walker, S. (1976). Longitudinal study of infant sleep: Results of 14 subjects studied at monthly intervals. *Psychophysiology, 13*: 456–461.

Ferro, A. (2002). Some implications of Bion's thought: The waking dream and narrative derivatives. *International Journal of Psychoanalysis, 83*: 597–607.

Ficca, G., Fagioli, I. & Salzarulo, P. (2000). Sleep organization in the first year of life: Developmental trends in the quiet sleep-paradoxical sleep cycle. *Journal of Sleep Research, 9* : 1–4.

Flanagan, O. (2000). *Dreaming Souls: Sleep, Dreams and the Evolution of the Conscious Mind.* New York: Oxford University Press.

Fonagy, P. & Luyten, P. (2009). A developmental, mentalization based approach to the understanding and treatment of borderline personality disorder. *Development and Psychopathology, 21*: 1355–1381.

Fonagy, P. & Target, M. (2002). Early intervention and the development of self regulation. *Psychoanalytic Inquiry, 22* : 307–335.

Fonagy, P., Gergely, G. & Target, M. (2007). The parent infant dyad and the construction of the subjective self. *Journal of Child Psychology and Psychiatry, 48*: 288–328.

Fonagy, P., Gergely, G., Jurist, E. & Target, M. (2002). *Affect Regulation, Mentalization and the Development of Self.* New York: Other.

Fosse, R., Stickgold, R. & Hobson, J. A. (2001). Brain-mind states: Reciprocal variation in thoughts and hallucinations. *Psychological Science, 12* : 30–36.

Foulkes, D. (1985). *Dreaming: A Cognitive-Psychological Analysis.* Hillsdale, NJ: Lawrence Erlbaum.

Foulkes, D. (1999). *Children's Dreaming and the Development of Consciousness.* Cambridge, MA: Harvard University Press.

Freud, S. (1900). *The Interpretation of Dreams. S. E., 4–5*. London: Hogarth.

Gergely, G. (2001). "Nearly, but clearly not, like me": Contingency preference in normal children versus children with autism. *Bulletin of the Menninger Clinic, 65*(3): 411–426.

Gergely, G. & Cibra, G. (2009). Does the mirror neuron system and its impairment explain human imitation and autism? In: J. A. Pineda (Ed.), *The Mirror Neuron Systems: The Role of Mirroring Processes in Social Cognition*. Totowa, NJ: Humana.

Gergely, G. & Unoka, S. (2008). Attachment and mentalization in humans: The development of the affective self. In: E. Jurist, A. Slade & S. Bergner (Eds.), *Mind to Mind: Infant Research, Neuroscience and Psychoanalysis*. New York: Other.

Gergely, G. & Watson, J. (1999). Early social-emotional development: Contingency perception and the social biofeedback model. In: P. Rochat (Ed.), *Early Social Cognition: Understanding Others in the First Months of Life* (pp. 101–137). Hillsdale, NJ: Lawrence Erlbaum.

Graven, S. (2006). Sleep and brain development. *Clinical Perinatology, 33*: 693–706.

Green, A. & Stern, D. (2000). *Clinical and Observational Psychoanalytic Research: Roots of Controversy*. London: Karnac.

Hall, C. S. & Van de Castle, R. L. (1966). *The Content Analysis of Dreams*. New York: Appleton-Century–Crofts.

Hartmann, E. (1996). Outline for a theory on the nature and functions of dreaming. *Dreaming, 6*: 147–170.

Hartmann, E. (1998). *Dreams and Nightmares: The New Theory on the Origin and Meaning of Dreams*. New York: Plenum.

Hartmann, E. (2008). The central image makes "big" dreams big: The central image as the emotional heart of the dream. *Dreaming, 18*: 44–57.

Hartmann, E. (2010). The dream always makes new connections: The dream is a creation, not a replay. *Sleep Medicine Clinics, 5* (2): 1–6.

Hobson, J. A. (1998). The new neuropsychology of sleep: Implications for psychoanalysis. *Neuropsychoanalysis, 1*: 157–183.

Hobson, J. A. (2005). In bed with Marc Solms? What a nightmare! A reply to Domhoff (2005). *Dreaming, 15*(1): 21–29.

Hobson, J. A. (2009). REM sleep and dreaming: Towards a theory of protoconsciousness. *Nature Reviews Neuroscience, 10*: 803–813.

Hobson, J. A. & McCarley, R. (1977). The brain as a dream-state generator. *American Journal of Psychiatry, 134*: 1335–1348.

Hobson, J. A., Pace-Schott, E. F. & Stockgold, R. (2000). Dreaming and the brain. Toward a cognitive neuroscience of conscious states. *Behavioral and Brain Sciences, 23*: 739–842.

Hofer, M. (2006). Psychobiological roots of early attachment. *Current Directions in Psychological Science, 15*(2): 84–88.

Hoppenbrouwers, T., Hodgman, J., Arakawa, K., Giedel, S. A. & Sterman, M. B. (1988). Sleep and waking state in infancy: normative studies. *Sleep, 11*: 387–401.

Insel, T. (1997). A neurobiological basis of social attachment. *American Journal of Psychiatry, 154*: 726–735.

Kahan, T. (1994). Measuring dream self reflectiveness: A comparison of two approaches. *Dreaming, 4*: 177–193.

Koback, R., Cassidy, J., Lyons-Ruth, K. & Ziv, Y. (2006). Attachment, stress and psychopathology: A developmental pathways model. In: D. Cicchetti & D. J. Cohen (Eds.), *Development and Psychopathology (2nd edition), Vol 1. Theory and Method* (pp. 334–369). New York: Wiley.

Kozmova, M. & Wolman, R. (2006). Self-awareness in dreaming. *Dreaming, 13*: 196–214.

Kraemer, G. (1992). A psychobiological theory of attachment. *Behavioral and Brain Sciences, 15*: 493–541.

Kripke, D. F. & Sonnenschein, D. (1978). A biologic rhythm in waking fantasy. In: K. S. Polpe & J. L. Singer (Eds.), *The Stream of Consciousness: Scientific Investigations into the Flow of Human Experiences* (pp. 321–332). New York: Plenum.

Mahler, M., Pine, F. & Bergmann, A. (1975). *The Psychological Birth of the Human Infant: Symbiosis and Individuation*. New York: Basic Books.

Mahoney, S. (2009). Attachment styles, sleep quality and emotional regulation in severely emotionally disturbed youth: A psychobiological perspective. *Dissertation Abstracts Online*.

McNamara, P., Andresen, J., Clark, J., Zborowski, M. & Duffy, D. (2001). Impact of attachment styles on dream recall and dream content: A test of the attachment hypothesis of REM sleep. *Journal of Sleep Research, 10*: 117–127.

McNamara, P., Dowdall, J. & Auerbach, S. (2002). REM sleep, early experience and the development of reproductive strategies. *Human Nature, 13*(4): 405–435.

McNamara, P., Belsky, J. & Fearon, P. (2003). Infant sleep disorders and attachment: Sleep problems in infants with insecure-resistant versus insecure-avoidant attachments to mother. *Sleep and Hypnosis, 5*(1): 17–26.

McNamara, P., McLaren, D. & Durso, K. (2007). Representation of the self in REM and NREM dreams. *Dreaming, 17*: 113–126.

Miller, L. (2010). Personal communication.

Mirmiran, M. (1995). The function of fetal/neonatal Rapid Eye Movement sleep. *Behavioral Brain Research, 69*: 13–22.

Mirmiran, M. & Someren, E. V. (1993). The importance of REM sleep for brain maturation. *Journal of Sleep Research, 2* : 188–192.

Mirmiran, M. J., Scholtens, N. E., van de Poll, H. G., Uylings, S., van der Gugten, J. & Boer, G. J. (1983). Effects of experimental suppression of active REM sleep during early development upon adult brain and behavior in the rat. *Behavioral Brain Research, 69* : 13–22.

Monod, N., Dreyfus-Brisac, C., Eliet-Flescher, J., Pajot, N. & Plassart, E. (1967). Disturbances in the organization of sleep in the human newborn. *Electroencephalography and Clinical Neurophysiology, 23*(3): 285.

Nielsen, T. & Lara-Carrasco, J. (2007). Nightmares, dreaming and emotion regulation: A review. In: D. Barrett & P. McNamara (Eds.), *The New Science of Dreaming: Volume 2. Content, Recall, and Personality Correlates*. Westport, CT: Praeger.

Nir, Y. & Tononi, G. (2010). Dreaming and the brain: from phenomenology to neurophysiology. *Trends in Cognitive Science, 14*(2): 88–100.

Occhionero, M., Natale, V., Esposito, M. J., Bosinelli, M. & Cicogna, P. (2000). The self representation in REM and SWS sleep reports. *Journal of Sleep Research, 9*(s1): 142.

Parmelee, A. & Stern, R. (1972). Development of states in infants. In: E. Clemente, D. Purpura & E. Mayer (Eds.), *Sleep and the Maturing Nervous System*. New York: Academic.

Parmelee, A., Wenner, W., Akiyama, Y., Schultz, M. & Stern, E. (1967). Sleep states in premature infants. *Developmental Medicine and Child Neurology, 9*: 70–77.

Petra-Quadens, O. (1966). Ontogenesis of paradoxical sleep in the newborn. *Journal of Neurological Science, 4*(1): 153–157.

Pivik, R. T. (1991). Tonic states and phasic events in relation to sleep mentation. In: *The Mind in Sleep: Psychology and Psychophysiology*. New York: Wiley.

Pribram, K. & Gill, M. (1976). *Freud's Project Reassessed*. New York: Basic.

Rapaport, D. (1951). States of consciousness: A psychopathological and psychodynamic view. In: M. Gill (Ed.), *The Collected Papers of David Rapaport*. New York: Basic, 1967.

Roffwarg, H., Muzio, J. & Dement, W. C. (1966). The ontogenetic development of the human sleep-dream cycle. *Science, 152*: 604–619.

Schafer, R. (1968). *Aspects of Internalization*. New York: International Universities Press.

Scher, M. (2008). Ontogeny of EEG-sleep from neonatal through infancy periods. *Sleep Medicine, 9*: 625–636.

Schore, A. (1997). A century after Freud's project: Is a rapprochement between psychoanalysis and neurobiology at hand? *Journal of the American Psychoanalytic Association, 45*: 807–840.

Sheldon, S. (2007). Ontogeny in pediatric sleep medicine: A rapidly moving target. *Sleep Medicine, 9*: 597.

Solms, M. (1997). *The Neuropsychology of Dreams: A Clinico-anatomical Study*. Hillsdale, NJ: Lawrence Erlbaum.

Solodkin, M., Cardona, A. & Corsi-Cabrera, M. (1985). Paradoxical sleep augmentation after imprinting in the domestic chick. *Physiology & Behavior, 35*(3): 343–348.

Steklis, H. & Kling, A. (1985). Neurobiology of affiliative behavior in nonhuman primates. In: M. Reite & T. Field (Eds.), *The Psychobiology of Attachment and Separation* (pp. 93–134). New York: Academic.

Tiba, P. A., Tufik, S. & Suchecki, D. (2004). Effects of maternal separation on baseline sleep and cold stress-induced sleep rebound in adult Wistar rats. *Sleep*, 27: 1146–1153.

Tiba, P. A., Palma, S., Tufik, S. & Suchecki, D. (2003). Effects of early handling on basal and stress-induced sleep parameters in rats. *Brain Research, 975*: 158–166.

REM sleep of female rats submitted to long maternal separation. *Physiology and Behavior, 93*(3): 444–452.

Watson, J. S. (1994). Detection of self: The perfect algorithm. In: S. Parker, R. Mitchell & M. Boccia (Eds.), *Self-Awareness in Animals and Humans: Developmental Perspectives*. New York: Cambridge University Press.

Watson, R. K. (1972). Mental correlates of periorbital potentials during REM sleep. (Unpublished doctoral dissertation, University of Chicago.)

Wehrle, R., Kauffman, C., Wetter, T. C., Holsboer, F., Pollmacher, T. & Czisch, M. (2007). Functional microstates within human REM sleep: evidence from fMRI of a thalamocortical network specific for phasic REM periods. *European Journal of Neuroscience, 25*(3): 863–871.

Weinstein, L. (2007). Can sexuality ever reach beyond the pleasure principle? In: D. Diamond, S. Blatt & J. Lichtenberg (Eds.), *Attachment and Sexuality*. New York: Analytic.

Weinstein, L., Schwartz, D. & Ellman, S. (1988). The development of scales to measure the experience of self-participation in sleep. *Sleep, 11*: 437–447.

Weinstein, L., Schwartz, D. & Ellman, S. (1991). Sleep mentation as affected by REM deprivation: A new look. In: *The Mind in Sleep: Psychology and Psychophysiology*. New York: Wiley.

Zborowski, M. & McNamara, P. (1998). The attachment hypothesis of REM sleep. *Psychoanalytic Psychology, 15*: 115–140.

第九章
对 Steven J. Ellman 和 Lissa Weinstein 章节的讨论
Peter Fonagy

　　我很高兴讨论两个精彩的章节。作为讨论者，幸运的是，这两章在学术立场和理论框架上是紧密相连的。它们反映了在许多层面上的整合尝试：（1）精神分析理论与实验科学的整合；（2）客体关系理论与驱力理论的整合；（3）临床工作与复杂的高水平的理论的整合。对于本讨论者来说同样幸运的是，整合在上述所有层面都成功了。

　　这两章的核心都是内源性刺激，而这可谓是真正全新的"驱力（drive）"理论。虽然该理论并不等同于弗洛伊德的任何驱力观点，但它探索了精神分析理论家多年来学着去接受的许多对立的理论或悖论。例如，我们将看到，如果接受内源性刺激的概念，我们就不用再争论人们是追求快乐的还是追求客体的。在某些方面，这让人联想到关于光粒子和光波理论的矛盾的解决。理解似乎是梦的基础的躯体和生理的体验有助于我们卸下许多复杂的精神分析概念的包袱。

对第七章的讨论

　　Steven Ellman 用我读过的弗洛伊德《梦的解析》第七章中最雄辩，同时又是最简明的一段陈述作为这一章节开头。出于纯粹的审美乐趣，我很想将其重述一遍，但鉴于对 Ellman 的原创思想的兴趣，我需聚焦转向。他所做的简要介绍是他多年智力活动的结晶。他在《科学》和《自然》杂志上的论文的篇幅很小，但是，能见刊这样的杂志显然是他长期和艰苦工作的结果。

　　快速眼动睡眠（REM 睡眠）是内源性刺激的一个标志，与之类似的是 ICSS，即颅内自体刺激（intracranial self-stimulation），在这一研究领域中 Ellman 的工作具有绝对的开创性。虽然啮齿类动物是通过施压杠杆来获得这些刺激的，这在生物学上显然不等同于梦的愿望满足理论，但两者之间的联系远不止只是一种隐喻。在一个精彩的演示中，Ellman 博士和他的团队表明，REM 的剥夺使颅内自体刺激的体验更加强烈，对动物来说更明显，好像它们对这种刺激极为"渴求"。

　　此外，在一种 ICSS 的狂欢状态下，即允许它们想要多少刺激就有多少刺激，可使动物们达到即使是很长一段时间的睡眠（因此一定包括 REM 睡眠）的剥夺也不会引起 REM 睡眠反弹的满足状态。因此做梦可能涉及 ICSS 通路的激活，换句话说，REM 可能激活了愉悦或奖赏通路。这当然不仅仅是为弗洛伊德的直觉提供了支持，它将 REM 睡眠设定为一种产生内部的生理性的愉悦的原型体验（prototypical experience），这种生理性的愉悦，不仅仅是性的（广义的说法）的愉悦，也包括攻击性（甚至破坏性）的愉悦。

　　现在，接下来的这一章将以 REM 为基础的快乐系统与 Thomas Insel

的母—婴和婴—母依恋神经基础模型联系起来。她的贡献涵盖了相当多的证据，这些证据证明了，至少在一定程度上证明了，做梦是一种对初始客体的绝对依赖体验的激活。但随着发展的时间推移，婴儿的梦变成了适应那些"足够好的（good enough）"的父母的载体，而这些父母（正如 Winnicott 告诉我们的）不能也不应该提供理想的满足。最早的依恋和梦之间的神经生理学的联系解释了它的许多核心特征，包括占主导地位的躯体体验、性和攻击性。

Ellman 提出，"在 REM 睡眠状态中出现的问题，通常涉及包含身体在梦中的自我表征元素的生存问题。"人类的梦，是在早期（尽管可能是"阶段相关的"）适应性地解决那些总是由愿望而导致的冲突的过程中发展起来的。这是对梦的冲突理论的一种深刻的重新表述。在生理上依赖他人的新生儿处于最初的梦样状态，这意味着在他们在梦中所展现的挣扎至少在结构上属于生与死的问题。这些问题涉及婴儿为自己的生存而做出的奋斗，以及为赢得他所爱的女人的心的企图。

这立即让我们看到了个体差异。低水平和高水平的内源性刺激都是非适应性的。中等水平代表健康的适应。对于内源性刺激水平高的婴儿，少量的外部刺激会使其感到愉快，来自母亲的过度刺激会引起痛苦并触发回避。这反映了动物的行为，对动物来说，过度的颅内刺激有明显的令其厌恶的效果，如果可以选择，它们会希望像人类一样控制颅内刺激。

根据 Ellman 的观点，人类的母性敏感性在一定程度上使一个母亲能意识到她的婴儿的内源性刺激有着周期性，以及反过来，能意识到他有寻求外源性刺激来避免痛苦和产生虚假愉悦自体（false pleasing self）的需要。正如 Ellman 所描述的，对于高内源性婴儿，适应性的内部反应可能是通过错误地服从母亲的要求，来回应那些因对孩子的护理没有达到预期效果而感到失望的母亲。这对精神分析干预的时间安排具有明显的临床意义，因为这种安排考虑到了基本的休息—活动周期（就如同临床治疗设置那样）。

从 Weinstein 和 Ellman 的睡眠研究中我们知道，在睡眠实验室中，需要表现出愉悦的（虚假）自体的模式，反映了一种潜在的需要，即对其最深沉的梦境体验采取一种人为疏远的防御姿态。发展的故事可以追溯到发展出虚假自体的情境，母亲对其作为母亲的失望被孩子体验为一种"打击"，导致一个成人将内源性刺激体验得异常强烈。可能因为这些高强度的体验确实极为真实，有虚假自体倾向的参与者会否认其在 REM 阶段的梦境的真实性。

当从寻求"使新环境持续性地处于易于控制的基本信任感和安全感"的新生儿的角度来看，内源性刺激理论表明可以将寻求愉悦的和寻求客体的二分法合二为一。Ellman 和 Weinstein 都将"婴儿的社会取向"——发展主义者经常引用它作为婴儿是追求客体的观点的证据——视为婴儿进化出的确保其在绝对依赖的状态下能得到母性的照顾的一种增强了的尝试。正如 Ellman 所强调的，这对个体的长期身体健康和心理发展都有相当大的好处。

Ellman 让我们想起了 Sarah Hrdy 对母性的看法，但除母性之外她也生动地说明了人类对"多人养育（allo parenting）"的需求——多人养育，是指不止一个成年人在场以确保"足够好的养育（good enough parenting）"能够发生。母亲的杀婴行为只有在没有得到支持的情况下才会发生——从她自身生存的角度来看，明智的策略是杀死孩子，照顾好自己，以后再将她的遗传物质遗传下去。从进化的角度来看，母亲只有她处在不再是不得不为自己寻找资源的状态时，才可能成为"寻求客体的"（寻求她的婴儿客体），但这可能不会发生，除非有一个支持她的系统也存在。

　　但是，按照 Ellman 的想法，这反过来也决定了婴儿的客体意识的程度（选择意识到并寻求他的客体）。我发现这是对依恋策略的一个有启发性的解释。当婴儿意识不到他人对他的行为做出的敏感（偶尔会是这样）的反应时，他知道他将被迫照顾自己，并提高他对外源性刺激做出反应的"门槛"，而优先考虑内源性刺激。依恋理论家会认为这是一种不安全的依恋策略。这种策略会持续下去，因为当婴儿没有反应时，母亲会进一步疏离婴儿以限制她的失望和对婴儿的伤害，从而将婴儿进一步推回到维持自给自足的策略。

　　因此，就个体差异而言，内源性刺激理论尤其有用。他们的模型的原创性和有趣点在于婴儿对外部刺激的可获得性。婴儿的此种可获得性受遗传和环境影响，并因社会背景不同而不同。高内源性刺激水平的婴儿可能不像在这方面不那么极端的婴儿那样受环境影响。他们不受社会心理环境的调节的体质特征，将影响他们成为什么样的人。因此，他们在临床上并不一定更容易受到伤害，但他们的问题将是些与个人历史少有联系的问题。

　　这与最近十分有趣的关于 5-HTT 血清素转运基因短等位基因的发现有关。这种基因型已被证明可以标记出对环境更"敏感"的个体。敏感的母性行为可能使这些人更容易发展成安全型依恋，而那些具有选择性多态性（长等位基因，更有效的转录）基因型的婴儿则在安全依恋的形成方面不受母亲的敏感性的影响。不管这种特殊的分子遗传模型的有效性如何，对体验的开放程度存在变异的一般概念对精神分析模型来说是一个重要而有趣的挑战。这也是我们通常不会考虑的事情。

　　然而，完全有可能存在一些不同的精神分析发展模型植根于婴儿之间的这些遗传差异。它们可能都是对基因非常不同的个体的精确描述。高内源性刺激组比中内源性刺激组更接近于克莱因学派观点的婴儿。足够好的母性行为必须从进化的时间和当前的社会背景的角度来看待，而不仅仅是从婴儿的角度。我将回到 Steven J. Ellman 的贡献上来，但让我先简要地考虑一下在第八章中的 Lissa Weinstein 的文章。

对第八章的讨论

Lissa Weinstein 精彩地补充了 Steven J. Ellman 对婴儿心理功能和做梦机制相互作用的权威概述。Weinstein 关注的是婴儿和母亲之间的"梦幻关系"中自我反思的出现。她提醒人们注意发生于整个 REM 期间（例如，脑电图呈快波）的僵直性过程和位相过程（例如，有无眼球运动）之间的关键区别。Ellman 和 Weinstein 推测，位相性的 REM 活动对内源性刺激的贡献最大，并对减少反思意识的作用最强。

因此，REM 位相阶段的梦被认为是特别引人注目的（例如，有很强的"真实感"）。他们采用了一种非常优雅的测量方法，他们发现，在报告梦境时没有使用意图性语言（"我在开车"与"我梦到我在开车"）的梦境报告，最有可能与被从 REM 位相期活动中唤醒有关。这提示，正如Daniel Dennett（2001）所描述的那样，REM 位相期关闭了意向性——它反映了一种超越了（或优先于）自我反思部分的意识状态。

大多数参与者都是这样，但不是所有人都是这样。在那些似乎是"虚假自体结构（false self structures）"的志愿者中，其结果是"矛盾的"。这些结构可能是内源性刺激素质的标志。这些人可能有过不得不向失望的照料者们表现出虚假的被安抚了的历史，照料者无法触及到他们的内心，因为他们的内源性刺激过于强烈，可能还处于婴儿时期的 REM 位相期阶段的状态。最近又发现他们的梦（不可避免地是反映冲突的梦）更具威胁性，因为他们实际上觉得它太真实了。因此，他们会做出夸张且不恰当的反思行为。

更普遍地说，Lissa Weinstein 提出的观点是，对自己的想法和感受的容忍（自我反思的一种表现）与内源性刺激和与母亲相处的体验有关，这可能会改变体验愉快的阈值。个体在处理内源性刺激时越能处于平衡状态，其反思的素质就越强。我们曾报道过，对于那些有安全依恋史的人来说，这可能与他们在早年之后更容易找到反思立场的倾向有关。

正是在这种背景下，Lissa 提出了 REM 睡眠的生物学功能可能是促进和维持依恋过程的观点。正如我们所见，这方面的证据不仅来自和 REM 为主导的睡眠在时间上有关联，以及凌晨 4 点时催产素达到峰值，还来自睡眠障碍与不安全依恋之间的关联。也许与 REM 睡眠相关的程序性学习可以代表母婴之间的关系模式（工作模式）的内化。毕竟，内部工作模型的发展代表了一种程序化的学习过程（尽管通常不这样认为）。

这可能与婴儿期早期 REM 睡眠占主导地位有关，就像依恋关系的形成占据母婴关系的主导地位一样。正如我们所知道的，这已经在婴儿的睡眠研究中得到了证明，这对于监控母婴关系的质量是很有趣的。从发展的角度来看，这种时间上的巧合同样引人注目，在 3 个月时睡眠结构发生重组，与此同时，正如 John Watson 所观察到的那样，婴儿从百分之百地对偶然刺激（来自自己躯体）的偏好转向对高强度的但不再是完全偶然的刺激。值得一提的是，依恋神经肽、催产素，也是一种心智化（mentalisation）的"伟哥"——鼻内催产素甚至可以增强男性的反思能力！

因此，转向创造内部状态的次级秩序表征，即自我反思，可能就源于从对感觉系统的发展至关重要的内源性刺激占据绝对主导地位的 REM 位相期向社会意外事件转变的过程中。REM 的延迟发展会干扰这种从内部到外部的转换（婴儿的目标是在观察者的反思思维中发现自己）。该模型通过将生理学与主体间因素联系起来，补充了 Gergely、Watson 和其同事们提出的假说。内源性刺激，即体内状态的激活，有可能影响自我与他人、内在与外在的分化。

综上所述，Ellman 和 Weinstein 在此前精神分析学家常常失败的地方取得了成功。他们将客体关系（依恋）模型与驱力模型结合在一起。他们通过修订这两种模型做到了这一点。他们的驱力理论将驱力的重点放在愉悦上，并使用了大脑刺激的比喻。他们的客体关系理论关注的是自我反思功能的作用，区分自我与他人的心理能力，而不是与特定事例相关的记忆。通过将这两个理论框架从非本质中解放出来，将它们从我们所说的理论的过度具体化中解放出来，所得出的整合理论是平稳的、引人注目的，并推进了我们的集合性的理论构建。

他们的模型很简练，综合了他们想取代的模型中的许多观点，或者更恰当地说，是一种他们希望进一步发展和改进的模型。它们展示了个体关系是如何形成的，但反过来此种关系的形成又受到如何体验和认知内源性刺激以及如何对内源性刺激进行象征化的影响。这类工作在精神分析领域几乎是独一无二的。最后，我想强调一下，在我看来，Ellman 的工作方案在精神分析理论构建中具备"灯塔奖"的资格（有待效仿）：

1. 它是从基础实验室研究中发展出来的一种心灵模式；

2. 它的假设最接近心灵的本质；

3. 对理论的探索将继续推动一项实证研究计划，其成果将进一步丰富理论的构建；

4. 由此建立的模型的临床适用性仍然是检验其假设的标准之一；

5. 该模型仔细参考了相关的实证和理论工作，也由此为我们提供了卓越的学术成果；

6. 最重要的是，在理论构建和实证研究方面都是真正的创造性的工作；

7. 与此相关的是，Ellman 的工作是协作性的。

最后，我想认真地说一说我们这个职业中的问题：虽然协作可能不足以实现独树一帜，但有这样做的必要。在现代科学中，没有人能单独做到这一点。1955 年，一篇医学论文的平均作者人数为 1.5 人。到 1985 年这一平均数升至 3.0，到 2010 年升至 5.0。在同一时期的《国际精神分析杂志》上，平均每篇论文的作者数量从 1.0 "显著地" 增加到 1.1。科学是协作的，需要我们共同努力取得进步。

鉴于以上原因，以及许多其他原因，《理论的碰撞》是一部伟大的学术著作，是一项更伟大的整合性的学术成就。未来几代的精神分析研究者，无论是实证性的还是临床的，都将对它心存感激，并将在未来的许多年里赞赏它。

（耿峰翻译　李晓驷审校）

参考文献

Dennett, D. (2001). Are we explaining consciousness yet? *Cognition, 79*(1–2): 221–237.

第四部分

梦的临床和非临床研究：
正在进行的项目和当代文献

第十章
慢性抑郁症患者梦的变化：法兰克福 fMRI/EEG 抑郁症研究（FRED）

Tamara Fischmann, Michael Russ, Tobias Baehr, Aglaja Stirn, Marianne Leuzinger-Bohleber

导言

本章将介绍一位患者的梦境变化，他是正在进行的法兰克福 fMRI/EEG 抑郁症研究（Frankfurt fMRI/EEG Depression Study，FRED）的一位被试。通过这一个案，我们想说明我们尝试在进行中的大型 LAC 抑郁症研究中将临床和非临床实证研究结合起来的结果[1]。在第四章中，Marianne Leuzinger-Bohleber 从临床的角度报道了将梦境变化作为治疗改变的指标。这同一位病人也是被招募并参与到了 LAC 研究之中的 380 名慢

---

[1] 正在进行中的大型LAC抑郁症研究中，我们对比了长程精神分析和认知行为治疗的短期和长期影响。至今，在不同的研究中心我们招募了大约380名慢性抑郁症患者。

性抑郁患者中的一员[1]，他愿意在西格蒙德·弗洛伊德研究所的睡眠实验室中度过必要的两晚，因为监测他的重度睡眠障碍具有重要的临床意义。和很多病人一样，他最严重的症状之一是重度睡眠困难，而且脑电图（EEG）数据也确实显示出具有病理性的睡眠模式，他不得不向专家求医问诊，并开始服药以改善睡眠行为。因此，我们采用 EEG 和 fMRI 研究调查了好几位纳入 LAC 研究项目的被试，此后我们会另行公布这些个案研究的资料，以及这些病人和非临床对照组的梦境变化的组间比较结果。

　　由于这种"治疗性干预"是在睡眠实验室中进行的，我们得以有机会将病人在实验室中所做的梦和精神分析中报告的梦进行比较，或者说让我们有可能将精神分析治疗中"自然"获得的梦的变化与在实验性的睡眠实验室的框架下收集到的梦的变化进行比较，这是非常难得的[2]。上述两种分析方法都以双盲式进行，即梦的临床分析和实验室里对梦的研究是相互独立的，精神分析治疗师和实验室梦的评估员互相不知道另一方的评估结果。

　　在本章我们只能就 Moser 和 von Zeppelin（1996）[3] 提出的梦的生成模型做一个简要的概述。这是我们研究抑郁患者梦境变化假设的理论背

1　我们与马克斯·普朗克脑研究所（主任：Wolf Singer）、法兰克福精神病大学诊所（Aglaja Stirn）合作开展的FRED研究的对象，是LAC研究的子样本。FRED研究在某些方面是汉萨神经精神分析研究的重复研究（Bucheim et al., 2010）。我们衷心感谢"汉萨神经精神分析研究"的全体工作人员，感谢他们提供的研究机会与慷慨合作。

2　我们感谢Hofheim睡眠实验室的Volk教授和他的团队的合作。

3　衷心感谢Ulrich Moser对本文中关于显梦的编码给予的持续支持和指正。

景，在此模型的基础上，我们应用了一个编码系统来研究显梦的内容。本章的第二部分，我们简要总结了通过神经生理学测量来研究精神分析变化的一些论据，以及我们开发 FRED 研究的实验设计的尝试。然后，我们聚焦于该个案研究的描述上，将睡眠实验室中的梦的变化与其精神分析治疗中报告的梦的变化进行对比。

1. 梦和抑郁

在当代关于梦的研究中，梦被描述为一种思维过程，参与我们的内部系统对信息的加工处理（Dewan, 1970）。内部（认知）模型在感知到的信息协同之下得以不断地被修订。与做梦状态不同，在清醒时我们对环境的反应是即时的，从而使得信息能够巩固入记忆中，但此过程受到一种因素的约束：由于系统最大负载能力的限制，使得巩固过程并不总能实现。但巩固过程确实在持续进行中，即便是在睡眠时，也是以一种"离线"模式进行的，从而使得需要巩固的内容整合入长时记忆中（Esser, Hill & Tononi, 2007; Louie & Wilson, 2001; Vyazovskiy et al., 2011）。

根据 Moser 和 von Zeppelin（1996）[1]——他们既是精神分析师也同

---

[1] Ulrich Moser和Ilka von Zeppelin是经过全面培训的精神分析师，从事跨学科研究已有数十年。Ulrich Moser是苏黎世大学临床心理学教授。早在20世纪60年代和70年代，他就参与了精神分析理论的部分建模。通过计算机模拟，他测试了精神分析心理防御与梦的形成在逻辑和术语上的一致性。基于对梦的基础研究，他发展了自己的梦境形成模型，即调查显梦的编码系统。在本章和（Varvin, Fischmann, Jovic, Rosenbaum, Hau）参与编写的第十一章中都采用了Moser 和 von Zeppelin的梦境模型和编码系统。

时是梦的研究者，由当前事件所激活的所谓"梦的情结（dream complexes）"，是要在做梦时处理未经解决的冲突和创伤情境的全部信息。梦是在寻求解决方案，或者是如何更好地适应梦的情结。一个梦，通常以画面形式呈现，至少由一个由"梦的组织者"产生的情境组成。根据 Moser 的观点，梦的组成可以被看作一系列的情感—认知过程，该过程产生了一个微观世界，即梦，并控制着这一造梦的过程。在这个系统中，"梦的情结"可以被视为促进梦的组成的模板。

　　因此，可以假定"梦的情结"源自储存在长时记忆中的一个或者多个情结，根植于冲突和/或创伤经历之中，并可在其的内摄物（introjects）中找到其凝缩的内容。它们与外界的触发刺激密切相关，这些刺激在结构上与梦的情结中所储存的情境很相似。而对情结的解决方案的寻求受安全的需要和参与的愿望所支配，即*安全原则*和*参与原则*控制着梦的组成。

　　这些情结内的愿望与"自体与客体模型（self and object models）"和"互动形成的表征（representation interaction generalised，RIG）"之间存在相互联系，并伴随着对愿望满足的信念和希望。冲突的情结是愿望、互动形成的表征以及自体与客体模型不断反复地捆绑在一起，从而形成的无约束的情感信息区域。在这个区域中的情感通过 k 线互相连接，而 k 线是受阻的因而没有固定的位置。为了解决这些冲突的情结，有必要将这种情感信息与相关的现实相联结从而激活它们。这就是梦所尝试做的，它的功能就是寻找解决情结的方案。在梦中寻找解决方案的行为受上文提到的*安全原则*和*参与原则*的约束。请参考图1。

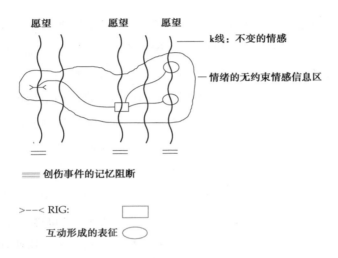

图1   Moser 和 von Zeppelin 的冲突情结记忆模型（1996）

2. 精神分析与神经科学富有成果的碰撞：一些理论思考、FRED 研究的设计和初步的观察

FRED（法兰克福 fMRI/EEG 抑郁症研究）[1]为精神分析和神经科学两个领域之间卓有成效的结合提供了佐证。这个雄心勃勃的项目目前由西格蒙特·弗洛伊德研究所（SFI）、脑成像中心（Brain Imaging Centre，BIC）及法兰克福马克斯·普朗克脑研究所（Max Planck Institute for

1   我们感谢抑郁希望基金会（纽约）和国际精神分析协会研究顾问委员会提供的资金支持。

brain research, MPIH）[1]共同合作进行，希望探索慢性抑郁症患者经过长期治疗后的脑功能变化，旨在寻找心理治疗过程中的多模态神经生物学变化。

从脑部生物学角度观察抑郁症时，研究者已经提出了一些有趣的发现，例如：抑郁症与神经递质紊乱或额叶功能障碍有关（Belmaker & Agam, 2008; Caspi et al., 2003; Risch et al., 2009）。Northoff 和 Hayes（2011）令人信服地提出，抑郁症患者所谓的"奖励系统"受到了干扰，而且有证据表明深部脑刺激可以改善重度抑郁。

然而，尽管有这些发现，迄今为止仍没有找到明显的抑郁症大脑生物标志物。因此，我们在目前进行的 FRED 研究中提出治疗过程中产生的变化是否具有脑生理学相关性，就极具理由了。

一般来说，心理治疗师——尤其是精神分析师——通过回溯可以被记住的、反复出现的，且通常是功能失调性的行为和经历来展开工作。我们假设这些内容以某种方式在大脑中沉积，如突触结构、优先激活、轴突再生等，并构成 FRED 研究的假设基础：（1）心理治疗是改变记忆的编码条件的过程；（2）记忆元素可以通过对与潜在冲突相关的记忆的识别实验在 fMRI 中得到成像描绘。这些元素构成了 FRED 研究中的神经—精神分析的内容，接下来的材料将介绍其中的一些初步研究结果。与我们的研究相关的另一个方面的变化是在心理治疗过程中发现的梦境的临床

1　我们感谢 BIC 和 MPIH（W. Singer, A. Stirn, M. Russ）和汉萨神经精神分析研究（A. Buchheim, et al., 2010），以及 LAC 抑郁症研究给予我们的卓越支持。

变化。使用 Moser 和 von Zepplin（1996）的特殊方法对梦进行分析，我们可以将经实验得出的结果与治疗师临床报告的结果进行对比。这些结果将在本章第三和第四部分给予介绍。

为了验证我们的假设，我们招募了慢性抑郁症患者。在第一个诊断阶段，我们做了聚焦于"操作性心理动力学诊断（operationalised psychodynamic diagnostics, OPD）"轴 II（关系轴）的访谈和梦境的访谈（详见表1）。根据这两次访谈，我们为每位患者分别创建了 fMRI 扫描时的刺激物[1]。举例来说，梦的词汇取自梦境访谈中提及的一个重要的梦，而另外的与此面质性的句子则取自 OPD 访谈中。以此种在进行 fMRI 扫描时的刺激所产生的脑激活模式作为因变量（DV，详见表2）。在三个不同的时间点进行测量，以揭示治疗过程中发生的激活模式的变化。

迄今为止，我们招募了10名慢性抑郁症患者（来自精神分析治疗组；详见表2），从他们那里我们已经收集到17个梦（T1+T2）。

假设梦是一种由语言编码的一段记忆，那么作为一个重要的记忆的梦必将包含一些负载冲突的材料。它将具备预示与主要的梦境过程有关的情感品质，取自这个梦的词汇也将具备不同于"通用故事"中的词汇的特质。

1　在本研究中，我们遵循Kessler等人（2010）的OPD范式，为此我们要明确感谢M. Cierpka 和 M. Stasch从OPD访谈中引用和制定的相关刺激语句。

表1　FRED 的时间表和测量点

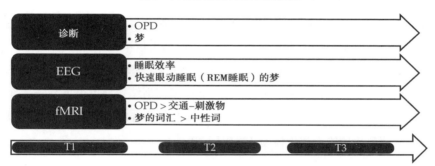

表2　FRED 设计——具有重复测量和对照组的单因子设计，PA：精神分析治疗组；CBT：认知行为治疗组

	因素 A: 治疗类型		
	患者组	患者组	对照组
DV	PA	CBT	—
睡眠效率	a1	a2	a3
快速眼动睡眠的梦	b1	b2	b3
梦的词汇	c1	c2	c3
互动冲突	d1	d2	d3

　　我们假设在进行 fMRI 扫描时，当那些取自梦境的词汇被识别出时，将激活特定脑区中的特定梦境的编码条件。这个对取自梦境的词汇进行识别的记忆任务就是FRED的梦境实验部分。

　　事实上，我们的梦境实验显示与所谓的中性词（取自通用故事）相比，面对梦境词汇时，患者的楔前叶、腹外侧前额叶皮质（VLPE）以及前扣带回等脑区表现出了不同程度的激活。这三个脑区主要负责自我处理操作（经验的自我代理机构）、生成基本的因果解释以及调节情绪（详见下文），其中前扣带回皮层（ACC）也具有监测冲突的特征。

治疗过程中我们可以发现，在治疗开始阶段，当识别出或者更确切一些是再次听到最初的重要梦境内容时，激活了特定的楔前叶和左顶叶，而经过一年的治疗后此种激活不存在了。这些区域的激活消失——这些区域不仅仅与注意过程有关，对自我在T2阶段的情绪处理也很重要——暗示了这样一种假设：梦的内容可能已经失去了其特定的重要性，现在以与中性故事相似的方式被体验（参见图2）。

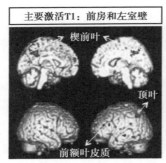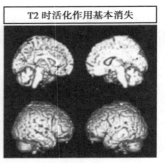

图2   在单个案例中，梦的词汇识别在T1和T2阶段的对比图

表3   fMRI 中呈现的三种条件刺激。条件1中单个地用于某位患者／被试；条件2和条件3中的所有条件均用于所有的患者／被试

条件1	条件2	条件3
1.大部分情况下我必须控制自己，管理自己	交通中有人行为错误	想象一个安全的地方
2.我现在感觉很孤独，需要有人照顾我	你对他很生气	放松
3.我只能痛苦地忍受亲密	你对此作出反应	放空思维
4.别以为真的有人会对我有兴趣	他作出了不适当的反应	什么都不想

至于 FRED 的 OPD（操作性心理动力学诊断）部分，由在进行 fMRI 扫描时的三个条件组成，每个条件重复六次。在条件 1 中，将从先前进行的 OPD 访谈（关系轴 II）中提取的四个主观对抗（冲突导向）的语句连续呈现在 fMRI 扫描仪屏幕上。在条件 2 中，被试以同样的方式看到的是四个从通用故事中提取的语句。在条件 3 中呈现的则是四个放松型的语句（参见表 3）。

不同条件下 fMRI 脑扫描（功能失调语句 > 交通拥挤 + 放松）的对比分析显示，在条件 1（功能失调语句）时，楔前叶中再次显示特定的激活模式，并且高于后扣带回和前扣带回区域、内侧前额叶皮质（MFC）、枕叶皮层和左侧海马体。枕叶皮质和楔前叶是形成初级视觉过程（枕叶 C 区）和视觉空间图像（楔前叶）的非常重要的脑结构。除此之外，楔前叶还是负责情境记忆（episodic memory）的再现和自我加工操作的重要脑区域，即起着第一人称视角的作用以及是经历的代理机构。扣带回是边缘系统的重要组成部分，协助调解情感和痛觉，而且就像海马体一样，它还与记忆形成有关，特别是长期记忆（成长经历性的情境记忆）。内侧前额叶皮质（MFC）被假定为处理冲突信息的在线检测器（Botvinick, Cohen & Carter, 2004），但也具有对情感信号的调节控制功能（Critchley, 2003; Matsumoto, Suzuki & Tanaka, 2003; Posner & DiGirolamo, 1998; Roelofs, van Turennout & Coles, 2006; Stuphorn & Schall, 2006）。

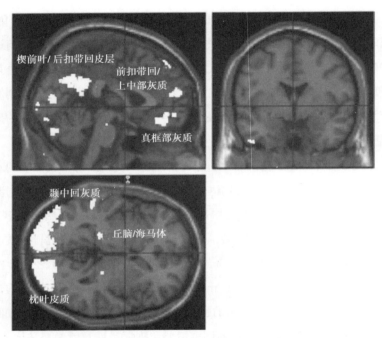

图3   fMRI功能扫描对比结果：功能失调语句（条件1）>交通拥挤（条
件2）+放松（条件3）。二级分析p<0.05, FDR corrected; N=13

在个案研究中我们还发现，在经过一年的心理治疗后，检测不到内
侧前额叶皮质（MFC）的激活了，这表明在治疗过程中冲突的影响已经
减弱。

总之，来自神经生物学和精神分析两个领域的研究数据均强有力地
表明，具有情感意义的生活经历是通过感知觉的编码而进入记忆的，这
些感知觉是在被编码的生活经历中注册的。这部分编码的记忆会在梦中重
现，因为梦境和记忆都触及同一个脑区。因此，梦不能再被认为是随机
产生、没有意义的。

在FRED研究中，我们不仅从神经生物学的角度也从精神分析的角

度来研究梦，通过使用特定的方式，即莫泽法来分析显梦。这种方式是以解决问题的观点为基础来分析梦的，该方法高度依赖情感调节，因为解决冲突情结的成功与否被假设为是构成梦的基础，且最终决定梦的形成。通过仔细察看显梦的某些特定方面来完成（梦的）分析，其中包括：梦境中的元素所处的位置、在自我与他人之间可观察到的交互作用或者它们的缺失，以及梦境的中断（暗示着情感的溢出使得中断成为必要）。接下来将介绍 Moser 和 von Zepplin 的梦境编码系统，这也是本研究中使用的方式。

Moser 和 von Zepplin 的梦境编码系统

Moser 和 von Zepplin 的梦境编码系统是基于认知—情感调节系统模型对梦的材料进行分析评估的系统，采用形式标准来研究显梦的内容及其变化结构。

根据 Moser 和 von Zepplin 的说法，梦的组织的调节过程基于：

- 将梦的元素定位在梦的世界中；
- 监控梦的活动；
- 包含每个梦的情境及其结果的信息（情感反馈）的工作记忆；
- 对负责变化的程序的调节。

梦的形式标准和结构：梦中包含的情境的数量，梦中所命名的场所和社交环境的类型（相关描述和属性），发生的事件（相关描述和属性）、位置、运动、事物间的交互作用，以及梦者自己是否参与了互动或者梦者是否保持旁观者的身份，最后是情境的开始和结束（如何、何时）。

梦境编码系统旨在使梦境在这些结构方面变得透明，以便更好地理解情感调节过程是如何发生的。

假设存在两种情感调节的原则：（1）安全原则和（2）参与原则。前者通过"定位"透明化，而后者通过"交互作用"透明化。这两个原则通过从定位到交互作用或从交互作用返回到定位的轨迹（运动轨迹）来调节。这两个原则的共同点是，它们都受消极和积极情绪的支配，例如，焦虑是增加安全感的动力，但也通过中断互动和产生新的情况等方式来参与调节；同样的，希望也在安全和参与原则中都很活跃。假设问题的解决只能在交互作用中发生和验证，那么梦境倾向于交互作用。

为了提高编码的透明度，我们将使用三个竖栏表：（1）定位域（the positioning field，PF）；（2）轨迹域；以及（3）交互域（the interaction field，IAF）。定位域包括所有的客体或更多的认知元素（cognitive element，CE）以及它们的属性和位置。在轨迹域中，客体和认知元素的所有运动都被编码；在交互域竖栏中则将客体自身、反应关系和相应关系的特定变化进行编码，同时关注它们是否是发生在梦者或者他人身上，或者仅仅是梦者所观察到的。

假设：梦中使用的元素越多（通过总结在定位域中的不同的主体和客体来反映），则梦者有更多的可能性来调节梦中的情感和内容。如果梦境维持在定位域，那么安全性就占主导地位，也表明梦者在参与互动方面犹豫不决。出现在第二栏中的代码，即轨迹域，被作者称为"疯狂的时间移动"（loco time motion，LTM），表示为接下来的交互作用所做的准备。这些交互作用可以总结为在不中断的情况下，梦中的情境演化过程中所发生的变化。最后，所有类型的相互作用都总结在第三栏，即IAF（交互域），这一栏中的编码表示梦者与他人交往的能力，即使这种交往可能以破坏性的方式失败或结束。

　　梦境研究人员通常忽视的第四个因素是所谓的"中断"。它包含所有的梦境的突然结束或者中断，但诸如用情感或认知的方式来评估梦境的认知过程（cognitive processes, CP）也可能在一定程度上会产生间隔效应并打断梦境。

　　下文介绍的临床案例分析了患者在治疗的前两年里于实验室中引发的四个系列梦，显示了临床和实验数据是如何共同为治疗过程中发生的变化提供令人兴奋的洞察的。

3. 临床案例：治疗过程中系列梦的分析

个人史与创伤史

　　在本书第四章中，Marianne Leuzinger-Bohleber 详细描述了该患者的临床表现和个人史背景。她从临床角度阐述了在精神分析的过程中显梦和梦的工作是如何变化的，并报告了内在（创伤性的）客体世界的变化。在本章中，我们将把她的临床观点与对显梦的变化的更系统的研究进行对比。

　　以下是该临床资料的简要介绍：

　　患者在评估访谈中说，在过去的 25 年里他一直患有重度抑郁，之所以会来到我们的研究所是因为在上一次因抑郁症崩溃后，他提交了退休申请。对他的申请进行评估的医生得出的结论是：他需要的不是养老金，而是"睿智的精神分析"。最初，这位患者 W 先生认为这个结论非常侮辱人。他觉得自己没有被认真对待，尤其是他的诸多躯体症状：无法忍受的全身疼痛，严重的进食障碍，以及严重的自杀倾向。此外，患者还患有严重的睡眠障碍，他常常整夜无法入睡。通常他会刚入睡一个半小时，最多三个小时就醒来。他感到精疲力竭，几乎无法专注于任何事情。

W先生已经尝试过数次治疗，包括行为疗法、格式塔疗法、"躯体治疗"，以及在精神科和心身科进行的几次住院治疗，但都不成功。显然，他属于对精神药物没有反应的患者之一，而且复发的间隔越来越短，症状也越来越严重。经过与多名精神科医生和神经科医生的磋商，发现只有普瑞巴林[1]（乐瑞卡）才能或多或少地减轻他的躯体紧张及焦虑的发作。

患者是独生子。在他早年经历中有一个已知的细节是，他是一个"哭娃"。当他4岁时，W先生的妈妈生了很重的病。W先生被送入一个儿童收留所，显然，该中心的教育原则是专制而不人道的。在这个收留所中所遭受的极具创伤性的事件在精神分析中渐渐变得明晰了。W先生的第一个童年记忆围绕着以下事件：他回忆起父亲是如何抓住他的手将他带出收留所的。他还回忆起收留所里有一个女孩如何被迫吃自己的呕吐物。

W先生经历了两次与病重的母亲的分离，但是自从他被亲戚收养后，这些事件就没有那么痛苦了。

尽管经历了创伤性的分离和社会孤立，W先生仍是一名优秀的学生，他完成了第一次学徒培训和后来的大学学业。在青春期，他有过一次心身崩溃，他的父母对此诊断是"成长危机"。15岁时，他遇到了初恋女友，

1　乐瑞卡（通用名：普瑞巴林）是一种用于神经性疼痛的抗惊厥药物，对广泛性焦虑症也有效（自2007年起，在欧盟获批使用）。

病情有所好转。22 岁时，因爱上其他女人，他与初恋女友分手。虽然分手对他有利，但他的反应却非常强烈。他也主动与第二位女友分了手，并因分手而痛苦了数周之久。在进入到另一段关系后，他在新女友举行的派对中因为神经崩溃出现戏剧性的一幕：他因为过度换气（惊恐发作）不得不被送到医院。

如前所述，W 先生接受过多次心理治疗。尽管，所有的治疗都缓解了他的痛苦，"但没有一种治愈了他"。他的抑郁症越来越严重，而且转为慢性疾病。

在梦的实验室里面的系列梦

下面将对四个梦——两个是在治疗的第一年结束时做的，两个是在一年后做的——用莫泽法对治疗过程中的变化进行分析。

梦例1——治疗第一年结束时的梦

我站在一座跨越水坝的桥上。左右两侧是陡峭的山坡——山（S1）。发生了山体滑坡。我看到斜坡和整个房子正在快速接近我，快速滑动，冲向我（S2）。我想我自己无法逃脱了（/C.P./）。我赶紧跑（S3），并惊讶我能跑那么快（/C.P./）。我成功地从快速下降的房子里把自己救了出来（S3）。我在桥的边上安全了（S4）。

为了用莫泽法分析这个梦，梦境中的每一个特定元素都在定位域（PF）、轨迹域（LTM）和交互域（IAF）的相应栏目中赋予了代码。

情境	定位域（PF）	轨迹域（LTM）	交互域（IAF）
情境1	主体处理器		
	地方(大坝)		
	认知因素1（桥）		
	认知因素2（山）		
	属性（陡峭）		
情境2	主体处理器	轨迹域	
	地方(斜坡)	认知因素2	
	认知因素3（房子）	1属性	
认知过程			
情境3	主体处理器		IR.C
	认知因素3		
	属性(快速滑动)		
认知过程			
情境4	主体处理器		IR.S
	认知因素1		

　　据此可以对此梦分析如下：梦境的情境1（S1）是由安全原则创造的——很多认知元素被简单地放置于此。但它也包含了大量参与的潜力，因为很多属性是根据元素所放置的位置而命名的。在情境2（S2），第一次尝试处理这种潜力（尽管很有限），通过增加一种属性（ATTR）再次增强了其的潜力。结果，情感似乎增加到这样的程度，以至于梦境必须被一个评论（认知过程 /C.P./）中断。在情境3（S3）中，梦者最终成功地在威胁的认知因素［CEU3（房子）］和他自己（SP）之间介入了"成功"的交互作用。最初，这导致了另一个干扰：梦者对自己的能力感到惊讶，而最终，在情境4（S4）中，一种宣泄性的自我改变的交互作用被激起：他是安全的。

　　总而言之，患者描述了一种最初由安全原则决定的威胁性的情境。对第一个情境的相对完整的描述承载了一种可能性，即梦者充分利用这一点来调节威胁的情感。由此，"把自己带到安全的地方"的愿望在这个梦中得以实现。

梦例2——治疗第一年结束时的梦

　　　　房间里有很多人。我戴着这顶帽子。你们三人还有另外一个人在这里，他紧跟着我。他很自命不凡。现在是早上，我醒来了。我戴着这顶帽子和所有那些电线相连（S1）。我周围很热闹，你和其他人走来走去，互相交谈。我听到你在窃窃私语，对某人生气或者取笑他。让你生气的那个人也在房间里，他应该在我后面戴上帽子（S2）。我记得我曾经在我的分析师门前（S3）见过他一次。他在这房间里，总是装腔作势。一切都应该是他想要的样子。你为你必须实现他这些愿望而恼火（S4）。我心里想，"放松些"（/C.P./）。

　　显然，这是一个"实验室梦"。患者利用研究的情境来调节自己的焦虑，使其"过于自命不凡"。他将此投射为客体处理器（object processor，OP），由此，他自己变成了一个观察者。因此，他成功地与自己保持距离，给自己一个获取更多理解事件细节的可能性。

本梦的编码：

情境	定位域（PF）	轨迹域（LTM）	交互域（IAF）
情境1	社交环境（实验室）		
	主体处理器		
	属性（和电线连起来）		
	认知因素1（帽子）		
	客体处理器1（G）（研究人员）		
	客体处理器2（患者）		
	属性（自命不凡的）		
情境2	主体处理器	轨迹域　客体处理器1（G）	
	客体处理器3（研究人员）		
	1属性AFF		
	客体处理器1（G）		
	1属性AFF　客体处理器2		
	认知因素1		
	IMPLW		
情境3	主体处理器		
	客体处理器2		
	客体处理器4（分析师）		
	IMPLW		
情境4	主体处理器		IR.D（（ IR.C res
	客体处理器2		$OP_2 \rightarrow OP_1$（G）））
	1属性		属性AFF OP_1（G）
	位置（房间）		
	客体处理器1（G）		
	1属性AFF		
	认知因素2（愿望）		

认知过程

在情境 1（S1）中，尽管受安全原则的控制，但是仍有很多调节情感的潜能。它包括一个社交环境（SOC SET），可变属性（ATTR）和很多处理器行使的行为。通过将另一名患者（客体处理器 2）放入梦境中，梦者（主体处理器 SP）获得了观察者的立场，从而使在情境 2（S2）中的研究人员团队（客体处理器 1）进入运动中（轨迹域）。

目前尚不清楚情境 3（S3）是否可以被当作梦中的情境，或者是否应该被当作一个包含认知过程（/C.P./）的中断。不管怎样，它都是由安全原则调控的。情境 2（S2）（LMT）中的潜力不能在情境 3（S3）中使用。最后在情境 4（S4）中是成功的，因为在另一次中断后交互作用发生了，即情感的张力不断增高以至于到达必须被打断的程度：梦者警告客体处理器 2（OP_2，另一位患者）或者更确切地说是警告他自己"放松些"。

梦例 3——治疗两年时的梦

与迈克尔·舒马赫（S1）一起参加一级方程式赛车。比赛一结束他就飞往德国，为一座桥（S2）揭幕。这太疯狂了（/C.P./）。他在德国为那座桥（S3）揭幕。他和一些人坐在桌子边交谈。我坐在邻桌观察他和其他人辩论（S4）。我怎么会想出这样的事情（/C.P./）？

本梦的编码：

情境	定位域（PF）	轨迹域（LTM）	交互域（IAF）
情境1	社交环境（一级方程式赛车） 主体处理器 客体处理器1（舒马赫）		
情境2	社交环境（一级方程式赛车） 主体处理器 客体处理器1 认知因素1（桥）	LTM 客体处理器1	
认知过程			
情境3	主体处理器 客体处理器1 认知因素1 地方（德国） POS REL		$IR.C\ OP_1 \rightarrow CEU_1$
情境4	主体处理器 客体处理器1 客体处理器2（G）认知因素2（桌子） 2POS REL		$IR.D(\ IR.C.resp$ $OP_1OP_2\ (\ G\ )))$
认知过程			

　　在这里，梦者再一次站到了观察者的立场。与前一个梦相比，他成功地在两个认知元素（CE）之间建立了互动连接，这个交互没有中断而是无缝连接形成一个位移关系。尽管这可能仍然被认为是一种远离情感事件的策略，但不像前一个梦那么明显。参与原则也更加明显。在梦结尾时的中断也不像以前那样是一种指责，而是表达了对于占据他心灵的东西的惊讶，可以假定是（有意识地）接近潜在冲突。

梦例4——治疗两年时的梦

　　我和我的小儿子在路上。还有其他的孩子们和成年人跟我们在一起。一个男孩也在那里，他对我儿子有点不满。现在是夏天。天气暖和。我们沿着河岸（S1）走。我们想去买一辆旅行车或者拖车（S2）。孩子们年龄不同。一个男孩已经 11 岁或者 12 岁了。这个男孩有些边缘，因为其他孩子和我的儿子都很小，不能做他想让他们去做的事情，因为他们太小了做不了（S3）。然后我妈妈出现了。她给我的衬衫（S4）缝了一个扣子。我不知道扣子合适不合适（/C.P./）。我说"别管那颗愚蠢的扣子了"。这让我感觉不安（S5）。我在那里看着这一切。还有一个女人也在那里。她是那个男孩的妈妈（S1）。

　　这个梦从复杂的认知元素（CE）和轨迹域（LTM）开始，并且一开始就被参与原则所控制，这暗示了一种高级的治疗效果。在所有的连续情境中出现了更多的交互作用：与主体和客体关系的连接以及在主体和客体关系中的自我变化。自我处理器（SP）即其本人也参与其中，不再退回到观察者的位置（不需要 IR.D），他越来越能直面自己的情感了。在情境4（S4）中触发了一个中断后，梦者（SP）通过语言表达（V.R.）的互动方式来"摆脱窘境"。

本梦的编码：

情境	定位域（PF）	轨迹域（LTM）	交互域（IAF）
情境1	主体处理器	LTM	
	客体处理器1（儿子）		
	客体处理器2（G）（孩子们）		
	客体处理器3（大男孩）		
	客体处理器4（大男孩的妈妈）		
	位置（河岸）属性		
情境2	主体处理器		IR.C int（我们想去买辆拖车）
	客体处理器1（儿子）		
	客体处理器2（G）（孩子们）		
	客体处理器3（大男孩）		
	客体处理器4（大男孩的妈妈）		
	位置（河岸）属性		
	认知因素1（拖车）		
情境3	主体处理器		IR.S OP_3
	客体处理器1（儿子）		
	客体处理器2（G）（孩子们）		
	客体处理器3（大男孩）		
	属性（年龄）		
	属性 情感（不安）		
情境4	主体处理器		IR.C $OP_5 \rightarrow$ CEU
	客体处理器5（患者的妈妈）		
	认知因素2（纽扣）		
	认知因素3（衬衫）		
认知过程			
情境5	主体处理器		V. R.
	客体处理器5（患者的妈妈）		

　　因此，我们可以假设梦者（SP）以交互作用方式逐渐地能够处理梦的情结背后的情感了，并且能在梦境中描述它们。这些情感不再孤立——

这也意味着现在可以整合那些在梦的情结中被隔离的情感了。

图 4 有助于从更具实验性的角度说明所发生的变化：从治疗一年末时（T1）到治疗两年时（T2），存在可识别的潜力（PF）的显著增加，这些潜力可用于交互作用（IAF）。也就是说，仅通过观察显梦就可以发现其的参与能力在增强。

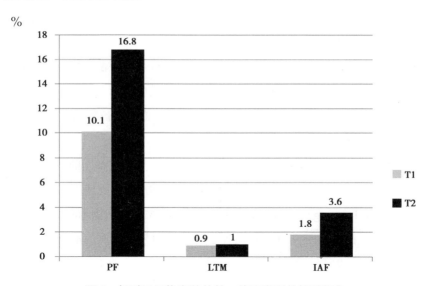

图4 相对于平均字数的单一编码出现的相对频率

结论

总之，通过分析 W 先生的系列实验室显梦的内容，通过应用特定的实证性的验证方法（Doell-Hentschker, 2008），我们对他的临床改善有了深入了解。治疗第一年末他在实验室中的梦仍充满着焦虑，并且因为对安全的渴望使得他在与他人互动时犹豫不决。尽管如此，他在这些梦中已经显示出我们可能认为是正在进行的治疗的效果，即他可以通过把自己的恐惧投射到别人身上，来测试自己是否能够忍受在他以旁观者的身份投射到别人身上的行为所引起的不断增长的焦虑。最后参与的恐惧占了上风，因为他还不能充分利用这些潜力。

第二年的梦的分析揭示了他增强的参与能力（从一开始，梦例4就主要在参与原则控制下），并且与其他人有着丰富的互动，这表示他直面自己情感的能力增强了。情感的提升受到了影响，尽管仍有中断，但随之而来的是另一种不同性质的梦境：他通过一种更具*攻击性*的反应（梦例4 中的 V.R.S5）来抵御日益增长的焦虑，此种反应暗示着他逐渐能面对其潜在的（潜意识的）充满冲突的梦的情结。情感不再被隔离，而是越来越多地被整合到记忆网络中了。

现在让我们将这些实验结果与临床报告（详见第四章）的一致性进行比较。在 M. Leuzinger-Bohleber 给出的临床分析中，她使用了在此前的一项研究（Leuzinger-Bohleber, 1987, 1989, p. 324）中形成的显梦变化的分析方法，在那个研究中，她比较了五个精神分析案例的前一百次和后一百次治疗中提到的显梦。这项技术主要基于Moser的记忆和情感调节模型，并由此产生了后来开发的用于实验室梦分析的梦生成模型及其编码技术。

在对比这些在精神分析治疗早期的临床梦与治疗第三年的临床梦时，她发现病人的关系模式发生了变化，表现在*梦中的被试表现出与他人有了更好的关系*（例如，在最后报告的梦例里那对互相帮助的伴侣）。在最初的梦里，梦中的被试通常都是孤独的，没有人帮助他也没有人安抚他的焦虑、痛苦和失望。也表现在*梦中被试的活动范围和情感体验范围都在不断增加*（在精神分析治疗早期的梦里，我们只能找到痛苦——而在第三年的分析治疗中我们观察到惊喜、快乐、满足、幽默，尽管仍然有焦虑和痛苦）。

梦境的氛围也发生了显著变化，表现为情感的多样性及情感强度不断增加，而明显的焦虑出现的频率越来越少。做梦者感知不同的甚至矛盾的情感的能力越来越明显。在治疗第二年的梦里既有新的气恼和愤怒，又同时出现了积极情绪、温柔以及性吸引等。梦的主体不再是（遥远的）观察者，而是在其中起着积极作用，并参与到与他人强烈的情感互动之中。

此外，Leuzinger-Bohleber 还将显梦区分为较为单纯的问题解决策略（比未成功解决问题的更为成功）和较为广泛的不同问题解决策略两种。梦的主题也不再是淹没在他所经历的极端无助和无力的创伤情境之中。在他的梦里，他遇见了愿意帮助他、支持他的客体。这似乎是一个非常重要的指标，意味着遭受了严重创伤的患者的内在世界发生了变化（见第五章中案例报告中的最后一个梦）。

从最具相关性的科学角度来看，临床的和非临床的分析具有显著的一致性，但是，可以肯定的是，临床案例研究仍然提供了更多与精神动力学相关的临床和结构的信息，而非临床分析在手头没有进一步的个人传记资料来增强结果，仅根据显梦的内容就能得出足够的结论。另外，研究的一致性巩固了临床案例分析的可靠性，从而证实了临床案例研究方法的科学性。

将临床和非临床研究联合起来仍然是一个巨大的挑战，尤其在精神分析治疗研究中。正如 M. Leuzinger-Bohleber 在其对大量的案例报告（第四章）的"初步评论"中提出的那样，以叙事的方式来交流在高强度的精神分析治疗中所获得的独特而复杂的见解，依然是精神分析临床研究的一个优势，因为许多"真理只能言传，而不能被衡量"。同时，精神分析与所有"当代心理治疗"一样，无论是对精神分析取向的，还是对非精神分析取向的同道而言，都有义务来证明其短期的和长期的疗效。非精神分析取向的同道常要求我们在这样的实证研究中应考虑采取所谓的循证医学标准（参见LAC抑郁症研究的政治背景）。另一种以"客观方式"来"证明"治疗变化的创新性方法是通过脑电图（EEG）和功能磁共振成像（fMRI）（如果患者愿意接受）等设备来研究处于治疗中的患者。W先生出于对治疗其重度睡眠障碍的兴趣，自愿加入研究，接受西格蒙特·弗洛伊德研究院睡眠实验室的EEG检查，因为他相信这些数据可以让他在接受精神分析治疗的同时，还能就睡眠问题从医学专家那里获得帮助。W先生同意报告他所做的梦，并与LAC合作开展抑郁症研究。因此，我们拥有了这独一无二的机会，对比他的实验室的梦和精神分析治疗中报告的梦。

我们希望已经说清楚这两者之间的差异，即在精神分析治疗中将梦作为内在（创伤性）世界改变的指标的临床应用，与用所谓的"莫泽法"来对梦进行的实验室的系统的"科学的"研究之间的区别。案例报告（第四章）重点关注的是，对阐明梦的潜意识意义十分重要的梦的精神分析背景、移情和反移情反应的观察、患者与分析者的联想等。精神分析对梦的临床"研究"的一个优势依然是与梦者——与患者，共同合作来理解梦的含义。患者的联想、对梦的解释的有意识和潜意识的反应仍然是评价对梦的解析是否是"真相"的标准（参见，Leuzinger-Bohleber, 1987, 1989, 2008）。长话短说，潜意识世界（例如，梦）的变形——以及作为此种变形的产物，患者的适应不良的情绪、认知和行为（即"症状"）——仍然是治疗成功与否的最终精神分析的标准。而此种成功又是基于患者潜意识功能的"真正的领悟"。

　　另一方面，至少在非精神分析科学界的眼里，这类"真相"常常是模糊的和主观的。因此，我们抓住了这种独特的机会，通过"莫泽法"这样理论驱动的、精确的编码系统，来分析在受控的实验环境中显梦的变化。这些分析具有高可靠性和主体间性，因此可以说服独立观察者甚至批评者。

（王建玉翻译　李晓驷审校）

参考文献

Belmaker, R. H. & Agam, G. (2008). Major depressive disorder. *New England Journal of Medicine, 358*: 55–68.

Botvinick, M. M., Cohen, J. D. & Carter, C. S. (2004). Conflict monitoring and anterior cingulate cortex: an update. *Trends in Cognitive Sciences, 8*(12): 539–546.

Buchheim, A., Kächele, H., Cierpka, M., Münter, T. F., Kessler, H., Wiswede, D., Taubner, S., Bruns, G. & Roth, G. (2010). Psychoanalyse and Neurowissenschaften. Neurobiologische Veränderungsprozesse bei psychoanalytischen Behanldungen von depressiven Patienten. In: M. Leuzinger-Bohleber, K. Röckerath, L. V. Strauss (Eds.), *Depression und Neuroplastizität* (pp. 152–162). Frankfurt, Germany: Brandes & Apsel.

Caspi, A., Sugden, K., Moffitt, T. E., Taylor, A., Craig, I. W., Harrington, H., McClay, J., Mill, J., Martin, J., Braithwaite, A. & Poulton, R. (2003). Influence of life stress on depression: Moderation by a polymorphism in the 5-HTT gene. *Science, 301*(5631): 386–389.

Critchley, H. (2003). Emotion and its disorders. *British Medical Bulletin, 65*: 35–47.

Dewan, E. M. (1970). The programming (P) hypothesis for REM sleep. In: E. Hartmann (Ed.),

Sleep and Dreaming (pp. 295–307). Boston: Little, Brown.

Doell-Hentschker, S. (2008). Die Veränderungen von Träumen in psychoanalytischen Behandlungen. Affekttheorie, Affektregulierung und Traumkodierung. Frankfurt, Germany: Brandes & Apsel.

Esser, S. K., Hill, S. L. & Tononi, G. (2007). Sleep homeostasis and cortical synchronization: I. Modeling the effects of synaptic strength on sleep slow waves. *Sleep, 30*(12): 1617–1630.

Fischmann, T., Russ, M., Baehr, T., Stirn, A., Singer, W. & Leuzinger-Bohleber, M. (2010). Frankfurter-fMRI/EEG-Depressionsstudie (FRED). Veränderungen der Gehirnfunktion bei chronisch Depressiven nach psychoanalytischen und kognitiv-behavioralen Langzeitbehandlungen. Werkstattbericht aus einer laufenden Studie. In: M. Leuzinger-Bohleber, K. Röckerath & L. V. Strauss (HgEds.), Depression und Neuroplastizität. *Psychoanalytische Klinik und Forschung* (pp. 162–185). Frankfurt, Germany a. M. Brandes & Apsel.

Kessler, H., Taubner, S., Buchheim, A., Münte, T. F., Stasch, M., Kächele, H., Roth, G., Heinecke, A., Erhard, P., Cierpka, M. & Wiswede, D. (2010). Individual and problem-related stimuli activate limbic structures in depression: an fMRI study. *PLoS ONE, 6*(1): e15712. doi:10.1371/journal. pone.0015712.

Leuzinger-Bohleber, M. (1987). Veränderung kognitiver Prozesse in Psychoanalysen, Band I: eine hypothesengenerierende Einzelfallstudie. Ulm, Germany: PSZ.

Leuzinger-Bohleber, M. (1989). Veränderung kognitiver Prozesse in Psychoanalysen, Band II. Fünf aggregierte Einzelfallstudien. Ulm, Germany: PSZ.

Leuzinger-Bohleber, M. (2008). Vorwort. In: S. Doell-Hentschker, *Die Veränderungen von Träumen in psychoanalytischen Behandlungen. Affekttheorie, Affektregulierung und*

Traumkodierung (pp. 7–10). Frankfurt, Germany: Brandes & Apsel.

Louie, K. & Wilson, M. (2001). Temporally structured replay of awake hippocampal ensemble activity during rapid eye movement sleep. *Neuron, 29*: 145–156.

Matsumoto, K., Suzuki, W. & Tanaka, K. (2003). Neural correlates of goalbased motor selection in the prefrontal cortex. Science, *301*: 229–232.

Moser, U. & v. Zeppelin, I. (1996). *Der geträumte Traum*. Stuttgart, Germany: Kohlhammer.

Northoff, G. & Hayes, D. J. (2011). Is our self nothing but reward? *Biological Psychiatry*, *69*: 1019–1025.

Posner, M. I. & DiGirolamo, G. J. (1998). Executive attention: Conflict, target detection, and cognitive control. In: R. Parasuraman (Ed.). *The Attentive Brain* (pp. 401–423). Cambridge, MA: MIT Press.

Risch, N., Herrell, R., Lehner, T., Liang, K., Eaves, L., Hoh, J., Griem, A., Kovacs, M., Ott, J. & Merikangas, K. R. (2009). Interaction between the serotonin transporter gene (5-HTTLPR), stressful life events, and risk of depression: A meta-analysis. *JAMA: The Journal of the American Medical Association, 301*(23): 2462–2471.

Roelofs, A., van Turennout, M., Coles, M. G. H. (2006). Anterior cingulate cortex activity can be independent of response conflict in Stroop-like tasks. *Proceedings of the National Academy of Sciences, 103*: 13884–13889.

Stuphorn, V. & Schall, J. D. (2006). Executive control of countermanding saccades by the supplementary eye field. *Nature Neuroscience, 9*(7): 925–931.

Vyazovskiy, V. V., Olcese, U., Hanlon, E. C., Nir, Y., Cirelli, C. & Tononi, G. (2011). Local sleep in awake rats. *Nature, 472*: 443–447.

第十一章
创伤性的梦：象征误入歧途

Sverre Varvin, Tamara Fischmann, Vladimir Jovic,
Bent Rosenbaum, Stephan Hau

导言

　　本章将要呈现的研究的潜在含意是，基于正式的实验室梦的研究可以激励在精神分析和精神分析性心理治疗中对梦进行临床工作，并有可能改变相关理论。在实验室环境中做的梦和精神分析过程中做的梦，并不一定表达相同的潜在过程。后者在很大程度上取决于具体而实际的移情—反移情的情境，而实验室环境下通常不关心移情反应或者将之视作一种干扰。然而，在我们的研究中很明显的是，那些志愿参加实验室梦的研究的被试确实存在对实验设置和访谈人员的期待与移情。在许多案例中对安全的希望是显而易见的，此外还有很多"未完成的事件"以这样或者那样的方式，成为梦的主题或者对梦的联想。在那些经常与长期的内疚和攻击性作斗争的慢性创伤后状态的个案身上，此种情形尤其明显。

　　从在本章呈现的研究中获得的知识致力于洞察受创伤影响的重要心理过程，从而有助于构建精神分析的创伤理论，并更好地理解治疗是如何起作用的。同时，用于分析创伤性的梦的两种不同方式深化了对情感调节过程的理解，一种是从显梦内容进行推导（莫泽法）；另一种是在向他人讲述梦的过程中分析梦中单人和两人关系中所包含的移情和客体关系（精神分析性表述分析）。

创伤的心灵

心理创伤的特征有崩溃、解离和潜在的分裂过程等。当个体遇到与创伤事件类似的刺激（通常以隐喻的方式：以偏概全，部分相似性）时，这个过程会被释放或者激发出来。

因为心智的整合功能受损，对这些刺激的感知激活了危险的原始图式（Varvin & Rosenbaum, 2003; Rosenbaum & Varvin, 2007），并常常引发一连串的恐惧反应，并伴随着与交感神经和下丘脑—垂体—肾上腺轴相关的神经生理学反应。我们可以观察到，对于创伤的个体来说，他们很难在功能性记忆中将对内外刺激的感知、与其他感知相关的感知以及与更早期的感知组织起来，因此，很难考虑到情境的各个方面并将经历整合为一个整体。创伤不仅仅是（或主要是）涉及过去的记忆痕迹（外显记忆），更重要的是涉及在调节负面情绪方面存在持续的困难，是一种反映象征能力紊乱的功能障碍。象征能力是以上述提到的能力（整合能力、心智化能力等）为基础的，我们认为创伤后障碍基本上就是这种功能的障碍。

做梦与噩梦：创伤性的梦

当现实问题与过去重要情境和早期未解决的问题相关时，做梦可以起到整合和适应的作用。临床经验表明，即使创伤性的梦与早期创伤经验有关，并且也常常表现出早期创伤经历的样子，它们也包含了日间的残留（ day residues ），此种日间残留往往激发了与原始创伤事件相似的感觉和心理体验，例如羞耻感、屈辱感，以及创伤者常有的与心理功能缺陷有关的体验（ Lansky & Bley, 1995 ）。创伤幸存者中，普遍存在但又经常被忽视的内疚感，也是核心问题。

梦的研究，它是与未经处理的创伤性元素（ Bion, 1977; Hartmann, 1984 ）有关的心灵工作的核心部分，能让我们对心灵的工作（ Freud, 1900 ）获得特别的洞察，受创伤的个体试图在他 / 她的梦里处理与早期创伤经历有关的日间残留体验，而噩梦则意味着对此工作所做尝试的夭折或失败（ Fischmann, 2007 ）。同时关于创伤患者的梦——以及噩梦——的临床工作也证明了帮助患者恢复象征功能的重要性（ Adams-Silvan & Silvan, 1990; Hartmann, 1984; Pöstenyi, 1996 ）。

在 Moser 和 von Zeppelin（ 1996 ）（ 本研究中使用 ）的梦境生成模型（ dream generating model ）中，冲突情结和创伤情结是不同的。前者是再现了负性情绪与愿望的满足（尽管有限制条件，但愿望的满足是有可能的），而后者则包含了情感事件无法融合入认知结构的片段（创伤性的梦）。

在精神分析性表达模型（ psychoanalytic enunciation analysis model ）（ 本研究中使用的第二个模型 ）中，梦境被视作在功能象征化模式（ Rosenbaum & Varvin, 2007 ）中实现对未经组织的想象性的元素的包容和整合的尝试。该模型描述了从未经组织、非象征化的梦境材料向较为整合的象征化梦境转变的可能。

在我们的研究中，我们假设创伤个体的梦确实是一种目的在于将经历加以组织、化被动为主动尝试，而且我们可以通过个体在梦的叙述中组织创伤的经历的尝试中观察此种过程（Fosshage, 1997; Hartmann, 1999）。根据这一思路，梦将成为研究心理的一些基本功能和处于与萌芽状态的象征化的过程，以及创伤对关系能力的影响的实验室。

创伤后状态的特征之一是闯入性现象，在梦中回忆起最初的创伤经历是常见现象。但是，对于很多创伤个体来说，夜间发生的事情的性质可有不同，在现象学水平、结构水平、动力学水平甚至神经生物学水平都呈现出其的独特性，正如我们从临床经验中了解到的，这使得我们很难区分梦与噩梦、噩梦与幻觉、幻觉与生动的想象等。此外，也很难将噩梦与所谓的夜惊、睡眠中无具体内容的焦虑发作区分开来（Fischmann, 2007）。因此，深入研究创伤者的梦的过程既具有科学意义也具有临床意义，下文将详细阐述那些在巴尔干战争中的创伤患者。

创伤后的梦和象征：背景、方法和被试介绍

20 世纪最后的十年，在前南斯拉夫的领土上，整个巴尔干半岛西部几乎经历了持续不断的战争。

这些战争的特点是卷入人口众多，覆盖了大片多民族地区。那里发生了各种类型的战斗（从前线战役到街头巷战），但比这更为严重的是针对平民的暴力，例如，迫害、杀戮、集中营、种族清洗和大规模屠杀（发生在斯雷布雷尼察地区的案例不是唯一的个案）。我们的研究对象就是这场冲突的受害者和参与者。

位于贝尔格莱德的酷刑受害者康复中心（Centre for Rehabilitation of Torture Victims，CRTV）向战争期间遭受酷刑和监禁的数以千计的受害者以及那些来自波斯尼亚东部（包括斯雷布雷尼察）的人提供帮助。事实证明，很难与酷刑幸存者开展合作。酷刑本身是不可想象的，因为它在没有任何"可理解"的理由的情况下对其他人进行了最为骇人听闻的暴力行为。战争结束仅几年之后，国际援助网络的工作人员就在一些机构（监狱、精神病医院和社会机构）里见到了这些暴力及其暴力的模式，其实，这些模式在战时与和平时期是类似的，即将对他人的非人化、折磨和制造痛苦作为羞辱的工具。后者受到来自俄狄浦斯焦虑的强大的潜意识驱力的支配，其中阉割焦虑转化成羞辱他人和对其他男性的女性化的行为（一个观察结果是在实施酷刑期间有非常多的性行为）。在这个层面上，紧随羞辱仪式之后只有那些"温和"的身体虐待（如掌掴、击打、唾啐等）属于可理解的。只有当身体屏障（或者"皮肤屏障"）被破坏时，才是那些更为严重的折磨：刀割、火烧、电击皮肤、将物体插入身体的开口等。这些行为如何对人格产生持久的破坏影响，仍需更好地理解。一个思路是创伤情境，毁灭焦虑，死亡本能的释放（unbinding），以及象征、整合与人际空间关系的概念，都是值得考虑的维度。我们的研究旨在了解非人化，它是如何在战争期间发展起来的，以及这些机制是如何与冲突后社会暴力的增长相关联的。

调查的被试均为曾暴露于与战争相关的压力源下的男性，分为两组：目前罹患PTSD组（实验组，N=25），无PTSD组（对照组，N=25）。（见图1）两组间按照年龄和受教育程度进行匹配。被试均从参加"PTSD 心理生物学"研究的大组成员中招募，并经各种心理和神经心理学测试工具的评估，其不同的生理、内分泌学和基因变量的结果为正常。他们在睡眠实验室连续度过两个晚上，并且在早上接受两位塞尔维亚精神分析师的访谈，包括对梦的描述，记录访谈过程并翻译成英文。实验组给予多导睡眠图记录，即睡眠脑电图（EEG）、眼动图（EOG）、肌肉活动（EMG）、心律（ECG）以及呼吸功能等睡眠期间发生的生物生理学变化的综合记录，而对照组无此项记录。

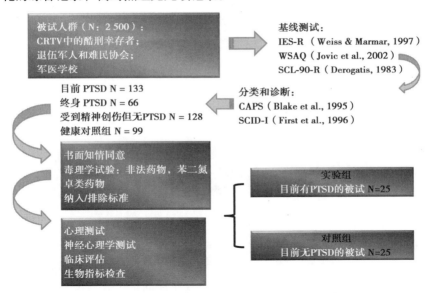

图1　招募、选择和评估程序

　　为了控制创伤级别，根据从中幸存下来的创伤事件的程度和类型将被试进行匹配分组。匹配过程使用的测评工具为战争压力源评估表——WSAQ（Jovic, Opacic, Knezevic, Tenjovic & Lecic-Tosevski, 2002）。此评估表系一种自评量表，由69个项目组成，分别描述八种不同的与战争有关的压力因素：主动战斗、目击死亡或受伤、失去组织/军事机构、与战争有关的剥夺、受伤、在充满敌意的环境中生活、监禁/酷刑，以及暴露在战斗中。通过将WSAQ中阳性项目条数相加所得进行匹配，其中实验组的平均条数是35.91，对照组是25.25，这个结果并不令人满意。然而，两组被试都报告了大量的不同压力因素（参见图2），其中实验组报告了更多被认为是"被动"的阳性项目——例如，被试仅为战争经历的目击者或受害者，而对照组被试在"主动战斗"中的阳性项目居多。这暗示了这样一种观点，即在战斗中的主动角色可能是其在PTSD发展中的保护因素，或者说被动角色（以及与之相关的无助感）具有特定的创伤因素。

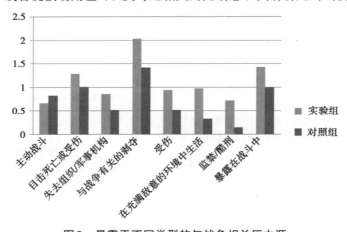

图2　暴露于不同类型的与战争相关压力源

两组被试都包含大量战后在塞尔维亚定居的难民，大多数人处于失业或在灰色经济中工作，被本身陷于贫穷、被腐败和有组织犯罪所困扰的国家的所有的人所遗忘。他们当中大部分人患有疾病，他们不仅承受着各种各样的心理障碍还患有各种心身疾病。尽管明显存在的"缺乏表达情绪的词汇"的现象看上去与心身疾病患者类似，但我们的研究数据表明，创伤患者的情绪管理的特性仍具有其独特性。

根据睡眠实验室的研究方案，要求被试与访谈员在前一天晚上仅做短暂相识后就在第二天早上进行访谈，其目的是使访谈处于"双盲"环境中，访谈员在对被试一无所知的情况下倾听他们叙述自己的梦境，这给了访谈员们一种非同寻常的感觉——"在没有任何指引的黑屋里行走"（访谈员的个人记录）。这一过程揭示了为什么这么多关于战争创伤的研究采用的是统计的（数字）、生物学的变量，考虑的是大脑的损伤，因为不去处理情绪，不去处理那些在我们研究的访谈中揭示出来的人类经历的可怕故事，对于研究者来说要容易得多。被试的叙述充满了恐怖的故事，例如亲眼看到另一个男人正在屠杀一个怀抱孩子的女人，或者收捡朋友的残肢，还有一个例子是刑讯者如何带着他 10 岁的儿子殴打受害者等。正如很久以前已经认识到的那样，这样的故事确实对听众造成了创伤性的影响（ McCann & Pearlman, 1990 ）。另一个经常观察到的现象是，当未经训练和没有准备的人（比如转录材料的秘书）听到这些故事后，他们都报告自己都很焦虑并做噩梦。这是"未经消化的内摄（ undigested introjects ）"或是"β 元素"的效果的最生动的例子，说明这些叙述唤起的感受极其难以吸收、消化和涵容。这在临床环境中经常被观察到，并使得与创伤幸存者的工作甚为艰难。

　　实验情境本身可能存在二次创伤的风险。通过聚焦于噩梦及其内容，在触发了被试在直到这个点上还能在某种程度上控制焦虑的同时，也创造了使被试的内在警觉性提高的情形。因此实验情境本身就存在退行性过程和引发精神病理症状的风险。一个包含着移情因素的例子可以证明这一点：访谈被一些人视作审问，是调查或司法程序的一部分，而且访谈情境中的元素也会出现在实验室的梦境之中。我们也可以在访谈过程中观察到被试对访谈员的矛盾心理，即在访谈时既会导致退缩和被迫害的焦虑，但同时也有其开放性和协作性（这有时令人惊讶）。

　　从这个角度来看，似乎可以这样理解——创伤后的情感调节主要包括防御来自内部体验的和外部现实的与他人相关的破坏性冲动。这可能就是为什么内疚在创伤后状态的动力学中发挥如此重要的作用。我们的研究方案中充满了与内疚相关的主题：朋友正在被屠杀或死去的场景、朋友自杀、年轻男子被电击、平民被杀、在屋子里找到的被射杀的青少年尸体，等等。虽然很容易想象士兵的内疚感，但酷刑幸存者和受害人也普遍心存内疚却让我们难以理解。如果不将潜意识动力因素纳入考虑范围，这样的内疚就无法理解，而且这可能也就是为什么它被排除在正式的诊断标准之外。

创伤后的梦和象征；梦在途中——Ulrich Moser 和 Ilka von Zeppelin 的梦境分析方法

在 Moser 和 von Zeppelin （1996）的梦境生成模型中，假设做梦可以揭示内在的可能性和约束性，以及个体的（外在）模式（Moser, von Zeppelin & Schneider, 1991）。信息的整合与处理被认为是认知的活动，也是满载情感负荷的思维活动，用于调节梦境，促使梦境具体成型。梦通常是由日间残留（经历、思维、愿望、情感）所引发，这会刺激到所谓的焦点冲突。因此，梦试图为激活的冲突找到解决方案，当梦中出现希望所涉及的内容——例如，与他人的关系时，梦能提供所需的安全感。这种被激发的焦点冲突内置在梦的情结中，可以在各种不同的焦点冲突中表现出来。梦的情结概念与记忆模型密切相关，在记忆模型中情感、自体表征和客体表征以及泛化的交互作用表征（参见 Stern, 1985）交织成网络。创伤经历在这个灵活的网络中形成僵硬的区域，带着没有整合的、自由漂浮的情感寻找着这些创伤经历的解决之道；它们以相同的形式一次又一次被激活，并常常再次经历情感调节的失败，因此导致在恐惧中惊醒。

当情感无法被整合或者过于强烈时，中断梦境是阻止情感溢出的最有效手段之一。那些具体的情感和关系只要能够言说，就可能在梦的话语中体验到。它们被认为可以帮助梦者远离情感，为其提供更多的控制感，并且通过将梦者转变成评论自己梦境的旁观者，使梦者与实际的梦中事件隔离。

这里使用的 Moser 和 von Zeppelin 的梦境编码系统，在第十章详细描述过。

一个梦的分析

下面是采用莫泽法对来自实验组的梦进行的分析。为了强调梦中经历的连贯性，梦被放入不同场景的序列中，并转换成现在时。

表1　实验组的梦

情境1	他们折磨我，烧我的皮肤，
-	不知道（认知过程）
情境1	用烧红的烙铁，用不同的方式。
-	接下来我有很多；都是那些事情（认知过程）
情境2	他们抓住我，要杀我，
-	我不知道（认知过程）
情境3	（他们）向我射击，我看到了血。

　　这个梦境的编码揭示了以下结构：

表2　实验组梦境的编码版本

情境	定位域（PF）	轨迹域（LTM）	交互域（IAF）
情境1	客体处理器1（他们）主体处理器		IR.C kin int[1]
认知过程			
情境2	客体处理器1（他们）主体处理器		IR.C kin int
认知过程			
情境3	客体处理器1（他们）主体处理器		IR.C kin int DISS IR.S
认知过程			

　　这个梦境的结构有两次中断。认知过程（C.P.）标志着中断，它防止梦境被情感充溢。梦者保持着被动状态，展现出无助的自我，他没能创造情感的联结。所有的客体都是匿名的，"他们"既不是具体的人，也不能在梦中找到共同联系或者互动。相反的是，*潜藏在梦境情结中的威胁因素并没有改变，而且没有经过伪装*。梦里没有能提供很多参与可能的社交场景；定位域没有受到限制（提示是一种整体的威胁，而非聚焦于特定的或受限制的场景）。处理潜在情感（威胁）的唯一方法就是中断（认知过程）。尽管梦者做了三次尝试，但情况持续恶化并以失败告终。在整个梦境中，找不到如何整合和管理与梦境情结相关的情感的解决方

1　动觉意向性的交互关系，即，有目的的运动。

案从而无法了解如何进行互动，也无法用适当的方式发展其安全原则。换句话说就是，采用简单中断的方式，再次继续相同的过程，而没有进行转换。梦者没有可能的解决方案，只能观察到自己的解离。

　　现在，让我们比较一下这个来自实验组的梦与一位对照组被试的梦。

表3　对照组的梦

情境1	好像是毕业季，我好像是在毕业典礼上，是一般的工作人员，一个学院的普通工作人员。
－	就像很久以前我毕业的时候那样，现在看起来就像是毕业典礼，
情境1	有各种人，有很多这个学院的我的朋友，还有一些是战争期间的朋友，然后一切都在那里，有些人来自我参与过的谈判，
－	好像我还在谈判；这时有一些谈判，我领导了一个谈判代表团，在交战双方的党派之间，通过（某代表处）的调解，该代表处组织了我们和"某某名字的"党派的会谈。（他的名字就代表该党。我领导其中一方党派的谈判委员会，有个党派也出现了）
情境1	所以，在梦中那个"某某"也在场，但他现在是在海牙，
－	他代表，他是；他在其中一次的谈判中代表"某某"党的一方，我代表我们在"toponym"[1]的党，我们坐了下来。
情境1	然后，有很多将军，
－	他们是后来在这里被晋升的。
情境2	然后那个将军（某某）出现了，
－	在梦里我记得他，可现在，我能记得的就这么多了；

1　地名。

续表

情境2	还有很多残疾人，他们，他们经常向我求助，所以，这是一个丰富多彩的公司，但奇怪的是，我们一开始就像在鸡尾酒会上一样，
情境3	然后每个人都消失了，只是一个接一个回来拿他们的证书，这些证书需要在某个像办公室的地方签字，像是办公室，
情境4	在那之后，他们为一个庆祝活动，像是烧烤之类的活动筹款，也就是说，基本上是，整个过程都没有演讲，没有。有的就是很多的庆祝活动。
情境3	就像这样，两把扶手椅，一边是颁发证书的人，一边是我。
情境4	嗯，大家都很高兴，他们中的一些人很严肃。这待遇不坏，关系还挺不错，很多祝贺，不只给我，而是给每一个人。所以，嗯，是一种快乐的氛围，很奇怪，
–	我很少会梦见这样快乐（笑）的事。

对照组被试的现在梦境的编码版本：

表4　对照组梦境的编码版本

情境	定位域（PF）	轨迹域（LTM）	交互域（IAF）
情境1	主体处理器		
	社交环境		
	客体处理器1（G）（学院的朋友）		
	客体处理器2（G）（战争期间的朋友）		
	客体处理器3（G）（谈判的人）		
	客体处理器4（toponym）		
	客体处理器5（G）（将军们）		
认知过程			

情境	定位域（PF）	轨迹域（LTM）	交互域（IAF）
情境2	主体处理器 社交环境 客体处理器1（G）（学院的朋友） 客体处理器2（G）（战争期间的朋友） 客体处理器3（G）（谈判的人） 客体处理器4（toponym） 客体处理器5（G）（将军们） 客体处理器6（名字） 客体处理器7（G）（残疾人）		
认知过程			
情境3	主体处理器 社交环境 客体处理器1（G）（学院的朋友） 客体处理器2（G）（战争期间的朋友） 客体处理器3（G）（谈判的人） 客体处理器4（toponym） 客体处理器5（G）（将军们） 客体处理器6（名字） 客体处理器7（G）（残疾人） 认知因素1（扶手椅） 认知因素2（办公室） POS REL		IR.C FAIL IR.C
认知过程			

续表

情境	定位域（PF）	轨迹域（LTM）	交互域（IAF）
情境4	主体处理器		IR.C res
	社交环境		ATTR AFF
	客体处理器1（G）（学院的朋友）		
	客体处理器2（G）（战争期间的朋友）		
	客体处理器3（G）（谈判的人）		
	客体处理器4（toponym）		
	客体处理器5（G）（将军们）		
	客体处理器6（名字）		
	客体处理器7（G）（残疾人）		
认知过程			

显然，这个梦要复杂得多，包含了很多的情境。前两个序列或者情境（情境1和情境2）受安全原则的控制。梦者不敢参与互动。更糟糕的是，第一次参与的互动失败了，客体消失了。但是，与实验组的梦例相比，该梦拥有的丰富的定位域允许采用不同的方式寻找解决方案。最后，参与获得了回报。在情境4中发生了具有积极情感体验的共鸣的交互作用。因此，潜在的梦境情结似乎找到了它的解决方案：在被试（主体处理器，SP）和涉及的客体（OPs）之间是一种"快乐的氛围"。我们可以得出这样的结论，梦者希望去找到并最终找到了一种如何与以前的朋友和/或敌人友好相处的方式。

总之，实验组被试的梦表明：中断经常发生；情感联结失败；没有互动或者共同参与；潜在梦的情结中的威胁因素以未加伪装的形式出现；退行和毁灭频繁发生。

相比之下，对照组被试的梦主要受到参与原则的控制；梦以成功参与管理结束。在解决梦的情结的问题尝试中，对安全监管的需要更少，自由度更高。

创伤后梦境和象征：精神分析性表述分析的实证研究

定义

精神分析性表述分析（Psychoanalytic Enunciation Analysis，PEA）植根于精神分析、符号学和语用学。它已经被应用在精神病学、心理治疗和精神分析领域（Rosenbaum & Varvin, 2007）——尤其是关于精神病、创伤和自杀的心理状况。在梦的研究中，PEA 可以被定义为是一种将梦的现象学与以精神分析性的方式通过梦者对梦的叙述的结构和动力学的信息分析相结合的方法。

方法

在我们的研究中，PEA 的主要目的是评估显梦的象征水平，以及评估在当下的梦境叙述中所暗示的内在被试—他人的关系（内在客体关系）。

PEA 的方法意味着：1）将显梦文本划分为表述"单元"；2）分析每一个"单元"的表述结构；3）分析每个"单元"的外显和潜在的内容（尤其是情感性的潜在内容）；4）评估整个梦境中隐含的移情性的关系（transferential relationship）。

表述结构的旁支（digression on the structure of the enunciation）

Benveniste（1970）将表述（enunciation）定义为通过个人语言行为而呈现的语言的情境（*mise-en-scène*）。这个定义意味着，某人，正在说话的主体，同时也根植于他的发言之中，并由其发言所构成。这个特征同样适用于梦的叙述者：通过讲述其个人的梦境，梦者向正在听他讲述的人以及其话锋所指的人（无论信息的内容如何）揭示其个人边界的特征。

在其简单结构中，表述被定义为"*我*（第一人称）告诉/告知/通知/询问/命令/承诺*你*（第二人称）*这个*和*这个*（第三人称）是*这么回事*或*相关的事*"。

这种简单表述模型意味着以下要素：话语中总是存在对话中的第一人称与第二人称之间隐含关系的痕迹；话语中的空间和时间参照既指向外部世界正在发生的事情，也指向内部世界中的其他元素；思维是以连贯或者不连贯（包括梦的思维）的方式构成的；具体互动中的身体关系的体验与语言行为中以言语为基础的象征性表征有关；单一的话语必须放在更广的叙事背景中去理解。

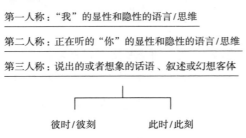

图3　简单表述模型

术语"简单表述模型（model of the simple enunciation）"意指完整的或者扩展的表述模型更为复杂。我们不会在这里详细描述扩展的模型；

它足以强调任何话语的"后面"或"下面"都不言而喻地有内部的语言结构在起作用，因此它们赋予话语以深度并定义其最终结构。当一个人在叙述他的梦时说道"我不知道我在说什么"时，他实际上是在说"（我告诉你）我不知道我在说什么"。在"（我告诉你）"中存在一个内部的客体关系结构，它意味着至少两种主体间维度模式：*镜像—想象模式*（*mirroring-imaginary mode*）和*象征化模式*（*symbolic mode*）。在正常交谈中，这两种模式总是存在于彼此交谈的两个人的对话中。但是这种模式并不一定要求房间里的两个人之间进行具体的对话。即使在这个人独处一处并陷入他自己的幻想时，这两种模式也在发挥作用。一个人在他的脑海里有一个想象的场景——包括他自己和其他人，在想象中与他交谈——或有一个他独自与世界互动的场景（感觉或感知这个世界，四处游走，等等），也同样属于表述的结构。从这样的理论立场出发，精神分析性表述分析是从Benveniste的表述概念（如上所述）分支出来的。

　　*镜像—想象模式*涉及被试在其空间构思的场景中对世界的直接体验反应和／或与世界的互动。当这个人回忆说"房间里有两个男人，其中一人站在黑暗掩面的角落里，另一个躺在沾满鲜血的地板上"，那么这种话语是指一种空间有序的情境，听者可以想象这种场景，而无须进一步的言语反思，就好像他自己就在现场，就在那个房间里。说话的人创造了一面镜子，在这面镜子中，他自己和其他人可以相互镜映他的思想状态和所指的情形。

　　如果这个人继续说道"他们一次又一次地折磨我，要我承认我并不知道的计划。我试着想象我如何才能让他们相信我是无辜的"，那么，话语就有了另一种性质，其所使用的概念不是空间的，而是通过一个时间过程获得其价值和意义，在这个过程中，抽象的、象征的、基于价值的与上下文相关的词汇／概念开始发挥作用。听者只能通过象征化的顺序来理解——想象、"勾画出""看见"——信息指的是什么（Lacan, 1977），这就意味着不仅要理解信息的抽象内容，还要理解并非说话人想要传达的一切内容都能被理解。表述结构中的这一部分就是*象征化模型*。它是随着人们的生活经历发展而来：它既依赖情境又独立于情境，在具体的对话／梦境叙述中，有时就像想象模型中的幻想一样直接而有预谋，有时它更多的是由反思性的思维和想法形成的。

在 PEA 中，无论是*镜像—想象模型*还是*象征化模型*都可以通过精神分析概念来理解。镜像—想象模型的一个维度具有类似于沟通过程中投射性认同的特征（Bion, 1967; Ogden, 1994）。它可能包括一种具有以下特征的爆发：无反思、没有对爆发内容的理解、没有与之相关的愿望或者能力、以不得不投射到内部和／或外部功能的混乱为标志，而不是作为一个无所不包的容器。它也可能表现为试图通过将自己的感知和运动投射到他人的头脑中来使自己变得有序。与想象模型中的"有序性"相反，象征化模型更具有内摄性认同的特征，在此种认同的过程中价值观、态度、有意义的和常识性词汇被接收，并被赋予尽可能多的含义。

两种模式都是梦的经过整合的象征化表征的必要维度，在正常的梦境叙述中，两种模式是自动链接的。潜意识和前意识的想法、图像和情感作为一个整体自动整合为一个完整的梦。而我们之后将看到，重度创伤者的梦表现为一种镜像—想象模型和象征化模型经常无法链接或者链接不稳的表述结构；此种情况尤其见于创伤的时刻在梦中重现时以及当梦具有噩梦性质的时候。

当提到两种模式的实证研究时，我们经常根据整合是否存在，用符号（＋）或（－）来标记两种模式的链接／整合。

对其他方法学的评论

除了在会话分析中的标准表述分析以外，PEA还研究梦境的内容和梦中出现的情感。与梦有关的情感受以下因素影响：1）现在和过去的经历、情感和冲突；2）梦境叙述者和听者（实际的或想象的分析师）之间的关系；3）潜意识材料的痕迹。

我们最关心的情绪是Hurvich（2003）一直在研究的毁灭性的焦虑。

毁灭性焦虑分为不同的维度：对被压垮而又无力应对的恐惧；对被融合、吞噬和陷害的恐惧；对自我和身份解体的恐惧；对羞辱和屈辱的恐惧；对空虚和消失的恐惧；对撞击、穿透或切割的恐惧；对被抛弃和需要支持的恐惧；以及对幸存、迫害和灾难的恐惧。

评估象征化水平

尽管在精神分析文献中象征化有很多意义，但在这里我们将它定性为使语言的表达含有其他的意义的不同模式。这可表现为从通过情感的、想象的和原始心理状态的表达表现为意义的破坏或者意义的缺乏（Robbins，2011），到进而深思熟虑的思维模式。后者可以在人们以一种可以被理解的方式叙述其梦境时得以表达，这样听者就能够跟随和"看到"梦的场景和其后续结果，它们可以被细致入微地、整合地和情绪化地进行描述。我们选择了四个象征化的维度，采用Likert量表用1-5分对它们进行评估。

1.对梦描述的差异性（1-5），

2.互动和主体间关系（1-5），

3.存在的情绪（1-5），

4. 与访谈员的关系（占主导的象征 vs. 崩溃或不稳定的象征）

Re 1：在评估这一变量时，我们采用的是边听边评估：感知到的现象的表征的细节以及对细微差别的描述——位置、人员、场景；所见所闻的特征；描述的一致性。

Re 2：这一变量通过以下标准来评估：对涉及自己和／或他人意图和行为的叙述；自我和他人之间的交流模式和细微差别。

Re 3：这个变量是通过对梦中是否有情绪的总体印象来评估的。

Re 4：在这里我们评估话语是基于叙述的象征化模式占主动地位还是想象模式占主动地位。此外，我们还评估这两种模式是整合的还是非整合的。整合的用（＋）标记，非整合的用（－）标记。

用精神分析性表述分析（PEA）分析两个梦

第一个梦来自一位经历过战争创伤的被试，此后他承受着 PTSD 症状的困扰（"S" 指话语的细分亚单位）：

实验组的梦，第二部分：

S1	"风暴行动"后，我进了监狱，做了很多可怕的梦。
S2	例如，我梦见他们折磨我，烧我的皮肤，
S3	我知道的是，
S4	用烧红的烙铁，用不同的方式，
S5	然后，那个时候我有很多……
S6	全都是那些他们抓住我，杀了我的事情。
S7	我知道的是，
S8	向我射击，我看到了血。

下表总结了我们 PEA 的发现，包括对梦的显意和隐意水平的理解，

但不包括移情性假设。

表5 PEA总结

顺序/PEA	梦的显意水平	梦的隐意水平
S1 D3;+;D2	我经历的可怕事件与恐惧梦境中的焦虑有关	我充满了恐惧感，以及湮灭性焦虑
S2 D2;+;D3	我在监狱里，感受痛苦	被切割和穿透的感觉，无法自卫
S3 D1;+	我不太确定我所说的话的含义或事实	对身份混乱和摆荡的感觉；对灾难的恐惧
S4 D2;+	折磨我身体的工具	工具性的、非人的威胁；切割、穿透
S5 D2;+	还有很多我不能提的与折磨有关的其他感受/幻像/记忆	渴望逃脱，害怕被困住，害怕身体遭到损害
S6 D1;+	他们残杀我	毁灭性焦虑，无人帮助自己活下去的焦虑
S7 D1;+	我不知道他们到底在做什么	混乱，无代表
S8 D1;+	有人正在射击	灾难性的死亡感，生命耗尽

对梦的整体评估

以下的象征化功能水平评估为：分化程度 =2；互动程度 =2；情绪表达 =2。

至于情绪，梦者被毁灭性的焦虑所淹没，但尚能表达他混乱的情绪。

我们估计这个梦的特征是以身体锚定的象征化表达占优势，即大多数都是未象征化的符号和想象模式中的符号。

至于移情假设，我们发现梦的叙述开始于相信访谈员是"好客体"性的倾听者。很快，这个好的客体转变成一个也许可靠、也许不可靠的对焦虑、身体损害恐惧和死亡恐惧的接受者。

对照组的梦

S9	然后，有很多将军，他们是后来在这里晋升的。
S10	然后那个将军（某某）出现了，在梦里我记得他，可现在……
S11	还有很多残疾人，他们，他们经常向我求助，所以，这是一个丰富多彩的公司，
S12	但奇怪的是，我们一开始就像在鸡尾酒会上一样，然后每个人都消失了，只是一个接一个回来拿他们的证书，这些证书需要在某个像办公室的地方签字，像是办公室，
S13	在那之后，他们为一个庆祝活动，像是烧烤之类的活动筹款，
S14	也就是说，基本上是，
S15	整个过程都没有演讲，没有。有的就是很多的庆祝活动。
S16	这就是昨晚我梦见的，没什么不好的，所以这就是我梦到的，一个非常好的梦。

对于这个梦所呈现的内容进行PEA后的发现如表6所示。

表6　对照组梦境的PEA发现

顺序/PEA	梦的显意水平	梦的隐意水平
S9 D4;+;D2	很多将军晋升	想知道他们晋升的情况。表示怀疑。有腐败吗？
S10 D4;+;D2	某位特殊的将军	不确定和不安全的感觉
S11 D5;+;D2	很多人，因战争致残。丰富多彩等，代表差异性/多面性。我是助人者	害怕残害，让自己远离恐惧。否认。防御性自我评价
S12 D5;+;D2	奇怪的事情；鸡尾酒集会，然后消失，然后又以一个接一个获得荣誉的形式重新出现	分离的感觉，失去联系。试图找到意义。潜在的焦虑？
S13 D4;+;D2	庆祝活动，筹款努力	躁狂而喜悦的感觉，混杂着不安的惊喜

顺序 /PEA	梦的显意水平	梦的隐意水平
S14 D4;+;D2	我说了一些基本的事情	封闭信息
S15 D4;+;D2	没有演讲但有庆祝活动	惊喜，偏离标准；没有声音只有姿势
S16 D4;+;D2	发现自己对所发生的事情很放心	说服和安慰自己的压力

对梦的整体评估

以下的象征化功能的评级为：

– 分化程度　　　　　　　　3

– 与他人的互动程度　　　　4

– 情绪的表征和表达　　　　3

至于移情关系：

梦者试图给分析师提出一个积极的设想。他几乎创造了一种具有积极内涵、良好情感和事件的氛围，并与访谈人员建立了友好的关系。最后他没有成功：人们以分离的形式出现，没有可用的语言来解释发生的事情，并且创造出了一个用躁狂防御的场景。

总结

"精神分析性表述分析"使得研究者能够在梦中以及在梦者向分析师 / 研究者叙述梦的过程中，证明想象模式和象征化模式在梦中的存在和功能。两种模式的象征化程度以及两者间关系的质量情况，向我们传递了做梦人和倾听者这两个单独的个体之间的内部与外部关系的信息。通过对这两个梦的分析，出现了与使用 Moser/von Zeppelin 模式类似的结果：相比较而言，尽管梦中创伤相关的潜在材料很明显，从对过去和现在的整合和对情感的调节上来说并不是一个"成功"的梦，但对照组的梦无论在象征化还是关系质量上都具有更高的水平。因此，对照组的个人梦境具有更高的安全感（少一些的安全监管是必要的），有着更高的解决问题的自由度，以及有更多的参与感（良好的感受、积极的关系）。

结语：实证研究的临床意义

综上所示，我们希望将重点放在对治疗极端创伤患者具有特殊意义的方面。

对梦的分析表明，创伤后状态，尤其是创伤后的梦或多或少代表了患者试图恢复内在世界的意义、与他人关系的意义的失败，也许最重要的是，试图重新获得安全感和保障的失败。受创者有恐怖的灾难无处不在且迫在眉睫的感觉。此种威胁既来自内部，也来自外部，无论投射与否。创伤患者经历了一系列的焦虑和恐惧，包括失去所爱之人的恐惧、失去内在好客体的恐惧和阉割焦虑。此种因创伤而在心理上感到无助的特征似乎有其根源（Freud, 1926），毁灭焦虑的概念或许能很好地描绘这一点，而毁灭焦虑又似乎与象征化/去象征化过程和内疚感有关。

弗洛伊德根据自我（ego）冲突的性质区分了创伤性神经症和其他神经症（Freud, 1919）。在普通神经症中，"敌人"是力比多（libido），它在内部威胁自我。"在创伤性和战争性神经症中，人类的自我（human ego）正在保护自己免受危险的威胁，而这种危险不存在，或者这种危险是由自我本身以假定的方式塑造出来的"（Freud, 1919, p. 210）。固着在创伤性经历的那一刻是创伤性神经症的基础，这些患者经常在梦中重复创伤性的情景（Freud, 1916）。

　　由此，我们可以很好地假设创伤性神经症的症状（Freud, 1919）代表着向更早期功能模式的退行："压垮自我的痛苦情境在幻想、思维和梦中不断重复，作为自我在创伤时刻应对失败后，为掌控这个淹没性刺激所做的延迟性的尝试。"（Greenson, 1945, p. 194）此外，根据 van der Kolk（1996）的研究，创伤记忆通常会以情感和感觉状态的形式出现，而不能用言语形式表达。他将这种在象征层面上处理信息的失败归结为PTSD 的核心症状，因为这是一种恰当地区分和整合创伤经验与其他经验的必要能力。

　　Laub（2005）令人印象深刻地描述了那种在试图解释创伤经历时阻碍构建过程的淹没性体验。他指出为了处理信息，即使这些信息成为我们自己的，我们要采用象征化过程在现实中去感知、掌握或者去参与。

　　因此，象征是必要的，它不仅使我们能与外在世界进行交流也使我们能与我们自己交流，即与内部世界中的共情客体交流，以创造意义。根据弗洛伊德的观点，象征化过程是以内部心理事件为特征的，即一个事物的表征逐渐与另一个心理事件相联系，也就是用一个心理词汇来表征，此种事物与词汇表征的联系就创造了一个象征。换句话说，弗洛伊德认为象征化是在内部沟通过程的背景下形成的，或者正如 Laub 所说："只有将自己的故事讲给自己听，才能认识自我"，以及"只有在自我情感协调的条件下才能掌控现实"（Laub, 2005, p. 315）。在极端的创伤情境中，内部和外部的对话关系成为致命攻击的主题，在这种情况下，共情性的、协调一致的、对其他危险的迅速反应既在内在世界消失也在外部世界消失。这似乎是创伤性攻击的核心目标，其终极目的是废除能够实现和保障象征化交流过程的"好客体"。

创伤性梦境的一个特点是其重复性。正如 Varvin（2003）所说，创伤是丧失了与内在的他人相关的"内在保护"的结果——主要是失去了基本的信任感与掌控感，这被体验为失去了保护性和移情性的他人，而在其他情况下，这些人赋予其思考与行动的意义。在这样的创伤条件下，象征化过程被扭曲到一定的程度，以至于在富有情感的自传叙事中，无法赋予思维一个暂时有意义的位置。因此，创伤患者感到受到非人性的对待，且经常伴随着羞耻感。为了重新恢复人性化状态，强迫性重复开始工作，迫使创伤患者一再重温创伤经历，试图找到其中体验为对抗力量的象征和原型象征，以避免两种对抗力量的灾难性融合，并（重新）获得区分好坏的能力，最终避免精神死亡。临床经验告诉我们，极度的创伤可能导致象征、思考或反思能力的缺陷和不足。

在处理未被消化的与创伤相关的元素时，做梦被认为是心灵工作的核心部分（Bion, 1977; Hartmann, 1984）。因此，对梦的研究可能给我们对心灵的工作提供特殊洞见（Freud, 1900）。与创伤患者的梦，尤其是与噩梦一起工作对于帮助患者恢复其象征功能具有重要意义（Hartmann, 1984; Adams-Silvan & Silvan, 1990; Pöstenyi, 1996）。此外，创伤性的梦似乎被屏状样（claustrum-like）的内在客体模式所支配，在这种模式下，语言或叙述更像是一种想象，缺乏象征能力。

在治疗创伤患者时，体验到的创伤的性质似乎与心理治疗的曲折康复过程显著相关。酷刑幸存者——最难治疗的病人群体——展示了一些值得一提的具体细节，因为正如之前描述的那样，酷刑本身包含了骇人听闻的行为，不仅对于受害者来说是无法想象的，而且对受害者面对的听众来说一样无法想象。似乎根本没有什么可以理解犯罪者行为的可能，从而抑制了以可以理解的方式将这些行为象征化的能力，但是正是这种能力让受害者能够掌控自己的感受、情绪和反应。正是这种受害者和施害者都遭遇到的非人性的情景和屈辱限制了受害者的象征能力，也就是说，将所发生的事情诉诸于语言并使之有意义的能力。

这可以被认为是一种自我防御（Torsti, 2000; Gaddini, 1984），一种由整合焦虑所驱动的拒绝整合的行为。在非整合状态下，焦虑的威胁来自两个不同的时间方向：过去的整个自身的丧失的灾难性经历和未来的整合威胁——之所以是威胁，是因为假设这会回忆起并因此唤起由于失去自我而再次体验焦虑的恐惧。这种"毁灭性焦虑"由避免灾难性经历的愿望所激发，并阻止了整合与象征的过程。

把做梦的过程看作一种排除了清醒思维典型的现实感知的特殊的思维过程，这有助于理解创伤的心灵。在这种梦的思维过程中可能会发生交互作用。与清醒状态相反，梦中的主体和客体可以很容易地改变维度，而这在日常生活中是不可能发生的。

通过莫泽法的聚焦方式来观察创伤患者的梦境，可以明显看到情感调节的紊乱。这些紊乱反映了梦者由于焦虑，尤其是由参与互动而激发的毁灭性焦虑，而无法在梦中与其他人交往。根据 Moser 的分析，我们认为在这些梦中安全原则（避免焦虑）凌驾于参与原则。在梦里，患者极度的无助是显而易见的。从这个角度来看存在着愿望的满足。这就是希望恢复一种内在安全感（通过避免在梦中引出触发焦虑的场景）的愿望。

在 Moser 造梦模型的理论框架里，梦者的参与能力是他有能力为激活的冲突找到解决方案的一个指标。这种冲突是在创伤背景下嵌入在一个僵化的创伤情结中。在我们的研究中，我们假设受创伤的梦者会表现出明显的参与能力不足。我们已在实验组的梦中证明了这一假设。参与能力——尽管最初是容易获得的——最终被梦者的保持距离的策略所破坏。这种被激活的策略是为了避免即将到来的淹没性的涉及或生、或死的焦虑。相比之下，对照组的梦表现得有较高水平的整合，参与原则在梦里占主导地位，对安全控制的需要较少。这可能有助于梦者获得解决潜在的创伤情结的方案。这个过程意味着将患者自由漂浮的、充满焦虑的和难以理解的情绪与个体早期的确有意义的普遍经验的记忆绑定在一起。

在研究梦时，必须意识到实验室环境中做的梦与精神分析过程中做的梦是明显不同的，主要是背景不同。在精神分析过程中做的梦，在很大程度上取决于特定的移情情境，这与在实验室所做的梦的移情概念有很大不同，在实验室的梦中，实验的设置会根据研究而引起特别的期待。

尽管如此，移情模式的变化可以通过 PEA 方法检测到，该方法可以指明分析师或实验室的访谈员在多大程度上被用作了承载患者的焦虑、悲伤或支离破碎的自我体验的无所不包的容器。"梦的倾听者很快就成了焦虑、对躯体残缺恐惧和死亡恐惧的接受者"（Rosenbaum & Varvin, 2007）。来自实验组的梦表现出以身体为锚定的象征表征，因此多半不能以象征符号的方式来描绘难以承受的毁灭性焦虑。与此形成对比的是，来自对照组的梦描绘了梦者发展积极情境的能力，并由此几乎创造了一个具有积极含义的梦境。但即使在这样的梦境中——他，这位罹患 PTSD 梦者——也最终没有成功完成他的整合工作，并且不得不创造了一个躁狂防御的场景。

因此，PEA，通过分析想象模式的形式和内容，即一个人用一元和二元方式呈现自己的模式，能够更深入地分析支配他的梦境和内在世界的痛苦疏泄、投射、隔离的内部客体关系模式。因此，PEA 反映了创伤对我们心理的影响：想象模式占主导地位，而缺少语言的象征化模式。也就是说，缺少一种他人导向的模式，即心智化、自我反思、主体间或跨主体的内在客体关系模式。

我们不期望从事临床工作的分析师将这些方法应用于释梦环节，而是希望鼓励分析师以一种修正后的方式去倾听患者的叙述和梦境。从临床角度来看，本文所呈现的研究结果要求分析师更多关注梦者在梦中的参与程度以及参与是如何实现的。一方面，梦者可能会退缩，例如通过中断场景中的互动来抵挡无法忍受的情绪；另一方面，我们可能看到交互行动的发展，这也许意味着象征模式功能正在强化。

总之，可以说创伤性的梦和其他梦没有什么不同，因为它们实际上就是梦，和所有的梦一样，都含有做梦状态下的思维过程，在此过程中，开动了所有的梦的机制，并或多或少成功地寻求减少在遭受创伤时所感受到的不可想象的非人性化的力量。

（王建玉翻译　李晓驷审校）

参考文献

Adams-Silvan, A. & Silvan, M. (1990). A dream is the fulfillment of a wish: Traumatic dream, repetition compulsion, and the pleasure principle. *International Journal of Psychoanalysis*, 71: 513–522.

Benveniste, E. (1970). L'appareil formel de l'enonciation. *Langages, 17*: 1218.

Bion, W. R. (1967). *Second Thoughts. Selected Papers on Psychoanalysis*. London: Karnac.

Bion, W. R. (1977). *Seven Servants*. New York: Aronson.

Blake, D. D., Weathers, F. W., Nagy, L. M., Kaloupek, D. G., Gusman, F. D., Charney, D. S. & Keane, T. M. (1995). The development of a clinicianadministered PTSD scale. *Journal of Traumatic Stress, 8*(1): 75–90.

Derogatis, L. R. (1983). *SCL-90-R. Administration, Scoring, and Procedural Manual.* Baltimore, MD: Clinical Psychometric Research.

First, M. B., Spitzer, R. L., Gibbon, M. & Williams, J. (1996). *Structured Clinical Interview for DSM-IV Axis I Disorders—Patient Edition (SCIDI/P, Version 2.0).* New York: Biometrics Research Department, New York State Psychiatric Institute.

Fischmann, T. (2007). Einsturz bei Nacht: Verarbeitung traumatischer Erlebnisse im Traum. In: H. Raulff & M. Dorrmann (Eds.), *Schlaf und Traum* (pp. 51–58). Cologne, Germany: Böhlau.

Fosshage, J. L. (1997). The organizing functions of dream mentation. *Contemporary Psychoanalysis, 33*: 429–458.

Freud, S. (1900). The Interpretation of dreams. *S. E. 4* : ix–627.

Freud, S. (1917). Introductory lectures to psychoanalysis (part III). *S. E. 16*: 241–463.

Freud, S. (1919). Introduction to psychoanalysis and the war neurosis. *S. E. 17*: 205–216.

Freud, S. (1926). Inhibitions, symptoms and anxiety. *S. E. 20*: 75–176.

Gaddini, E. (1984). The presymbolic activity of the infant mind. In: A. Limentani (Ed.), *A Psychoanalytic Theory of Infantile Experience* (pp. 164–177). London: Tavistock/ Routledge, 1992.

Greenson, R. R. (1945). Practical approaches to the war neuroses. *Bulletin of the Menninger Clinic, 9*: 192–205.

Hartmann, E. (1984). *The Nightmare. The Psychology and Biology of Dreams.* New York: Basic.

Hartmann, E. (1999). Träumen kontextualisiert Emotionen. Eine neue Theorie über das

Wesen und die Funktionen des Träumens. In: H. Bareuther, K. Brede, M. Ebert-Saleh, K. Grünberg & S. Hau (Eds.), *Traum, Affekt und Selbst* (pp. 115–157). (Psychoanalytische Beiträge aus dem Sigmund-Freud-Institut, 1.) Tübingen, Germany: Edition Diskord.

Hurvich, M. (2003). The place of annihilation anxieties in psychoanalytic theory. *Journal of the American Psychoanalytic Association, 51*: 579–616.

Jovic, V., Opacic, G., Knezevic, G., Tenjovic, L. & Lecic-Tosevski, D. (2002). War stressors assessment questionnaire—psychometric evaluation. *Psihijatrija Danas, 35*: 51–75.

Lacan, J. (1977). *Écrits*. Harmondsworth, UK: Penguin.

Lansky, M. & Bley, C. R. (1995). *Post Traumatic Night Mares. Psychodynamic Explorations*. Hillsdale, NJ: Analytic.

Laub, D. (2005). Traumatic shutdown of narrative and symbolization: A death instinct derivative? *Contemporary Psychoanalysis, 41*(2): 307–326.

McCann, I. L. & Pearlman, L. A. (1990). Vicarious traumatization: A framework for understanding the psychological effects of working with victims. *Journal of Traumatic Stress, 3*: 131–149.

Moser, U. & von Zeppelin, I. (1996). *Der geträumte Traum*. Stuttgart, Germany: Kohlhammer.

Moser, U., von Zeppelin, I. & Schneider, W. (1991). The regulation of cognitive-affective processes. A new psychoanalytic model. In: U. Moser & I. v. Zeppelin (Eds.), *Cognitive-Affective Processes* (pp. 87–134). Heidelberg, Germany: Springer.

Ogden, T. H. (1994). The analytic third: Working with intersubjective clinical facts. *International Journal of Psychoanalysis, 75*: 3–19.

Pöstenyi, A. (1996). Hitom lustprincipen. Dröm, trauma, dödsdrift. (Beyond the pleasure principle. Dream, trauma, death drive.) *Divan*: 4–16.

Robbins, M. (2011). *The Primordial Mind in Health and Illness*. London: Routledge.

Rosenbaum, B. & Varvin, S. (2007). The influence of extreme traumatisation on body, mind and social relations. *International Journal of Psychoanalysis, 88*: 1527–1542.

Stern, D. (1985). *The Interpersonal World of the Infant*. London: Karnac.

Torsti, M. (2000). At the sources of the symbolization process: The psychoanalyst as an observer of early trauma. *Psychoanalytic Study of the Child, 55*: 275–297.

van der Kolk, B. A. (1996). Trauma and memory. In: B. A. Van der Kolk, A. C. McFarlaine & L. Weisëth (Eds.), *Traumatic Stress* (pp. 279–302). New York: Guilford.

Varvin, S. (2003). *Mental Survival Strategies after Extreme Traumatisation*. Copenhagen, Denmark: Multivers.

Varvin, S. & Rosenbaum, B. (2003). Extreme traumatisation: Strategies for mental survival. *International Forum of Psychoanalysis, 12*: 5–16.

Weiss, D. & Marmar, C. (1997). The impact of event scale—revised. In: J. Wilson & T. Keane, (Eds.). *Assessing Psychological Trauma and PTSD* (pp. 399–411). New York: Guilford Press.

第十二章
叙述梦的交流功能
Hanspeter Mathys

导言

为什么人们会分享他们的梦？是什么促使患者在治疗过程中向他们的治疗师和分析师讲述他们的梦？梦的叙述与什么样的期待有关?

在精神分析治疗中，我们假设分析师是释梦专家；被分析者向分析师叙述梦并借此来了解自己（Boothe, 2006）。在理想的情况下被分析者可以自己检查和分析梦中的内容，在更理想的情况下会与他们性格中格格不入、不受欢迎的部分进行修通与和解。Bartels（1979）强调传递梦的动力在于神秘的、令人困惑痛苦的体验，神秘之处在于：我们知道梦见了什么，但我们不知道为什么要做梦？做梦是为了什么（详见 Freud, 1916/1917, p. 94）。正是这种介于梦与清醒生活之间的裂缝激发了对解释、对理解的渴望（Bartels, 1979, p. 102, 此处是原著作者的意译）。下面介绍的是基于"Amalie X"和她的分析师之间进行的梦的对话的个案研究的开始部分[1]。

她对自己的梦莫名冷淡

我假设被分析者 Amalie X 和她的分析师都会在某种程度上对 Amalie X 讲述的梦感兴趣并努力去理解它们。但是，我发现被分析者并非如此。奇怪的是，她看起来对自己的梦不感兴趣，或者更确切地说，对共同探索她的梦的意义不感兴趣。问题来了：如果她压根儿不想知道她的梦意味着什么？为什么她会在分析中分享了95个梦？

在精神分析中，这一现象并非陌生。当我们分享我们的梦时其实是存在风险的。当我们描述显梦的时候，根本无法预见会披露多少信息。只有通过对梦的深入探讨和对潜在内容的隐匿含义的（共同）思考，才能战胜挑战并逐渐揭示梦中隐藏的含义。因此，梦的叙述涉及大量难以控制的情形。这就是为什么分享梦的人会有此种复杂的感受。一方面，梦者希望与某人分享这段高深莫测的经历，希望专家可以说出梦的意义；另一方面，梦者又根本不想分享梦，因为这一过程会暴露他们根本不想

1　"Amalie X"的心理分析治疗系由Kächele等人（2006）将其作为一个德国样本全过程录音保存下来。在整个超过五百次的治疗中，Amalie X讲述了95个梦，分布在72次治疗中。有时，她在一个治疗中不只讲述一个梦。本研究是基于这些"有梦的治疗"的录音转录。在治疗开始时，病人Amalie X是一位35岁单身教师。她开始治疗的最初原因是因为她很容易抑郁并伴有低自尊。从青春期开始，Amalie X患有躯体疾病，主要的症状是先天性多毛症，或者说是不希望有的男性特征，全身毛发过度生长。由于她的压抑，系统性多毛症的不断加重，在访谈初期她尚未有过任何性接触。

知道的事情。如果后者的感受占主导地位，我们将之称为阻抗。

然而在我研究的治疗中，并不总是能用阻抗来解释。相反，我发现这位患者经常以一种非常特殊的方式讲述她的梦——也就是说，在谈话过程中她是用讲述梦有着非常明确的功能的方式来分享她的梦的。在精神分析梦的研究中，这种看待事物的方式后来被称为"叙述梦的交流功能（communicative function of dream telling）"。

叙述梦的交流功能

最初，Kanzer（1955）使用的是"梦的交流功能（the communicative function of the dream ）"这一说法。在 Ferenczi（1913）对此做过一次评论后，Kanzer （1955）发展了一种观点，即被梦者选择的听者"很可能就是梦的实际主体"（ p. 260 ）。根据 Kanzer 的说法，"因此，由梦产生的交流冲动可以被视为梦者内在的想与现实建立联系的一种趋势，以日间残余为代表"（ p. 260 ）。十年后，Bergmann （1966）进一步发展了这一思想，并将其置于历史 / 文化背景之中。对精神分析治疗来说，尤其感兴趣的是 Bergmann 对梦的交流是如何产生的解释。Bergmann 认为叙述梦源于同时唤起了两种对立的驱力：对交流的渴望和对交流的阻抗。可以说，对交流的渴望将梦提上了议事日程；而阻抗让梦难以理解。因此，叙述梦具有减轻个人负担的功能，因为通过此种方式的分享，那些以其他方式都无法交流的充满冲突的情感得以表达。此项评估是由 John Klauber 做出的，他还研究了在精神分析中叙述梦的意义。此后 Klauber（1969）又进一步以八个元心理学的断言（ metapsychological assertion ）的形式，将叙述梦定义为一种临床现象，而这就是 Kanzer 和 Bergmann

本能理论的基础：

> 梦中被压抑的愿望的部分突破，导致梦者产生分享梦的冲动，因为不再被自我完全控制的驱力冲动必须寻求释放。梦的语言化和梦的本身，都是这种释放的替代品。（p. 282, 此处是原著作者的意译）

在德语文献资料中，关于叙述梦的交流功能，首先是由 Morgenthaler（1986）提出的，他使用的术语是梦的诊断学（*Traumdiagnostik*），Deserno（1992）则以梦与移情之间的功能联系（*funktionaler Zusammenhang von Traum und Übertragung*）来表示，Ermann（1998）进一步发展了这个概念，他认为梦的分析就是关系的分析。

以下摘录的内容用于说明分享梦的交流功能的含义。

这些梦说明我很古怪吗？（第七次治疗）

第一段摘录自 Amalie X 的第七次治疗，也就是在她的分析治疗刚开始阶段。

在讲述了一些关于学校教学的故事之后，Amalie X分享了一个梦：

第一段[1]

1　详细的转录规则见附录。这里使用的方法是会话分析，这是一种定性的、民族学方法论的交互分析方法。其原则是找出会话参与者是如何含蓄地解释彼此的，即他们是如何回应对方最后的话语的或者是如何"转换"对话内容的(Deppermann, 2001; Peräkylä, 2004; Streeck, 2004)。

1　**患　者：**哦，是的，但我关心的完全是别的事情（2）而且，这是（6）
　　　　　　嗯（15）……

2　**分析师：**是吗……

3　**患　者：**是啊，哈哈哈（笑）我很尴尬，因为它……

4　**分析师：**嗯……

5　**患　者：**好的，是的，我昨晚做了个梦，然后……

6　**分析师：**是吗……

7　**患　者：**我真的想知道它是否，嗯（7），使我与其他人相比完全是古
　　　　　　怪的（3）。

　　声称做了一个显然与羞耻有关的梦（我很尴尬）。这个梦是连同一个
非常具体的问题一起宣布的（第7行）。这种关注形成了讲述梦的上下文
框架。

　　她对梦的讲述实际发生在她的第三次尝试时。以下是她的梦（原文系
译自德文的英文版）：

　　　　我梦见一个女人；她看起来像拉斐尔笔下的圣母，她走进门；
　　可能是新婚之夜。好吧，在我看来是这样。呃，她的衣服非常低，
　　比其他任何东西都透明，她躺下然后过来，我不确定是什么，不，
　　是的，无论如何，一个相对年轻的男人进来了，呃，他试图奸污这
　　个女人，但没有成功，呃，我想他也这么说了。然后第二个男人进
　　来，第一个男人他也，呃，实际上像个孩子，他让自己吮吸那个女
　　人的乳汁，第二个男人，他，是的，他安排了这一切，是的，据我
　　所知是这样。

在关于这个梦的对话中，Amalie X 表达了她的惊讶，她的梦里居然有如此具体而不加修饰的性内容，她问自己这是否正常，因为梦通常以更为编码的形式出现。在后续对话中，很明显 Amalie X 对梦的具体内容或梦对她可能意味着什么这个问题不感兴趣。相反，她从一开始讲述这个梦就主要和她的问题联系在一起：她想知道这种梦是否表明她和其他人相比是古怪的或怪异的，还有，她是否在整个性方面都与众不同。

梦的分享开启了交流的可能性

Amalie X 在第七次以及其他很多次治疗中讲述了她的梦，这样，通过提及这些梦，她可以表达一些原本无法以这种方式或根本无法交流的东西。分享梦首先是，也是最重要的是为这种方式做准备，作为一种介绍性的准备，以便可以更好地或完全地谈论微妙的、困难的或者羞耻的事情。分享梦是为了营造一种氛围。讲述梦的模式非常适合这样的目的。做梦，发生于夜晚，除自己之外别人无从知晓。然而，梦给人的感觉并不是完全由自己创造的：德语 *mir hat geträumt*（它出现在我的梦中）的被动语态就说明了这一点。没有主语，没有主语的我（译者注：德语 *mir hat geträumt*，直译成中文应该是"我做了一个梦"。不同于中文，德文的名词有四个格，该句中的我"mir"是第三格的我，而不是做主语的第一格的我"Ich"。翻译成中文时已经很难反映该句无主语的含义了），没有把自己视为夜晚场景的作者。相反，梦者是把梦视为虽然是发生在他/她身上的，但却是来自外部世界的事。然而，梦者本人当然就是这部夜间在内心梦境屏幕上放映的短小且常常是超现实主义电影的导演和制片人。梦者绝不仅仅是一个没有参与的旁观者——即使梦经常给人的感觉就是这样。

　　这种梦既是自己的又是外来的主观感觉，为梦者创造了很大的自由空间去定位她自己。她自己可以决定她能够和想要在多大程度上占用这个心理产品，或者能够和想要将其拒之千里。在研究这个案例时我们发现，Amalie X 以一种非常特殊的方式使用梦。换句话说，她是在说："这两个男人和圣母跟我有什么关系，我真的不知道。我感兴趣的是，以这样开放的方式梦见性是否正常？我们现在是在讨论这个话题，我要问，我的性取向是正常的吗？还是说我很古怪？"

你如何向你的分析师说再见？（第 517 次治疗）

　　第二段取自最后一次治疗（第 517 次治疗），非常清晰地展现出 Amalie X 独特的处理梦的方式。在最后一次治疗中你是怎么做的？在经历了五年多，超过 500 次治疗后，你会如何跟你的分析师说再见？

　　第二段

1 患　者：哦（hh.）（3）（hh.）（hh.）哦亲爱的；（hh.）（14）政客们怎么说的？

2 这是他们的生日，这可真是太好了，（1）就是一个普通工作日。（hh.）（hh.）（2）

3 就是一个普通工作日（53）嗯（hh.）（hh.）（深深地呼气）（2）我会

4 跟你说一个梦；

5 分析师：嗯。

6 患　者：嗯；（4）听说有些病人在最后一次治疗中，没有出现。我

7   差点也这样做了；（2）或者（1）什么都不再说了（．）你
         也可以这样做（2）

8   你当然可以做到所有这些（7）我梦见（1）医生 *171

9   在某个地方走着，（．）不（．）那一点也不对；*59（3）和
         同事一起（2）我不知道

10   我嘲笑他或者人们嘲笑他（．）因为他做这件事或那件事
         的方式；

11 **分析师:** 走，你的意思是走开了？

12 **患　者:** 不，他跑了。

13 **分析师:** （－）嗯，是的。

14 **患　者:** 但是我认为是 *95 太太，是关于（．）结束分析的事，和
         （hh.）呃，

15   不知怎么，他们（．）取笑，他是怎么做到的啊，是的，
         就是他！

　　这一段摘录自这次治疗快开始的时候，分析师交给 Amalie X 一份问卷，让她填写以供评估之用。值得注意的是，Amalie X 是用一种犹豫不决、伴随着叹息和呻吟的说话方式开始的（第1行）。这给人的印象是，对她来说，讲述是不容易的。她在第2行所说的话清楚表明，她希望在这个场合，她的最后一次分析时，尽可能表现得和平常一样。当然，她完全知道这不是一次寻常的治疗，但她想把它当作像平常的治疗一样来对待。但她也知道分析师希望她将此次治疗视为一个特别的治疗。怎么办？啊，她昨晚做了一个梦……很恰当地，是关于结束分析的梦（第14行）。

　　第三段是第一个梦的梦境对话的一部分，在梦里，场景变为一个墓地，

老妇人和鞋拔子扮演了中心角色。在第6行之后，Amalie X说了第二个梦。

第三段

1　**患　者：**我只能再说一遍，你妻子＝

2　**分析师：**呵＝嗯

3　**患　者：**鞋穿得很顺利。（0.5）而我只能借助于鞋拔子。（1）（叹息）

4　**分析师：**问题还是你在这里获得了多少帮助，还有（1.5）呃，嗯

5　**患　者：**你知道我还是想快点告诉你昨晚我（梦到）的事

6　**分析师：**呵＝嗯

在这个点上，Amalie X讲述了她在最后一次分析时说的第二个梦：

在许多事情中。当它，它，我有一种对讲机，像开门用的那种，带有电话的功能，它响了，有人说："我只想从你那里知道解释是什么，或者你怎么解释。"然后我说："你是学者吗？"那个声音回答说是的，然后我就按了按钮，然而不像我从她的声音中所预期的那样，上楼来的不是一个女人，而是整个家庭，很多人，男人、女人，大多数是年长的人，他们说他们都是人智学家（anthroposophists），就住在我楼下，在梦中那是在我公寓的家里，一扇门很快打开了，*239递过来一本书，说："这里有你想要知道的关于解释的一切内容。"当他们站在我的门前时，他们说："所以我们是人智学家。"我的公寓里有一架大钢琴，突然变得一团糟：太可怕了！玻璃桌上放着一条连衣裙子，躺椅上有一条内裤。很可怕，在梦里我一直在想，*197过来时我是整理好了的呀，就是整理好了的呀，接着，我

就不认为它是那么可怕的悲剧了，我只是把所有的东西都塞到躺椅垫的下面。我试着整理了一下。然后就是我们谈论诠释学或者其他，突然有人走到钢琴前，我不知道还有什么。无论如何，这看起来不像是我公寓里的客人。这太奇怪了。昨天晚上我在电话里和一个熟人聊天，她告诉我她被邀请到了某个地方，那里令人吃惊。她说，那个地方到处是猫的臭味，满地都是杂物、裤子，一条男人的运动裤放在桌上。真可怕，她说。肮脏的公寓。那是昨天晚上的对话，还有……我的公寓看上去像是从来没有过的样子。最近，在 X 光室里，我遇到了一个很有趣的男人，他是一名人智学家，是*955。

紧接着这个梦，对话如下展开：
第四段

1　**患　者**：不过我相信你想要说点别的（2）你是想知道我获得了多少
　　　　　　帮助
2　　　　　以克还是以小数点做单位？我不能给你［答案］
3　**分析师**：［嗯］不，我想知道的不是这个，而是（．）你的想法，是
　　　　　　（．）一个念头
4　　　　　关于（．）鞋拔子（．），关于帮助。
5　**患　者**：是的（hh.）（5）

在第三段第4行，分析师从第一个梦开始，讲明了从上次治疗开始就悬而未决的东西：被分析者在治疗中实际上获得了什么；当最后一次分析结束时她可以带着什么离开？也许，分析师想听到他的病人感激地说，

治疗对她帮助很大，治疗师做得很好，分手对她来说是有困难的。Amalie X 对这句话是怎么反应的？她没有对这个要求说一个字（第三段第 5 行），而是告诉分析师另一个梦。第三段第 5 行（我还是想快点告诉你）很明显地表明，她并没有把注意力放在完整而详细地关注梦里发生了什么，也不打算邀请分析师和她一起认真检查最后一个梦。这个功能和她讲述第一个梦时的功能非常相似。在这里，重点再次放在处理交流的任务上，Amalie X 通过分享梦的方式来完成的任务上。有趣的是，这个话题并没有就此结束。第四段第 1 行直接回到了讲述梦之前的对话（第三段第 4 行）。Amalie X 的评论揭露了分析师不确定性的期待。分析师在第 4 行（第三段）保持中立，他说：问题还是你在这里获得了多少帮助。在Amalie X的复述中，她强调是分析师很想知道这一点（第四段第 1 行）。她用了一个非常讽刺的比喻，让他知道她对这个要求的看法。她把分析师刻画成一个簿记员，试图用数字、克数和小数点来精确地计算治疗的效果。通过把整个过程荒谬化，从而肯定地并最终结束了这个话题。

结果

Amalie X 在第 517 次治疗中没有讨论这两个梦，这样她就可以谈论在第七次治疗中提到的一个重要话题。但她又分享了她的梦，这样她就不必谈论其他的事了，这样一来，她从一开始就回避了告别的话题也避免了回顾自己的治疗。有趣的是，谈梦并不意味着已经完成这些话题了。第一个梦的开始部分很明确是涉及当前的对话的背景，即你如何结束分析。在第二个叙述梦的例子中，在讲述梦之后 Amalie X 立即明确回答了治疗师在她说出这个梦之前提出的问题，尽管她的回答并不符合前者的期待。在这两种情况下，对话都是通过梦而迂回绕行到最初的话题。

我们发现，Amalie X 经常使用这种非常特殊的方式。第七次治疗中毫无掩饰的性梦被视为一个给定的、什么也做不了的梦，但它提供了一个很好的机会，可以借此谈论与安全感有关的令人羞耻的性话题（第七次治疗）。当到了与分析师说再见的时候，就出现了如何最好地处理告别的问题，当治疗师还想知道他为病人做了什么时，做一两个你能说出口的梦真的太棒了，这样会让微妙而艰难的告别仪式变得容易些（第517次治疗）。

实际上，这里发生了什么呢？这种非常特殊的对梦的使用的含义是什么呢？

叙述梦是一种三角交流模式

在对话中引入一个梦，是在二元关系中建立三元的交流形式。这相当于调节分析师和被分析者关系的一种形式。这种功能从 Amalie X 治疗的开始一直贯穿到结束，因此可以将其评估为是非常重要的功能。我把它称为分享梦的三角功能。简单地说，先不管叙述梦的问题，三角功能的意思是：在三角关系中，两点之间的关系是参照第三点来调整的（Grieser, 2003）。

在很多情况下，Amalie X 引入一个梦的叙述，通过梦的三角因素来调节和协调她与分析师的直接关系。这不仅让她远离此时此刻，而且常常也是成功实现了妥协，梦依然占据着分析关系的主题，但是以梦的模式进行的，是以距离更远、责任更小的模式进行的。看几个片段就会发现一个清晰的交互模式，该模式展示出 Amalie X 如何通过讲述梦来迂回地从此时此刻的分析关系中暂时离开，以便能够谈论微妙的、羞耻的和不愉快的事情。[1]

叙述梦可以服务于愿望的满足

尽管这种三角功能在 Amalie X 治疗开始到结束的全过程起着持续的中心作用，随着治疗的进展，另一个有趣的处理梦的现象大约在治疗的中间阶段发展起来。Amalie X 不只是讲述她自己的梦，她越来越多地开始讲述别人的梦，比如男友的梦、妈妈的梦。还不止于此，她还在分析师面前分析这些梦。她对别人的梦进行了诠释，显然，她期待分析师支持她的解释。

在分析治疗的后半段，Amalie X 越来越多地让她的分析师将释梦治疗作为释梦的进修课程。这体现在释梦的三个指导原则上：

1.Amalie X 的目的并不是在合作性的对话中解释她的梦的内容；相反，她对释梦行为本身感兴趣。

2. 她的目标是想要学习和掌握释梦艺术，一门被她赋予了阳具品质的艺术。

3. 实现目标的方法是参与到分析师的分析艺术中，她将其视为阳具

1　在法兰克福桑德勒研讨会上，一名参会的听众反对说，将梦作为三角化元素是完全无法理解的，因为很显然梦是患者的而非任何第三方制造的东西。这个评论来自元心理学对梦的理解，而不是来自病人的体验和她在治疗中使用梦的方式。尽管被分析者在智力上明白梦是他们自己的产品而不是任何他人的东西，但这个个人化的精神产物——梦，对他们来说足够陌生，并把它当作来自外部世界的东西。事实上，那些稀奇古怪、光怪陆离的梦确实与做梦者有关，这就是为什么最终这一过程必须在精神分析释梦治疗中完成和解决，但它本身并不是给定的和从一开始就被假定的。

（有关此功能的详细解释，参见Mathys, 2010）。

这一发展（此处我们仅作简要描述）在最后一次分析时，即第517次分析时得出了合乎逻辑的结论。这个显梦故事和梦的起点不亚于Amalie X释梦能力的最高点：人们来到她身边，向她学习什么是释梦、如何释梦。

她在最后一次治疗中讲述的这个梦的重要性是决定性的。就在Amalie X说出这个梦之前，分析师提了一个问题，她从分析中获得了什么帮助。Amalie X紧接着讲述了一个"对人智学家的解释"的梦。基于这个顺序，分析师提出的她在分析中获得了什么帮助这个问题，可以从Amalie X的观点中得出结论性的答案：她在分析中学会了什么是解释。Amalie X将自己定位为一名自封的成功的（梦的）解释人，她不再需要更多的东西，也不会因为她获得的东西向他人表达任何形式的感激。在她的梦里，想要从她那里得到些什么的人朝圣般地来到她的门前，而她给了他们一些东西——这就是如何做解释的指导。有了这梦幻般的胜利，她不必害怕离开分析师，在本次治疗结束的时候，也是在她整个分析过程结束的时候，她可以对他说："现在，我必须走了。"[1]

结论：叙述梦具有多种交流功能

我要对从事释梦的分析师提出一个不同的接受态度。分析师必须弄清病人叙述梦的所有含义。这种策略是很有必要的。

1　这里的重点不是梦的潜在内容是什么，而是Amalie X如何使用它。在这里，她当然是从梦的显意形式开始的。

　　如果被分析者具有一种可识别的希望对梦进行解释的欲望，想与分析师一起从梦的内容中了解些什么，那么研究梦的内容就非常重要。这是经典的释梦工作，有很多种方式可用。

　　但是，正如由 Amalie X 所叙述的大多数的梦的情况一样，梦也有可能因为潜在的交流需求而被分析者所"部署"。此时，分析者的任务是找出分享梦的功能。因此，对具有交流功能的梦的分析审查了这样一个问题：当他或她在这个特殊的时间点上与我分享这个特殊的梦时，被分析者正在告诉我什么？

　　交流功能可有多种：

　　• 讲述梦的主要目的是"containment（控制）"，意思是，它是一种将难以消化的东西转移到外部的方法。根据 Deserno（2007）所说，我们可以假设在精神分析中"container-contained model（容器—容纳模式）"使用得最为频繁，但当"containment"作为"单－概念"使用时，意味着与其他方法没有任何联系（参见 Weiss, 2002）。

　　• 梦可以很好地说明移情倾向的存在（ Deserno, 1992; Ermann, 1998）。

　　• 当然，与分析师分享梦可以用来阻抗（ Freud, 1900; Moser, 2003）。

　　• 如果从被分析者和分析师之间关于梦的对话中可以发现特定的交互模式——就像本章示范案例那样，那将是一个非常有趣的现象。藉此现象并借助于规范的精神分析概念，我们可以看到，讲述梦可以用于愿望的满足。在本案例中，对拥有阳具特征的愿望是以具有释梦能力的方式表达的。

• 最后，分享梦境可以是一种构成三角关系的尝试，可以说是一种使用梦来迂回表达某些事情的机会（Mertens, 2005/2006）。

在 Amalie X 的案例中，后一个功能是核心，或许可以表达为："我指的是第三个例子，以便我能够讨论一个无法在直接的二元关系中提出的主题。我只能够通过提出我自己制作的东西来推动这个主题，但是现在，在讲述这个话题时，对我来说却是陌生的（这是最受欢迎的），我现在可以把这个问题放在这里，不管我把它视为我自己的问题还是与我毫不相干。"

就此而言，叙述梦是一种有趣的交流形式，对于被分析者来说，当他们不能用同样的方式或者根本无法提出当下的话题时，此种方式给了他们极大的自由度，因此也可能帮助他们将分析关系中二元形式扩展为三元形式并协调此种关系。

附件：转录符号

（*简化自 Drew & Heritage, 1992*）

符号	意义
P	患者（指定说话人）
A	分析师（指定说话人）
[	重叠话语的起点
]	重叠话语的终点
（2.4）	沉默的秒数
（.）	暂停时间少于 0.2 秒
（ ）	听不见的字

.hh	吸气
hh.	呼气
.	一句话结束时的语调
？	一句话结束时提高语调
，	一句话结束时的平调
（（ word ））	摘录者的评论
*171, *59, *95	人名代码

（王建玉翻译　李晓驷审校）

参考文献

Bartels, M. (1979). Ist der Traum eine Wunscherfüllung? *Psyche, 33*: 97–131.

Bergmann, M. S. (1966). The intrapsychic and communicative aspects of the dream: Their role in psychoanalysis and psychotherapy. *International Journal of Psychoanalysis, 47*: 356–363.

Boothe, B. (2006). Wie erzählt man einen Traum, diesen herrlichen Mist, wie porträtiert man seinen Analytiker? In: M. Wiegand, F. von Spreti & H. Förstl (Eds.), *Schlaf und Traum. Neurobiologie, Psychologie, Therapie* (pp. 159–169). Stuttgart, Germany: Schattauer.

Deppermann, A. (2001). *Gespräche analysieren*. Opladen, Germany: Leske & Budrich.

Deserno, H. (1992). Zum funktionalen Zusammenhang von Traum und Übertragung. *Psyche Zeitschrift für Psychoanalyse und ihre Anwendungen, 46*: 959–978.

Deserno, H. (2007): Traumdeutung in der gegenwärtigen psychoanalytischen Therapie. *Psyche Zeitschrift für Psychoanalyse und ihre Anwendungen, 61*: 913–942.

Drew, P. & Heritage, J. (1992). Analyzing talk at work: An introduction. In: P. Drew & J. Heritage (Eds.), *Talk at Work* (pp. 3–65). Cambridge, UK: Cambridge University Press.

Ermann, M. (1998). Träume erzählen und die Übertragung. *Forum der Psychoanalyse, 14*: 95–110.

Ferenczi, S. (1913). *To Whom Does One Relate One's Dreams? Further Contributions to the Theory and Technique of Psycho-analysis.* London: Hogarth.

Freud, S. (1900). Die Traumdeutung. *Gesammelte Werke: Vol. 2/3.* Frankfurt, Germany: Fischer.

Freud, S. (1916/1917). Vorlesungen zur Einführung in die Psychoanalyse. *Gesammelte Werke: Vol. 11* (pp. 79–234). Frankfurt, Germany: Fischer.

Grieser, J. (2003). Von der Triade zum triangulären Raum. *Forum der Psychoanalyse, 19*: 1–17.

Kächele, H., Albani, C., Buchheim, A., Grünzig, H.-J., Hölzer, M., Hohage, R., Jiménez, J. P., Leuzinger-Bohleber, M., Mergenthaler, E., Neudert-Dreyer, L., Pokorny, D. & Thomä, H. (2006). Psychoanalytische Einzelfallforschung: Ein deutscher Musterfall Amalie X. *Psyche, 60*: 387–425.

Kanzer, M. (1955). The communicative function of the dream. *International Journal of Psychoanalysis, 36*: 260–266.

Klauber, J. (1969). Über die Bedeutung des Berichtens von Träumen in der Psychoanalyse. *Psyche, 46*: 280–294.

Mathys, H. (2010). *Wozu werden Träume erzählt? Interaktive und kommunikative Funktionen von Traummitteilungen in der psychoanalytischen Therapie.* Giessen, Germany: Psychosozial.

Mertens, W. (2005/2006). Anmerkungen zu Fritz Morgenthalers Buch *Der Traum. Journal für Psychoanalyse, 45/46*: 31–51.

Morgenthaler, F. (1986). *Der Traum: Fragmente zur Theorie und Technik der Traumdeutung.* Frankfurt, Germany: Campus.

Moser, U. (2003). Traumtheorien und Traumkultur in der psychoanalytischen Praxis (Teil 1). *Psyche, 57*: 639–657.

Peräkylä, A. (2004). Making links in psychoanalytic interpretations: A conversation analytical perspective. *Psychotherapy Research, 14*(3): 289–307.

Streeck, U. (2004). *Auf den ersten Blick. Psychotherapeutische Beziehungen unter dem Mikroskop.* Stuttgart, Germany: Klett-Cotta.

Weiss, H. (2002). Reporting a dream accompanying an enactment in the transference situation. *International Journal of Psychoanalysis, 83*: 633–645.

第十三章
ADHD——一种疾病还是创伤的症状指标？来自法兰克福西格蒙德·弗洛伊德研究所对多动儿童的治疗对比研究中的个案研究

Katrin Luise Laezer, Birgit Gaertner, Emil Branik

在过去十五年中，在精神分析领域里涉及注意缺陷多动障碍（attention deficit hyperactivity disorder, ADHD）的临床和理论性的文献数量快速增多。但在过去很长一段时间里，诊断为 ADHD 的儿童患者快速增多这种现象却被否认，这部分知识在科学和日常科学的论述中也很有限。在对 ADHD 病因学上的考虑也仅局限于基因和神经化学因素（参见 Hopf, 2000, p. 279）。即使在儿童精神分析和心理治疗领域，对存有注意缺陷和多动儿童的心理动力学治疗也被视为一种禁忌，只有儿童精神科医生可以治疗这种疾病。

同时，对不断增多且经常是不加鉴别地做出"ADHD"的诊断以及频繁的药物干预的批评和警告不仅出现在公众的对话中，也出现在科学团体的学术交流中。在过去十年中，许多精神分析师已经改变了他们对 ADHD 概念的看法，他们尝试将这种诊断的儿童理解为患有神经症性障碍的患者，从而对他们进行心理治疗。他们不再否认注意缺陷多动性疾病充其量只是描述性的诊断，注意缺陷的多动归类于和隐藏于多种心理障碍，部分是严重心理障碍之中。因此，在过去几年中，出现了许多关于注意缺陷多动综合征的个体临床研究和理论概念的更新（如德国的研究有：Borowski et al., 2010; Bovensiepen, Hopf & Molitor, 2004; Dammasch, 2009; Heinemann & Hopf, 2006; Leuzinger-Bohleber, Brandl & Hüther, 2006; Leuzinger-Bohleber et al., 2011; Neraal & Wildermuth, 2008; Staufenberg, 2011; Warrlich & Reinke, 2007）。以注意缺陷多动障碍为特征的症状的发展变异显著："……我们在所谓的 ADHD 儿童中观察到许多不同水平的心理结构"（Leuzinger-Bohleber, Brandl & Hüther, 2006, p. 27）。

因此，对注意缺陷多动综合征的心理动力学的理解可能有助于发现这些儿童特殊心理发育史（Leuzinger-Bohleber, 2010）。以下案例研究说明了 ADHD 多种病因中的一个（但却是非常重要的一个）的重要性：早期累积性（丧失）创伤的病理性效应，这些创伤最终导致的行为最后被诊断为 ADHD，且这些症状通常是经过多年的"无声无息"的发展才被发现。在介绍这个男孩（我们称他为"Anton"）的个人成长史时，我们特别重点关注的是连续累积性的创伤性压力，并仔细描述了这名儿童与环境之间的交互作用。我们相信在依然逐渐增多的被诊断患有所谓注意缺陷多动综合征的儿童中，Anton 绝不是一个个案。到目前为止，"法兰克福疗效研究"已经对 50 名被诊断患有 ADHD 和对立违抗性障碍（ODD）的儿童的个人成长史提供了不同的见解。令人震惊的是这些孩子中很多人都经历过高强度的心理和社会心理困扰。其中相当多的孩子曾遭受了严格意义上的创伤，如无法预料的、极端危险的事件，包括家庭内部和外部的事件，这使得儿童的自我（ego）暴露于无法忍受的焦虑和痛苦之中。

在呈现 Anton 的案例之前，我们想简要概述一下目前关于 ADHD 与创伤之间关系的研究现状以及"法兰克福疗效研究"的研究背景。

ADHD 和创伤

最近，《婴儿、儿童和青少年心理治疗杂志》出版了一期关于"注意缺陷多动障碍：认知、神经心理学和心理治疗中的心理动力学理论视角的整合"的特刊。

在这里面，Kate Szymanski，Linda Sapanski 和 Francine Conway 总结道："越来越多的研究已经开始探讨童年期创伤经历与注意缺陷多动障碍（ADHD）之间的关系。（Cuffe, McCullough & Pumariega, 1994; Daud & Rydelius, 2009; Famularo, Fenton, Kinscherff & Augustyn, 1996; Ford, Rascusin, Daviss, Fleisher & Thomas, 2000; Husain, Allwood & Bell, 2008; Lipschitz, Morgan & Southwick, 2002; McLeer et al., 1998）"（2011, p. 51）。

Szymanski 等人（2011）在他们的综述中探讨了创伤是否是 ADHD 的危险因素以及 ADHD 是否可被视为创伤的掩盖症状的问题。在一项知名的随访研究里，研究对象是在出生后 43 个月之前就被抛弃的罗马尼亚孤儿，Stevens 等人（2008）发现这些孩子不仅发展出与 ADHD 相关的注意力不集中和多动症状，而且这些症状与依恋的缺失和品行问题有关（Szymanski, Sapanski & Conway, 2011, p53）。Szymanski 等人也参考了 Famularo, Fenton, Kinscherff 和 Augustyn（1996）的研究，这个研究显示近三分之一的遭受过严重虐待的儿童符合 ADHD 诊断标准。另一项研究（Ford et al., 2000）证明了慢性创伤和破坏性行为障碍之间的关系。在这项研究中，被诊断患有 ADHD 和对立违抗性障碍（ODD）的儿童既往遭受创伤的风险较高（Szymanski, Sapanski & Conway, 2011, p53）。

Szymanski 和他的同事们认为创伤是 ADHD 的危险因素之一，声称暴露于创伤中会严重影响儿童调节情感的能力。经历过创伤的儿童"容易被轻易压垮，对轻微的压力反应过度，难以自我安抚，对中性刺激做出过度强烈的反应，并且难以调节他们的愤怒"（Szymanski, Sapanski & Conway, 2011, p.53）。所有这些症状都与 DSM-IV-TR 中创伤后应激障碍（PTSD）的诊断标准相关。因此他们认为，临床医生可能会在甚至都没有去了解患者可能存在创伤经历的情况下，将某些症状（如关于情绪调节，行为调节，压力忍受，情绪不稳，攻击性，抑郁和焦虑的问题）误判为 ADHD 的症状（Szymanski, Sapanski & Conway, 2011, p54）。

Conway, Oster 和 Szymanski（2011）的研究使用了他们为研究而开发的"住院儿童和青少年创伤与精神病理学（hospitalised child and adolescent trauma and psychopathology, HCATP）调查问卷"，回顾了 87 名住院儿童的病历。研究人员提出，儿童期长期慢性的不良经历（也称为复合性创伤）在 ADHD 症状学中是不可否认的，因为它与在心智化缺陷的儿童中普遍存在的行为密切相关（Conway, Oster & Szymanski, p.61）。数据分析显示，与非 ADHD 儿童相比，诊断为 ADHD 的儿童在早期生活中经历了更多的不安全性依恋和环境性复合性创伤事件，包括被收养、寄养、虐待、罹患急性冠脉综合征（ACS involvement）以及他们的母亲、父亲或照料人死亡（Conway, Oster & Szymanski, p.65）。此外，大多数 ADHD 儿童生活在长期紧张的环境中，他们目睹了家中的暴力或父母滥用药物（Conway, Oster & Szymanski, p65）。因此，这项研究提供了实证性的证据："在 ADHD 儿童中更容易发现环境压力因素和依恋关系的紊乱"（Conway, Oster & Szymanski, 2011, p.67）。

来自法兰克福预防研究（Frankfurt Prevention Study, FPS）中心的 Leuzinger-Bohleber 等人（2011）采用精神分析的视角观察每个儿童特有的心理和社会心理状况，根据其大量和广泛的个案观察以及 500 名来自干预组的儿童的原始样本的统计数据，将诊断为 ADHD 的儿童分为 7 个亚组，其中一个亚组被定义为"ADHD 和创伤组"（Leuzinger-Bohleber et al., 2011, p40）。

在我们的"法兰克福疗效研究"中，我们也发现了一些存有早年创伤经历并发展出 ADHD 症状的儿童（参见 Leuzinger-Bohleber, 2010）。因此，我们将简要介绍这项正在进行的研究。

法兰克福注意缺陷多动障碍（ADHD）和对立违抗障碍（ODD）疗效研究（2006 年开始，正在进行中）[1]

在 2003 年至 2006 年间，西格蒙德·弗洛伊德研究所与儿童青少年精神分析治疗研究所合作开展了法兰克福预防研究。FPS 显示在幼儿园中为期两年的精神分析（非精神药理）预防和干预计划会使 ADHD 症状（如攻击、焦虑和冲动行为）出现有统计学意义的减少（Leuzinger-Bohleber et al., 2010, 2011）。

在认识到 FPS 中的精神分析治疗能给 ADHD 儿童带来益处之后，以及有了与法兰克福儿童分析师们合作进行更深入研究的机会，法兰克福 ADHD 和 ODD 疗效研究于 2006 年开始启动。该研究调查了对 ADHD 和

1　我们非常荣幸能够和法兰克福儿童青少年精神分析治疗研究所以及各位在个体诊所工作的儿童精神分析师进行富有成效的合作；此外还要感谢以下单位：法兰克福约翰—沃尔夫冈歌德大学儿童和青少年精神病学系、汉堡艾斯克莱皮奥斯医院儿童青少年精神病学门诊部、法兰克福应用科学大学。

ODD 儿童进行精神分析治疗和行为 / 药物治疗以及一般常规治疗（treatment as usual, TAU）的不同效果。该研究使用自然控制设计并结合定量和定性方法，目的在于解决不同亚组的 ADHD 和 ODD 儿童是否能从精神分析治疗，或行为 / 药物治疗，或常规治疗中获益的问题。

方法

研究被试

6 至 11 岁的儿童，符合 ICD-10 中的 ADHD 的诊断标准（F90.1 与品行障碍相关的运动障碍；F90.0 活动和注意紊乱）或 ODD 的诊断标准（F91.3 对立违抗性障碍），并且采用"儿童青少年精神障碍诊断系统（DISYPS-KP）"（Döpfner & Lehmkuhl, 2003）通过家长访谈和教师报告确定。

不同治疗组的确定

符合 ICD-10 中 ADHD 或 ODD 诊断标准的儿童根据他们的第一次接触，分配于干预组（a. 精神分析治疗组）或某个对照组 [b. 行为 / 药物治疗组；c. 一般常规治疗（TAU）组；d. 未经治疗的对照组]。例如，如果父母带孩子首先咨询精神分析师或到精神分析门诊就诊，则孩子将会分配到精神分析治疗组。

治疗组

a. 精神分析治疗组。根据精神分析治疗手册（Staufenberg, 2011），精神分析师进行个体治疗。通常，采用精神分析治疗的儿童每周两次会见治疗师，平均持续两年。父母每两周一次会见治疗师。

b. 行为／药物治疗组。行为／药物治疗组内的儿童或者参加为期六周的注意力集中训练项目（Krowatschek, Albrecht & Krowatschek, 1990），每周一次会面，每次两个小时，同时伴随家长培训计划；或者参加在医院进行的为期两周、每天早上 8 点到晚上 7 点的反攻击训练项目（反攻击训练：Grasmann & Stadler，2008）。行为／药物治疗组的儿童入组时需由精神科医生检查和诊断，需要时给予相应的药物治疗。

c. 一般常规治疗（TAU）组。这种治疗是指低频的儿童精神科治疗，包括家长咨询和可选药物治疗、运动疗法、社会培训和家长管理培训。

d. 未经治疗对照组。未治疗对照组选自"法兰克福预防研究"的未治疗对照组。

研究过程

精神分析治疗组内的参与者均是在完成与分析师的评估后筛选而出，孩子和家长会被邀请到西格蒙德·弗洛伊德研究所进行进一步评估。因此，每个符合ADHD或ODD标准的儿童都被招募接受精神分析治疗。对于行为／药物治疗组招募采用相同的程序并接受标准治疗。每个家庭的父母和孩子都需要被邀请到西格蒙德·弗洛伊德研究所进行三次评估：测试前、测试后和完成治疗一年后的随访测试。此外，还要求父母、孩子和教师每半年填写一次问卷。

测试方法

· **儿童青少年精神障碍诊断系统**（Doepfner & Lehmkuhl, 2003）。
DISYPS-KP 由不同类型的测试组成：父母问卷（可用作结构化父母访
谈）、教师问卷和自我报告问卷（适用于 11 至 18 岁的儿童）。临床
评估由临床医生和心理专业人员使用 DISYPS-KP 检查表对 ADHD 和 ODD
儿童进行检查，检查内容与 DSM-IV 和 ICD-10 中的相关症状有关。

· **康奈氏教师评定量表**（Conners teacher rating scale, CTRS-S。
Conners, 2001）。CTRS-S 包括四个分量表：多动、注意力缺陷、行
为问题和 ADHD 指数。

· **康奈氏父母评定量表**（Conners parent rating scale, CPRS-S。
Conners, 2001）。CPRS-S 包括相同的四个分量表：多动、注意力缺陷、
行为问题和 ADHD 指数。

· **儿童行为检查表**（Child behaviour checklist）和**教师报告表**
（teacher report form）（Achenbach, 1991, Arbeitsgruppe Deutsche
Child Behavior Checklist, 1998），用于评估儿童的合并症。

· **文化公平测试**（Culture fair test, CFT-20R：Weiss, 2008）。在
寻求兼顾"文化公平"的智力测试时，我们将这种智商测试用于我
们的研究中通常来自具有移民背景的家庭的儿童。

· **通过"检查期间行为"观察问卷**（behaviour during examination,
VWU：Doepfner, Schurmann & Froelich, 1998）记录孩子在检查期间
的行为。

· 使用 **"d2 注意力测试"**（d2 test of attention, Brickenkamp &
Zillmer, 1998），我们获得了一致且有效的关于视觉扫描精度和速

度的测量结果。

· **小猪—黑脚测试**（Schweinchen-Schwarzfuss Test）是一种用于儿童的经过精神分析证明的投射测量工具。这个叙事故事主干测试包括17张带有以黑色小脚的小猪作为主角的黑白图画的卡片（Corman，2006）。测试进行录音和转录，允许研究人员考虑孩子的内在心理状态和幻想。

· **评估儿童和青少年生活质量的调查表**（ILK：Mattejat & Remschmidt，2006）由儿童以及父母和治疗师完成。ILK评估了七个不同的生活领域，如学校、家庭和友谊，并可以比较不同领域的特点。

· 初始数据包括行为调查问卷，提供有关生命最初几年的情况、个人疾病史、创伤经历和家族史的信息（Englert，Jungmann，Lam，Wienand & Poustka，1998）。

在这个大型实证结果研究的框架中，我们通过定性精神分析研究方法记录和分析"ADHD儿童"的精神分析治疗。案例材料经过仔细记录。治疗的要点和对移情/反移情反应的解释，治疗性的设置等通过专家验证方法进行了讨论（参见 Leuzinger-Bohleber，本卷第四章）。下文的案例研究是临床研究小组经这种细致且非常耗时的专家验证的结果，该案例研究可以说明我们是如何尝试将临床和非临床的精神分析研究相结合的方法应用于该项目中以及西格蒙德·弗洛伊德研究所正在进行的其他干预和预防研究。

个案研究: Anton

　　当 Anton 出生在东欧最贫穷国家之一的一个小镇上时, 他父母的关系已经破裂, 他的父亲是国家军队的一名年轻士兵, 在 Anton 的母亲怀孕第五个月时他离开了当时 20 岁的 Anton 的母亲。他的母亲遭受了强烈的被抛弃的经历, 她和孩子的父亲在此之前已经在她的父母的家里住了四年。堕胎已经太晚了, 从那时起, 怀孕就被矛盾、哀伤、羞耻和绝望所笼罩。经过长程和复杂的生产之后, 母亲和孩子获得了一定的产后救济, Anton 被母乳喂养了五个月, 母亲报告说, 她对孩子的照料没有任何问题。然而, 她是社会学意义里的一个未婚单身母亲, 也是一个被遗弃的女人。甚至接受她和孩子继续在家生活的父母, 也拒绝给予她任何帮助, 并且不支持她和她的孩子。

　　在接下来的四年里, 母亲与孩子形成了不可分割的像伴侣一样的关系, Anton 控制了他的母亲, 她无法像一名成年人一样作为。2 岁时 Anton 开始上托儿所, 他的母亲继续学习。然而, 这个男孩仍然和她在同一个房间里睡觉, 并且在很多方面他都是继续占上风。例如, 他坚持每次上厕所都要求母亲陪伴他（这种与以厕所仪式的方式寻求与母亲亲密接触的强迫行为一直持续到他 9 岁）。该研究小组得出的结论是, 母亲和儿子在前四年几乎是一种独特的二元关系, 生活在对抗和充满敌意的环境中, 就好像只有两个人在岛上一样。但是, 也付出了代际边界丧失的代价, 以及缺失了三角关系。尽管在 Anton 的幻想中父亲扮演了一个理想化和危险的阴茎符号（作为一名参战的武装士兵）, 但他却从未与父亲接触过。

　　年轻的母亲无法克服自恋的伤害, 并逐渐意识到在其祖国工作下去毫无前景。当 Anton 4 岁，自己 24 岁时，她将孩子丢给父母只身来到德国，在没有任何德语知识的情况下幸存下来。她先后做了女仆、收银员和销售助理的工作。Anton 被遗弃于身后，好像从来没有存在过。在精神分析治疗中，他的丧失创伤就像一条红线贯穿治疗始终，并以自闭和恐惧状态表达出来。在母亲离开后，Anton 转向了他的祖母，变得与她非常亲近。他不仅睡在祖母的房间里，还睡在她的床上。在接下来的四年里，祖父搬出自己的卧室。这个男孩继续在他的祖母旁边占据这个位置，即使在他母亲偶尔回来的期间也是这样。之后，儿童治疗师会在她的报告中将此表述如下：对于患者来说，依赖母亲似乎风险太大，她已经表现出太不可靠了。在祖母身边，他与其他孩子的关系，以及他与村里动物（马和狗）的关系起了重要的作用，对男孩来说是一个重要的安慰因素。

进入学校后，他的心理状况进一步恶化。这个 7 岁男孩常常被戏弄，因为他不能证明他有父亲或母亲。他的自恋情绪、被父母双方抛弃，逐渐发展成为被孤立。在那时候，这个男孩第一次成了一个问题孩子。他无法集中注意力，理解力也很差。母亲这时由于孩子的成长深感不安，并且受到强烈的内疚感的驱使，从而自发决定在 Anton 上学的第二年将他带到德国。突然的变化重新激起了丧失的创伤性感受，如同被连根拔起再异地栽种。Anton 不仅失去了他的祖母，还失去了他信赖的家园、通用的语言以及他的动物。他感到被疏远，被孤立，并以一种全新的方式被完全排除在外。他对新生活的反应受到了困扰，他发展出大量的心理症状，特别是手淫，刻板动作，如身体摆动和摇晃。此外，他患有思乡病和恐惧症，特别害怕孤独和黑暗。在第一次咨询中，母亲报告说他经常感到悲伤和沮丧，并且因许多心身症状（呕吐、腹泻、胃痛）而接受治疗。在学校，他显然不安，缺乏兴趣，并表现出无法集中注意力。

他经常骚扰同学，乱讲话，且常无视规则。这些行为符合所谓的"社会行为过度活跃障碍（hyper kinetic disturbance of social behaviour）"（ICD-10）的诊断标准。学校里善解人意的老师不仅注意到了这个男孩的外在表现，还在老师的调查问卷中评论道："Anton似乎焦躁不安，有时非常紧张，也很悲伤。"

　　在家里，母子之间发生了恶性循环，一方面是由于疏忽了必要的界限；另一方面是来自看似受创的母亲的内疚感。她抱怨他的控制欲："当Anton没有能按照他自己的意愿行事时，他就会把自己关在外面。"然而，权力斗争可能掩盖了受挫的孩子的对他自己退行的愿望进行抵抗所付出的努力。入睡时，9岁的Anton吮吸拇指，并继续以常用的伎俩要求与母亲一起去厕所，这看起来像固着于前俄狄浦斯期水平，就像之前与她共生一样。他对战争游戏的顽固迷恋必须被理解为一种复杂的决心。一方面，它指向了男孩对事实上无所不能的母亲的巨大愤怒，同时他也意识到这是一种危险的冲动，因为母亲是唯一一个可以接近的人，所以他必须同时进行分裂和争取两种举动。但是，另一方面，在Anton内心，几乎是以一种强迫的方式，被他幻想中的父亲所占据，他不断地将其父称为战争英雄，具有阴茎和危险的品质。后来，在治疗中，他承认他希望再见到他父亲，但与此同时，他也害怕他："……即使我们见面了，如果父亲不认识我并意外地射杀了我怎么办？"（摘自治疗师的报告）。母亲经常会帮孩子剃头，因此无意识地在她儿子身上创造了一个像军人一样的人物，作为那位已经失去的孩子父亲的替代品。

　　尽管多年来这个8岁男孩的心理困扰一直很明显，而且仅仅是他在学校的表现就已经符合多动症的特征，然而"这个多动孩子发出的愤怒信息"（参见 Neraal & Wildermuth, 2005）却一直未有回应。对于我们研究中检查的许多儿童，只有当来自学校、父母、托儿所或儿科医生提供了怀疑是 ADHD 的程式化陈述后才会有进行救助和启动干预（不同种类）的理由。

在这个男孩的案例中，他的母亲用了将近一年的时间，才能够回应她孩子明显的痛苦。只有当母亲在德国遇到比自己大十九岁的男人，并随后很快嫁给他，她才能脱离她的单身未婚母亲的社会身份。直到现在，她自己的内疚感和对 Anton 的担忧才能使她接受儿科医生的建议，并寻求心理治疗方面的帮助。

精神分析治疗

在最初的会谈中，就已经有证据表明母子之间存在紧张关系。治疗师报告说："这个男孩看起来好像不属于这位母亲……"当孩子有一次独自一人与治疗师会面时，她报告说这个男孩陷入一种自闭症样的凝视，来掩盖觉得妈妈可能不会回来了的内心恐惧。当治疗师成功地让男孩有机会谈论他对分离的恐惧时，他活跃起来，并开始不情愿地描述他的祖国、祖母，以及生活在那里的动物。在第一次会谈结束时，当母亲想要与治疗师约定再次会面时，男孩故意试图瞥一眼她（治疗师）的记录。他这种非常自我中心的方式给人的印象是，他也应该得到她的记录，而且通过这个侵入性的场景，他让我们看到了他的内心世界，客体间没有任何边界。

Anton 属于那些在我们研究中能非常成功地在治疗设置中识别并修通他们的冲突的孩子。这里不打算详细重建治疗过程，而需要讨论一个非常重要的中心发展线路，因为它在后来的治疗过程中变得非常重要：分离和三角化。

　　治疗开始两年后，社交行为多动障碍的症状几乎消失了。即使在能导致他感受到极大冲突（仇恨、竞争、嫉妒、分离焦虑）的新的家庭环境中（包括一个额外的孩子），这个现已 10 岁的男孩仍然有一种解脱感，因为出现了三角化的机会——必要的继父的形象，以及与母亲分离的可能性。

　　此前，通过多次的治疗，渐渐明显表明，他不仅十分想念他的亲生父亲，而且对他父亲也有害怕和像对英雄般的敬仰。此外，男孩内心潜意识里对母亲的认同得以被完整地理解和修通，而且 Anton 也能部分地缓解他最初的状况：在学校大声吵闹——这导致他首先被诊断为多动综合征，以及他自己都不知道其实过度沉迷的指向父亲的战争性游戏，是因为他需要借助它来保持父亲的鲜活，同时也通过这个症状来表达对忘记来自哪里的抗议。

　　Anton 此后可以留长发了（对母亲抗议的反抗），从而克服了他对失去的父亲的潜意识认同。当恐惧和抑郁的负担逐渐减轻，前几年的发展停滞开始消失，男孩第一次能够在学业和体育方面取得积极进展，他的自我功能开始展开。

　　现在，Anton 最终可以成功地保护自己，不再因他的母亲仍然偏爱平头而总是剃短发，而是可以任由头发生长，通过这种方式，他既在外部改变了军人般的外表，也在内部改变了对失去的父亲潜意识的认同。尤其是，他用改变了的面貌使自己摆脱了母爱所赋予的哀伤功能，并强化了属于自己的渴望。

　　最终，那些不确定性、焦虑和抑郁的沉重负担逐渐减轻，早期发育停滞状态消失，同时他的社交范围扩大了，并由此第一次收获了自信。

如果没有母亲（以及继父）的陪伴性的心理治疗，这种全面的积极改变无疑是不可能的。在疗效研究中，我们发现这些经验表明，这些儿童的家庭与治疗师之间的接触所产生的抱持功能对于儿童治疗的预后至关重要。在每周两次的会谈中，Anton 的母亲能够理解并意识到她对自己儿子的深深内疚感。渐渐地，她能向治疗师敞开心扉，理解了她自己遭受的伤害与对孩子在发育过程中所施加的创伤性干预之间的关系。只有在这一前提下，才能在母子关系中发展出一个心理空间，才能克服对共生的固着，能够接受与客体的分离而不会因此唤起令人窒息的焦虑。在她的儿子的精神分析治疗结束并开始一个新的家庭时，母亲看到了她自身的丧失焦虑和她未解决的既往经历又回来了，这导致她决定开始自己的精神分析治疗。在 Anton 的治疗完成一年后的随访中，她确信她的儿子从精神分析治疗中受益匪浅。Anton 变得更加平静，现在可以表达自己的感受，并对与朋友的关系感到更加自信。更重要的是，她现在可以承认，这对她自己和她的丈夫来说是一个挑战，而她作为母亲已经学会了更好地理解自己并接受自己的内疚，这显著改善了她与孩子的关系。

结论

通过这个个案研究，我们想要说明童年期累积性的创伤如何导致情感退缩、"情感驱动的应急反应（emotionally-driven emergency responses）" [Kugele, 1998, p.60（翻译的此版本）] 以及严重干扰儿童与环境之间的情感交流。所有这些都可能被误解为遗传或神经生物学导致如 ADHD 诊断中的注意力缺陷。精神分析作者经常提到这种"早期病理性冲突，例如未解决的客体丧失……"与多动综合征的发展之间的关系，

并描述了如何由于"对分离的拒绝，使得象征化的能力受损，继而也会
导致出现幻想体验的瘫痪。如果是这样的话，世界就不再具有足够的象
征意义了，因此注意力的损害可能就会发展出来"［Hopf, 2000, p.279（翻
译的此版本）］。

　　然而，关于 ADHD 的经验性知识与从临床经验中获得的知识之间的
紧张关系依然存在（Conway, Oster & Szymanski, 2011; Eresund, 2007）。
我们同意 Salomonsson（2011）的观点，即精神分析"可能有两种方式对
ADHD 治疗有所贡献。它可以通过帮助孩子在情感上成长来补充标准治
疗，也可以增加我们对这些孩子内心世界的理解"（p.89）。根据前面提
到的文献综述和实证研究结果，当我们谈论 ADHD 时，创伤性个人成长
因素及其对内部世界和对这些儿童的情感脆弱性的影响，以及社会和文
化因素等应该像神经生物学和脑研究一样被重视。（Leuzinger-Bohleber
et al., 2011, p.43）。

　　法兰克福ADHD和ODD疗效研究可能不仅提供了解决注意缺陷多动
障碍的特定心理动力学病因的适当方法，这项研究还显示出与其他治疗
方法相比，精神分析治疗可以为具有严重负担的儿童和他们的父母提供
心理发展的可能性和益处。

（耿峰翻译　李晓驷审校）

参考文献

Achenbach, T. M. (1991). *Integrative Guide to the 1991 CBCL/4–18, YSR, and TRF Profiles.*
Burlington, VT: University of Vermont, Department of Psychology.

Arbeitsgruppe Deutsche Child Behavior Checklist (1998). *Elternfragebogen über das Verhalten von Kindern und Jugendlichen; deutsche Bearbeitung der Child Behavior Checklist (CBCL/4–18). Einführung und Anleitung zur Handauswertung. 2. Auflage mit deutschen Normen, bearbeitet von M. Döpfner, J. Plück, S. Bölte, K. Lenz, P. Melchers & K. Heim.* Cologne, Germany: Arbeitsgruppe Kinder-, Jugend- und Familiendiagnostik.

Borowski, D., Bovensiepen, G., Dammasch, F., Hopf, H., Stauffenberg, H. & Streeck-Fischer, A. (2010). Leitlinie zur Aufmerksamkeits- und Hyperaktivitätsstörungen. *Analytische Kinder- und Jugendlichenpsychotherapie, 146*: 238–253.

Bovensiepen, G., Hopf, H. & Molitor, G. (Eds.) (2004). *Unruhige und unaufmerksame Kinder. Psychoanalyse des hyperkinetischen Syndroms.* Frankfurt, Germany: Brandes & Apsel.

Brickenkamp, R. & Zillmer, E. (1998). *The d2 test of attention.* Seattle, WA: Hogrefe & Huber.

Conners, C. K. (2001). *Conners' Rating Scales—Revised. Technical Manual. Instruments for Use with Children and Adolescents.* New York: Multi-Health Systems.

Conway, F., Oster, M. & Szymanski, K. (2011). ADHD and complex trauma: A descriptive study of hospitalized children in an urban psychiatric hospital. *Journal of Infant, Child, and Adolescent Psychotherapy, 10*: 50–72.

Corman, L. (2006). *Der Schwarzfuß-Test. Grundlagen, Durchführung, Deutung und Auswertung.* Basle, Switzerland: Ernst Reinhardt.

Cuffe, S. P., McCullough, E. L. & Pumariega, A. J. (1994). Comorbidity of attention deficit hyperactivity disorder and post-traumatic stress disorder. *Journal of Child and Family Studies, 3*: 327–336.

Dammasch, F. (2009). Der umklammerte Junge, die frühe Fremdheitserfahrung und der abwesende Vater. *Kinderanalyse, 17*: 313–334.

Daud, A. & Rydelius, P.-A. (2009). Comorbidity/overlapping between ADHD and PTSD in relation to IQ among children to traumatized/non-traumatized parents. *Journal of Attention Disorder, 13*: 188–198.

Doepfner, M. & Lehmkuhl, G. (2003). *Diagnostik-System für psychische Störungen im Kindes-und Jugendalter nach ICD-10 und DSM-IV (DISYPS-KP)*. Berne, Switzerland: Hans Huber, Hogrefe.

Doepfner, M., Schurmann, S. & Froelich, J. (1998). *Therapieprogramm für Kinder mit hyperkinetischem und oppositionellem Problemverhalten THOP: Materialien für die klinische Praxis*. Weinheim, Germany: Beltz.

Englert, E., Jungmann, J., Lam, L., Wienand, F. & Poustka, F. (1998). *Basisdokumentation Kinder- und Jugendpsychiatrie (BADO)*. Kommission Qualitätssicherung DGKJP/BAG/BKJPP.

Eresund, P. (2007). Psychodynamic psychotherapy for children with disruptive disorders. *Journal of Child Psychotherapy, 33*: 161–180.

Famularo, R., Fenton, T., Kinscherff, R. & Augustyn, M. (1996). Psychiatric comorbidity in childhood post traumatic stress disorder. *Child Abuse & Neglect, 20*: 953–961.

Ford, J. D., Rascusin, C. G. E., Daviss, J. R., Fleisher, A. & Thomas, J. (2000). Child maltreatment, other trauma exposure, and posttraumatic symptomatology among children with oppositonal defiant and attention deficit hyperactivity disorders. *Child Maltreatment, 5*: 205–217.

Grasmann, D. & Stadler, C. (2008). *Verhaltenstherapeutisches Intensivtraining zur Reduktion von Aggression. Multimodales Programm für Kinder, Jugendliche und Eltern*. Vienna: Springer.

Heinemann, E. & Hopf, H. (2006). *AD(H)S—Symptome, Psychodynamik, Fallbeispiele—psychoanalytische Theorie und Therapie*. Stuttgart, Germany: Kohlhammer.

Hopf, H. (2000). Zur Psychoanalyse des hyperkinetischen Syndroms. *Analytische Kinder-und Jugendlichen Psychotherapie, 107*(3): 279–307.

Husain, S. A., Allwood, M. A. & Bell, D. J. (2008). The relationship between PTSD symptoms and attention problems in children exposed to the Bosnian War. *Journal of Emotional and Behavioral Disorders, 16*: 52–62.

Krowatschek, D., Albrecht, S. & Krowatschek, G. (2004). *Marburger Konzentrationstraining (MTK) für Schulkinder*. Dortmund, Germany: Modernes Lernen.

Kugele, D. (1998). Affektive Verarbeitungsmöglichkeiten traumatisierter Kinder. *Analytische Kinder- und Jugendlichen Psychotherapie, 29*(1): 57–69.

Leuzinger-Bohleber, M. (2010). Early affect regulations and its disturbances: Approaching ADHD in a psychoanalysis with a child and an adult. In: M. Leuzinger-Bohleber, J. Canestri & M. Target (Eds.), *Early Development and Its Disturbances: Clinical, Conceptual and Empirical Research on ADHD and Other Psychopathologies and Its Epistemological Reflections* (pp. 185–206). London: Karnac.

Leuzinger-Bohleber, M., Brandl, Y. & Hüther, G. (Eds.) (2006). *ADHS—Frühprävention statt Medikalisierung: Theorie, Forschung, Kontroversen*. Göttingen, Germany: Vandenhoeck & Ruprecht.

Leuzinger-Bohleber, M., Laezer, K. L., Pfenning-Meerkoetter, N., Fischmann, T., Wolff, A. & Green, J. (2011). Psychoanalytic treatment of ADHD children in the frame of two extraclinical studies: the Frankfurt preventions study and the EVA study. *Journal of Infant, Child, and Adolescent Psychotherapy, 10*: 32–50.

Lipschitz, D. S., Morgan, C. A. & Southwick, S. M. (2002). Neurobiological disturbances in youth with childhood trauma and in youth with conduct disorder. *Journal of Aggression, Maltreatment & Trauma, 6*: 149–174.

Mattejat, F. & Remschmidt, H. (2006). *Inventar zur Erfassung der Lebensqualität bei Kindern und Jugendlichen (ILK)*. *Ratingbogen für Kinder, Jugendliche und Eltern*. Berne, Switzerland: Hans Huber, Hogrefe.

McLeer, S. V., Dixon, J. F., Henry, D., Ruggiero, K., Escovitz, K., Niedda, T. & Scholle, R. (1998). Psychopathology in non-clinically referred sexually abused children. *Journal of the American Acadamy of Child & Adolescent Psychiatry, 37*: 1326–1333.

Neraal, T. & Wildermuth, M. (Eds.) (2008). *ADHS—Symptome verstehen—Beziehungen verändern*. Giessen, Germany: Psychosozial.

Salomonsson, B. (2011). Psychoanalytic conceptualizations of the internal object in an ADHD child. *Journal of Infant, Child, and Adolescent Psychotherapy, 10*: 87–102.

Staufenberg, A. (2011). *Zur Psychoanalyse der ADHS. Manual und Katamnese*. Frankfurt, Germany: Brandes & Apsel.

Stevens, S. E., Sonuga-Barke, E. J., Kreppner, J. M., Beckett, C., Castle, J., Colvert, E., Groothues, C., Hawkins, A. & Rutter, M. (2008). Inattention/overactivity following early severe institutional deprivation: Presentation and associations in early adolescence. *Journal of Abnormal Child Psychology: Official publication of the International Society for Research in Child and Adolescent Psychopathology, 36*: 358–398.

Szymanski, K., Sapanski, L. & Conway, F. (2011). Trauma and ADHD—association or diagnostic confusion? A clinical perspective. *Journal of Infant, Child, and Adolescent Psychotherapy, 10*: 51–59.

Warrlich, C. & Reinke, E. (Eds.) (2007). *Auf der Suche. Psychoanalytische Betrachtungen zum AD(H)S*. Giessen, Germany: Psychosozial.

Weiss R. (2006). *Grundintelligenztest Skala 2 (CFT 20-R)*. Göttingen, Germany: Hogrefe.

第十四章
没有做梦的中介空间吗？对风险儿童的 EVA 研究发现

*Nicole Pfenning-Meerkoetter, Katrin Luise Laezer,
Brigitte Schiller, Lorena Katharina Hartmann,
Marianne Leuzinger-Bohleber*[1]

导言

经济合作与发展组织（OECD）在最近的一份报告中指出："……在欧洲只有少数几个国家里有移民背景的孩子得到的教育水平像德国那样差……"（Klingholz, 2010, p.129）。在德国每四个有移民背景的孩子中就有一个没有获得毕业证就离开学校。他们中的许多人将追随他们父母的步

1　EVA研究在儿童个体发展和风险儿童适应性教育中心（IDeA）进行，该研究中心由Landesoffensive zur Entwicklung Exzellenz（LOEWE）提供支持，是一项由德国黑森州支持的优秀的首创性大型研究。该中心于2009年至2011年得到支持，经过2011年3月国际评估小组的重新评估后，该支持将持续到2014年。来自教育科学、神经科学、心理学和精神分析学的35位教授和大约60位科学家正在从跨学科的角度对风险儿童进行研究。

伐，最终在没有工作的社会边缘生活。这些孩子与出生在本土家庭的孩子之间的差异从未像近年来那么大。早期的被忽视、暴力以及诸如抑郁和药物滥用等心身和精神疾病的增加是一些众所周知的后果。

70％有暴力行为的青少年曾在儿童期曾遭受躯体虐待，而这些孩子中有 20％至 30％将变成对他人施暴的成年人（参见 Egle, Hoffmann & Joraschky, 2000）。

因此，对"风险儿童"的早期预防被视为当今最重要的社会任务之一。精神分析、发展心理学和神经科学的研究结果都证实，早期支持和干预会有良好的前景和回报。自从 20 世纪 40 年代 René Spitz 的创新性发现以来，许多精神分析研究人员致力于临床的、实证的和跨学科发展的研究，来调查包括早期情感忽视、创伤和暴力的短期和长期影响（参见 Emde, 2011; Fonagy & Luyten, 2009; Rutherford & Mayes, 2011）。De Bellis 和 Thomas（2003）总结了许多研究，这些研究表明，暴力和情感忽视的早期经历会导致儿童和青少年创伤后应激障碍（PTSD）。他们估计，在美国大约有300万儿童正在遭受这种早期创伤。

特别是关于所谓的紊乱型儿童（disorganised children，D型，见下文）的依恋研究结果令人震惊。根据许多长期研究，这些儿童预后不良。这些孩子很可能在小学就会表现出更具破坏性的攻击行为、严重的心理问题和成绩不佳（Green, Stanley, Smith & Goldwyn, 2000; Lyons-Ruth, Alpern & Repacholi, 1993）。这些儿童大多数都经历过来自他们的主要照料者的暴力和其他心理创伤。Fonagy（2007）将此视为"依恋创伤"（参见 Fonagy, 2010; Lyons-Ruth, Bronfman & Atwood, 1999）。

尽管在这个问题上仍需要更多的研究，但专家们已经认可这些孩子需要早期的帮助和支持。这种支持对儿童及其家庭来说当然至关重要，但也如诺贝尔奖获得者 James J. Heckman（2008）所指出的那样，会在未来为社会节省大量的费用。James J. Heckman 从经济学的角度调查了著名的"佩里学校研究（ Perry School Study ）"的数据。在这项也许是所有 High / Scope 的研究工作中最著名的研究中，研究者对 123 名出生在贫困中并且在学校有高失败风险的非洲裔美国人的生活进行了分析。从 1962 年至 1967 年，他们将 3 岁和 4 岁的被试随机分成两组，其中一组根据 High/Scope 的参与式学习方法接受高质量的托儿所课程，另一组为未接受此托儿所课程的对照组。在近期的随访研究中，97% 的依然存活的参与者在 40 岁时接受了访谈，并从被试的学校、社会服务和被捕记录中收集额外的数据。

　　该研究的结果显示，较之对照组，曾参加过托儿所课程的那些40岁的被试收入更高，更有可能有稳定的工作，犯罪活动较少，而且更有可能从高中毕业（参见Schweinhart，Barnett & Belfield，2005）。Heckman 可以证明，在早期预防中每投入一美元都会在以后为社会节省超过八美元。

　　由于有着对早期发展和创伤的丰富知识，精神分析在早期预防领域是能够大有作为的。西格蒙德·弗洛伊德研究所（ Sigmund freud Institute, SFI ）与儿童和青少年精神分析治疗研究所（ Institute for Psychoanalytic Child and Adolescent Psychotherapy, IAKJP ）密切合作，自 2003 年以来已经参与了多项早期预防项目，如"法兰克福预防研究""开始帮助"，"EVA（译者注：原文没有说明该缩略式具体代表什么项目）"和"第一步（ First Steps ）"等项目。在所有这些项目中，我们的目标是把西格蒙德·弗洛伊德研究所（ SFI ）的特殊精神分析性的、跨学科的和代际间的研究技能，与儿童和青少年精神分析治疗研究所（ IAKJP ）以及经验丰富的儿童和青少年精神分析师所拥有的特定技能联合起来。我们认为这种组合具有创新性和富有成效，正如我们在这一短篇章节中所总结的那样。

EVA 研究项目[1]

在"法兰克福预防研究（FPS）"中，以精神分析取向的预防方案是在法兰克福所有 140 所公立幼儿园中具有代表性的样本中进行和评估的。包括位于社会问题高度集中的市区的幼儿园以及位于较富裕市区的幼儿园。即使在那些"特权幼儿园"中，我们也遇到了一些迫切需要心理治疗帮助和支持的儿童，也如预期的那样，在高失业率、高移民率和有大量依赖公共资助的家庭所在的地区幼儿园中，这样的儿童要多得多。此外，显而易见的是，那些"特权幼儿园"中被建议接受心理治疗帮助的儿童的父母更愿意自己私下寻求这种帮助，这通常是因为害怕遭受社会歧视。然而，对于社会问题高度集中的市区幼儿园的家庭来说，去私

1　我们感谢来自西格蒙德·弗洛伊德研究所里的研究团队，他们为 EVA 项目进行了如此细致认真的工作，他们是：P. Ackermann, S. Becker, T. Fischmann, M. Hauser, L. Hartmann, K. L. Läzer, V. Magmet, M. Müller-Kirchof, V. Neubert, N. Mazaheri Omrani, H. Pauly, N. Pfenning-Meerkötter, M. Schreiber, Y. Soltani, M. Teising, I. Weber, M. Weisenburger（主要的调查者是 M. Leuzinger-Bohleber）。

我们感谢儿童青少年精神分析心理治疗研究所里的儿童治疗师和督导们，他们是：A. Wolff, F. Dammasch, D. von Freyberg-Döpp, M. Hermann, N. Lotz, I. Nikulka, M. Palfrader, J. Raue, H. Seuffert, B. Schiller, K. Wagner, C. Waldung。

我们感谢 L. Hartmann 和 R. Tovar 翻译。其后的总结摘自最近出版的一部由 Leuzinger-Bohleber, M., Fischmann, T., Läzer, K. L., Pfennng-Meerkötter, N., Wolff, A. & Green, J.（2011）等编著的德语著作：《风险儿童的心理社会障碍的早期干预》。（参见 *Psyche-Z Psychoanal*, 56: 989–1023.）

人诊所看心理治疗师是不可思议的。这就是为什么我们在这项 EVA 研究中决定重点关注这些幼儿园。

为了选择有代表性的样本，我们借鉴了在法兰克福预防研究范围内进行的基本代表性调查，检查了当前社会经济数据的准确性，并将这些调查结果与最近的社会相关指标结合（参见 Laezer, 2011）。在这方面，似乎很有趣的是，根据分组随机对照设计选择的幼儿园都位于前产业工人所在的地区，这些地区现在主要是移民家庭在居住，而且这些家庭都受到高失业率的影响。

修订后的预防干预措施

我们所有的预防项目都是基于早期发展和早期预防的精神分析理念，旨在提高教育工作者与"高风险儿童"之间的教学关系的质量，希望通过对复原能力的研究，为这些儿童提供另一种"足够好的客体关系（good enough object relations）"。

精神分析预防方案的"早期步骤"包括以下内容：

- 由经验丰富的儿童心理治疗师对幼儿园团队进行两周一次的督导；
- 由机构中有经验的儿童心理治疗师提供每周咨询，为教育工作者和家长提供个体咨询；
- 在幼儿园中为那些出现严重临床症状的儿童提供心理治疗；
- 与父母合作；
- 在第二年，采用 Faustlos 预防暴力课程进行管理（Cierpka & Schick，2006）；

· 为从幼儿园向小学过渡的儿童提供个别辅导。

经验丰富的精神分析儿童心理治疗师进行两周一次的督导

在所有的预防项目中，团体督导被证明是非常有帮助的。在"法兰克福预防研究"开始时，许多小组成员以及幼儿园园长对每两周一次的个案督导所需的额外时间和精力都表示怀疑，因为每天的日常工作已经很繁忙。法兰克福预防研究结束后，所有小组都毫无例外地要求继续进行督导。在评估访谈中，他们描述了接受督导的以下好处：

增进对儿童的专业性理解，包括他们的心理和心理社会性的发展，他们潜意识层面的思维、情感和行为，创伤及其代际传递，以及儿童在其同龄人群体中的社会地位和多文化冲突等内容。

洞察在特定情况下对某些儿童的反移情反应，以此作为专业行动的先决条件，改善对个人自身情感反应的感知，包括内疚和羞耻感，也认识到对儿童的攻击性冲动。

洞察由于许多儿童遭受的痛苦而产生的巨大无力感，以及洞察自己并没有能力使一些家庭或社会情形发生任何改变，而这是作为能够作出更恰当反应的先决条件。（例如，不是将某些儿童驱逐出群体、辞职、退出或某些心身反应）

增强团队凝聚力；相互支持，而不是出于破坏性的竞争、嫉妒或怨恨。

分析社会、体制和个人背景因素的相互作用的必要性，目的也是为了继续工作，不让自己产生在特定的政治体制下辞职的想法。

督导师们也经常交流经验，他们一再对这些幼儿园小组取得的巨大成就以及公众和媒体对他们辛勤工作的认可表示赞赏。他们还对病假条数量过多和每天超负荷工作（由于工作时间延长、工资低和团队成员人数有限等原因）表示关注。他们也强调了概念化工作以及提高幼儿园园长的专业知识的重要性等。

下面用一个简短的例子来说明：

一位教育工作者报告了一名来自西非国家的 4 岁男孩 Eli 的情况，由于这名儿童的攻击性破坏性行为，他几乎无法被这里的群体所忍受。

> 他就像一只野蛮的小动物。一年前，当他开始来到幼儿园时，他不会说一个德语单词，没受过如厕训练，用双手吃饭，似乎不知道最简单的社会规则。在此期间，他似乎能很好地说德语了。但是，只要有一个极小的冲突，他就会失去控制，越过社会规则的边界，不停地击打、咬其他孩子，再三让其他孩子受到严重伤害。实际上，我们其中一个人不停地忙于他的问题，你不能让他离开视线。我想我们不能让他继续留在我们的机构里了……而且，现在他的小弟弟也将来我们的幼儿园。这个孩子似乎整夜都在哭，因为这样的表现母亲很担心孩子会被劝退。
>
> 我对孩子母亲很愤怒……因为她对化妆和衣服比对孩子更感兴趣。在 Eli 来园的第一天，在没有任何时间熟悉环境的情况下，她就把孩子丢下五个半小时之久，她看起来还似乎很高兴她摆脱了孩子……
>
> 对我来说似乎很奇怪的是，尽管一直有冲突，但 Eli 似乎喜欢上

幼儿园，而母亲惩罚他的方式就是让他待在家里。（来自教育工作者的报告）

在教育工作者们有机会集中表达他们对 Eli 的母亲的愤怒以及他们想将这个家庭从幼儿园中开除的愿望之后，气氛慢慢变化了：继后的问题是，为什么Eli的母亲表现得如此地冷酷和"傲慢"。

　　现在，我想到，X太太曾经不经意地告诉我，她的丈夫在她的第二个儿子出生的那天去世了。会不会这位母亲可能根本不是傲慢，而是一直生活在一种休克状态中，从而使她的情感变得固着？（来自督导师的报告）

越来越多的信息汇集在一起，这些信息证实了这一假设：这个家庭来自一个受长期内战影响的非洲国家。"我想知道其父母是否是必须逃亡？他们经历了什么……"

在督导结束时，我们得出了这样的结论：了解更多有关家庭背景的信息非常重要。因此幼儿园的儿童治疗师将尝试与母亲会谈。

在接下来的督导中，幼儿园园长称儿童治疗师告诉她 X 女士的丈夫因飞机失事丧生。这个悲剧的消息导致了早产。X 女士在两居室的公寓里依靠社会救济生活，完全与外界隔离。也许她仍然处于一种解离状态，而教育工作者们将其解读为"冷漠""无法靠近"和"傲慢"。看起来令人印象深刻的事实是，尽管母亲一直都在，但小弟弟总是在晚上哭喊："妈妈，妈妈，你在哪里……""他似乎感觉到他的母亲在心理上的缺失，尽管她人在那儿。"督导师记录道。她向团队解释了创伤的一些短期和长期后果（如休克状态、解离、父母的抱持功能和共情的崩塌等）。多亏有这些信息，使得我们清楚了为什么 Eli 在幼儿园里如此活跃，尽管在幼儿园里会经历冲突，但他还有与其有情感共鸣的教育工作者的客体关系。

"与他受创伤的母亲相反，你能感受到他的情感，他不会离开你的注意。"（督导师的记录）由于这次督导，对 Eli 及其心理状况以及其在家庭中的处境的更深层次理解浮现出来。再也没有一个教育工作者想要将 Eli 从机构中开除了，所有人都希望尽其可能地支持他、他的弟弟和他们的母亲。

Eli 的母亲能够接受儿童治疗师的一些危机干预，并有了明显的缓解："母亲的面部表情确实发生了变化，不再那么麻木了，她似乎以某种方式恢复了生机。" "小弟弟晚上不再哭了，而 Eli 的攻击性行为似乎也在减少。"

由经验丰富的儿童精神分析师每周在幼儿园提供：教育工作者和家长的咨询以及在机构中实现儿童治疗

这个例子可以说明为什么经验丰富的儿童精神分析治疗师和督导师非常有必要在这些机构中作为治疗师和顾问进行工作。对于我们来说，渊博的临床专业知识似乎是不可或缺的，这样才能便于感知这些孩子及其家人的心理和心理社会情境层面上的黑暗阴影，而不是否认它们，目的在于尽可能在他们的痛苦中给予"抱持（holding）"和"包容（containing）"。

在上述提到的机构中，有来自五十八个不同国家的儿童。然而，研究中包括的少数德国儿童也经常受到创伤性家庭系统排列的影响。

这里有一个案例：

两名托儿所教育工作者要求与幼儿园的两位负责人一起进行咨询。在过去的几周里，他们观察到 5 岁的 Acra 发生了显著的变化：她似乎缺乏专注力，思想飘忽，经常有下面一些具体的表现：

> 奇特的兴奋，歇斯底里，然后奇怪的崩溃……现在我们发现她和一个男孩一起玩一个奇怪的游戏，她正在毯子下做动作，这似乎是关于性的动作……而且她最近画的画总是带有奇怪的色情内容。是否可能正遭受性侵犯？我们不想在总督导中报告这一点，因为我们不想引起错误的怀疑。（来自教育工作者B的报告）

关于她的家庭，真实情况是母亲在半年前已经送走了 Acra 的亲生父亲，他曾发生意外，身体严重残疾。她现在和她的新伴侣住在一起，

> 显而易见的是，她注重自己的外表，似乎坠入了爱河……在有轨电车上，我碰巧看到她紧紧拥抱她的伴侣并亲吻他……Acra 和她的弟弟站在他们旁边，但这对伴侣几乎没去注意他们。（来自教育工作者B的报告）

我们讨论了一个假设，即 Acra 的色情行为可能是一个可以理解的对母亲的认同，母亲在经受多年照料她残疾丈夫的沉重负担后突然开始变得光彩熠熠。当然，俄狄浦斯的幻想和内疚感也可能发挥重要作用 [见"碰撞"（crashes），看似郁闷的孩子缺席等]。

　　第二个假设涉及怀疑可能存在真实的性侵犯。这位母亲的新伴侣每天从托儿所接回 Acra，似乎与她并没有保持着足够远的距离。在教育工作者眼中，Acra 在这时候会表现出恐惧与兴奋的混合状态。他们假设，在母亲回家之前，Acra 要在家中独自和这个男人待上几个小时。

　　我们一起讨论可以通过哪种方式能验证这两个假设（让教育工作者和母亲之间进行对话，如果可能的话，与幼儿园里每周工作一次的儿童精神分析师进行进一步的共同对话，与该机构密切联系的家庭儿科医生联系，系统观察 Acra 的行为，并在采取任何进一步措施之前进一步相互提供咨询服务）。

　　儿童精神分析师不仅提供如上例所示的咨询和建议，而且还为该机构的一些儿童提供精神分析治疗，其中包括与父母进行高频率的交谈。在头两年内，可能会为十六个孩子进行治疗。

　　这些治疗通常非常困难，但也令人印象非常深刻，往往产生惊人的效果。由于治疗尚未完成，儿童治疗师将在以后报告他们的经历（参见法兰克福预防研究中的详细治疗报告，Leuzinger-Bohleber，Fischmann & Vogel, 2008）[1]。

1　所有的早期预防项目都表明，特别是对那些所谓的"高风险儿童"（尤其是紊乱型依恋的儿童）来说，从托儿所到小学的过渡是多么重要。因此，对于EVA项目第二阶段的这些儿童及其家庭，我们提供个别辅导，以支持他们过渡到学校。这种方法的灵感来自"Kassel学生援助项目"（参见Garlichs, 1996）。

研究设计和最初的结果

在这个研究框架中，我们不会详细描述研究的设计，但我们想提一下，感谢 IDeA 中心（儿童个体发展和风险儿童适应性教育研究中心）的参与，让我们能够应用比法兰克福预防研究更精细、更具有临床意义的研究方案。因此，我们正在补充最初的多视角研究设计，包括进一步对儿童、教育工作者和父母的自我评估和外部评估的方法，以及新开发的用于测量依恋行为的测试工具"MCAST"。

"曼彻斯特儿童依恋故事任务"（MCAST）（Green, Stanley, Smith & Goldwyn, 2000）

各种研究证明，安全型依恋是儿童发展的保护因素（参见 Leuzinger-Bohleber 的综述，2010）。它可以粗略地概括为：安全型依恋儿童在托儿所更具创造性，发展出更恰当的社会行为，并且比不安全型依恋儿童更少参与到攻击破坏性冲突里。因此，EVA 项目的主要目标之一是通过应用精神分析预防计划来支持特别是高风险的紊乱型依恋的儿童，最好是发展安全型依恋和将依恋类型转变为安全型依恋。

在"曼彻斯特儿童依恋故事任务（Manchester Child Attachment Story Task, MCAST）"中，使用由 Jonathan Green 的研究小组开发的标准化玩偶游戏完成任务，施测者扮演各种依恋相关的压力情境，并现场录像。然后，这些视频材料会根据三十三个特定的依恋特征进行分析。

在做这些工作时，儿童在面对依恋系统被激活的危险情况时在游戏中作出如何的反应会被测试出来。从众所周知的依恋研究中可以知道，孩子只有在感到安全时才会积极地探索其周围的环境（例如能够学习）。

一旦儿童感知到威胁，探索行为就会停止，并通过寻求其主要照料者的
保护来激活依恋系统。

　　MCAST 方法系统地检查了托儿所儿童已经发展出来的依恋风格。因
此在初始场景之后，孩子们会面临四种与依恋相关的痛苦情境（噩梦，
膝盖受伤，肚子疼，孩子在购物中心失去母亲）。通过儿童处理这些痛
苦的情境，可以诊断出四种依恋类型：

图1　通过 MCAST 进行依恋类型诊断

　　在危险的情况下，一个安全型依恋的孩子会立即寻求其主要照
顾者的保护。例如，当因噩梦而醒来时，孩子就呼喊为其提供舒适

感的母亲（依恋分类：B型）；

一个有不安全—回避型依恋的孩子已经知道他在危险的情况下只能自己安慰自己：当他伤到膝盖时他可能会在他的伤口上贴上一块创口贴（A型）；

一个不安全—矛盾型依恋的孩子既不能在危险的情况下安慰自己，也没有内在的安全感来接受其主要照料者的帮助。取而代之的是，当他遇到困境并表现出矛盾的反应模式时，他会经常受到攻击和绝望的困扰（交替寻求接近和远离：C型）；

一个组织紊乱型依恋的儿童由于其自身严重创伤史或跟随自身遭受过创伤的照料者长大而没有形成一致的依恋模式，当面对危险的情境时，他会表现出很困惑或不受控制（D型）。

MCAST 的初步研究结果

干预开始前的初始测试结果的分析现已完成。我们测试了 286 名儿童，其中238 个儿童的测试结果可以纳入分析。

初步测试的初步结果业已表明 EVA 研究中包含很高比例的高风险儿童（依恋类型 C 和 D 以及不太严重的 A 型，总共占65%）。在我们的样本中，（较之一般情况而言）只有极少数儿童为安全型依恋儿童（35%），但却有许多组织紊乱型依恋模式的儿童（23%），这些儿童通常都经历过严重创伤。这些儿童迫切需要尽早的专业帮助。

表1　既往研究中的依恋类型的比较［这些研究是相对于 EVA 项目在没有任何特殊风险的情况下进行的，其特征是具有安全型依恋（B型）的儿童所占比例较低］

（参见 van Ijzendoorn & Sagi–Schwartz, 2008, pp.898–899）

	测试儿童数	不安全—回避型依恋	安全型依恋	不安全—矛盾型依恋	不安全—组织紊乱型依恋
西欧（各种样本，van Ijzendoorn & Kroonenberg, 1988）	510	28%	66%	6%	未测试
美国（21个样本，van Ijzendoorn et al., 1992）	1584	21%	67%	12%	未测试
以色列城市（Sagi et al., 2002）	758	3%	72%	21%	3%
法兰克福，EVA 研究	238	33%	35%	9%	23%

两个简要的例子

Mohammed（4岁）在"一个腹部剧痛的孩子"故事里的表现：

扮演 Mohammed 的玩偶在喊他的妈妈。她立即过来问道："哦，哪里受伤了？""在这里，我的肚子，它确实疼得很厉害。""我会给你一些热茶和一个热水袋，然后你会很快感觉好一些……""到床上去，你今天要待在家里。我会为你读一个故事，然后你会很快忘记你的肚子疼……"Mohammed 的所有故事主题都显示出类似的结构：因此他属于安全型依恋儿童。

Ali（3 岁）的故事与之完全相反，表现出一个完全不同的，组织紊乱型依恋的模式：

> 在游戏中，当扮演 Ali 的玩偶在购物中心与母亲走丢并最终找到她时，他首先被她殴打。随后他打了她，并继续失控。他捣乱了整个的玩偶房间，冲动地把扮演母亲的玩偶埋在家具下面，"所以她终于死了……"他无法摆脱攻击破坏性情绪，一刻钟后，他正在忙着杀死剧中用于扮演母亲的玩偶。

如上所述，Fonagy（2007）解释道，由于经过仔细的实证研究，对于像 Ali 这样在经历过在分离情况下攻击爆发的 3 岁儿童的预后很差，Fonagy 测试了很多年轻的违法犯罪者，这些人中很多都表现出这种童年早期的行为和组织紊乱型依恋的模式。

当 Ali 的母亲在与教育工作者交谈时，教育工作者告诉了她 Ali 的行为，并且他攻击性的爆发不仅出现在玩偶游戏中而且出现在幼儿园，她报告了在家中也出现了类似的情况，然后接受了由医疗保险资助的在幼儿园进行的儿童和家庭治疗。这位移民母亲刚刚与她的酗酒和虐待成性的第二任丈夫离婚，生活在一种绝望的精神和心理社会状况中。一位来自儿童和青少年精神分析心理治疗研究所的，经验丰富的说土耳其语的儿童治疗师给他们进行了治疗，这样的专业支持证明对她和她的儿子有很大的帮助。

时间会告诉我们是否会成功。通过经验性"早期步骤"，我们能够帮助像 Ali 这样的孩子，将他们从有问题的依恋类型（C/D 型）转变为安全型依恋，从而促进他们创造性心理和心理社会性的发展。

然而，根据临床精神分析的经验，毫无疑问，在我们的样本中有23%的像 Ali 这样的组织紊乱型依恋儿童，他们确实非常迫切地需要精神分析治疗的帮助，如下面的案例所示。

关于 6 岁 8 个月的 Mesud 的个案研究

到今天我已经为我的小患者治疗了125个小时，并与他的父母进行了三十次会面。这个家庭无法定期参加练习。治疗是在幼儿园的一个小房间里进行的，我带了自己的玩具。当然，你可以偶尔听到其他孩子的声音，但房间位于其他房间的楼上一层。因此，我们两个人既被幼儿园环绕，同时也与之相隔离。幼儿园位于繁华区内，周围环绕着大栅栏。

当我第一次看到 Mesud 的时候，他才4岁8个月。

他是一个矮小、纤弱的男孩，有时似乎心不在焉，没有眼神接触，然后才表现出对他面前的人和房间的好奇。他的头上有一块秃斑，那里有一片圆形脱发。他有着棕色的大眼睛，他的表情有时也是心不在焉的样子。他的穿着体现了他的贫穷，衣服破破烂烂，有时甚至穿着不整洁的衣服和（特别令我印象深刻）不合脚又破了洞的小拖鞋，这可能导致他在上下楼梯时有摔倒的危险。有一次，我目睹他拉着他妈妈的裙子呜呜叫着"香肠，香肠"，眼睛里似乎含着泪。母亲以寻求帮助但也是随时准备放弃的眼光看着我。她完全处在一种分离的状态，不知道该怎么去应对孩子，全无那种"母爱的眼光（ splendour in the eye of the mother, Heinz Kohut 的名句）"。

当 Mesud 5岁1个月时，我们开始了治疗。

在我们的第一次治疗中，他把一大堆积木块涂绘得一塌糊涂，并用一些部分没有任何语法结构或流畅词汇的句子评价它们，那些句子对我来说似乎是语无伦次的。都是些关于死亡和逝去，大火和毁灭的。所有的人都死了，甚至包括物品。没有拯救，没有帮助。横跨在湍急河流的桥坍塌了。面对所有这一切，这个小家伙并没有表现出任何恐惧。他倾泻出大量话语，却和我没有任何目光接触。在某种程度上，我与他内心世界的其他部分也一起消失在了这湍急的河流中。

母亲讲述了这个孩子对儿科医生是如何胆大妄为的，什么都不听，什么都不怕，只会跑开。显然，他随心所欲，还咬其他孩子。这是孩子母亲和我之间的第一个不同的看法，她的看法与幼儿园老师的看法相似。

Mesud 有两个年长的同胞（一个 6 岁多的姐姐，一个 5 岁多的哥哥）。当另一个妹妹出生时，他才 3 岁 4 个月。

母亲本人几乎可以被描绘成一个劳累过度的老护士。她似乎受到了具体相关思维模式（concretistic-associative thinking patterns）的束缚，这种模式常常使我们的沟通复杂化。她谈到了恐惧和害怕，同时也因为不是一个合格的母亲而感到内疚。父亲看上去很抑郁。母亲对这个小病人感到内疚，并试图满足他的一些小小的物质上的需求，但却是以令人愤怒的方式完成的。当与母亲互动时，患者的行为表现得像一个有语言缺陷的 2 岁孩子一样。据说父亲让他为所欲为，但在妹妹出生后对他就再没有兴趣。姐姐鼓励小病人进行艺术和手工艺活动，同时又批评、责骂和殴打他。最近他给我看了一个看起来非常痛的新伤口。姐姐粗暴地把他拖到地毯上，拖动中把他擦伤了，伤口处还可以看到新长出的肉。好像没有一个家庭成员对他感兴趣。这位父亲在过去十年中一直患有慢性疾病。父亲和母亲一样，都是中东人。母亲出生在德国，上过一所德国学校。

她有七个兄弟姐妹，最小的妹妹正在大学读书。她自己从未与其母亲建立过良好的关系。总之，她在原生家庭中总会遭贬损和批评。她还谈到了在怀小病人的妹妹时发生的抑郁。

这个家庭处于一个没有机会、贫穷、无知和沮丧的状态。

在我们的会谈中，我也一点都不理解他；我感到困惑，尝试着从反复出现的水、火、桥、街道和垂直坠落的车辆中寻找感觉，一种崩溃感！我带了一个可以起到桥梁作用的圆形木拱门，还有结实的积木块。我说到了令人非常恐惧但也令人兴奋的火，也说到了可以帮助和修复任何破损的东西的可能性，以及当一个人陷入所有这一切时会感到多么可怕。他的自我感觉似乎是由那正被大水冲走、被焚烧或坠毁的威胁带来的。他通过绘画或零散的词汇表达了这一点。

在接下来的会谈中，他出现了一种固着于客体的口头攻击行为。在他的幻想中，我和整个幼儿园都被危险的动物所追逐和吞噬。我表现得很糟糕，我被监禁、惩罚和杀害。在这些情况下，他被高度唤起，这在火水交融的图像中被描绘出来，好像他没有任何界限，一切事物都毫无差别地冲进他的脑海里。我的印象是，我正在目睹 Winnicott 所描述的"唤起的爱（aroused love）"，这也涉及"对母亲的想象性攻击，尽管与此同时，攻击成分也导致对非自我世界（Non-Ego-World）和一种早期的自我（ego）结构的认知"（Winnicott, 参见 Stork, 1994, p.216）。

同时，一种由危险的动物和我自己所代表的古老的超我变得清晰可见，它希望通过毁灭我们和通过这种吞并行为使自己强大的方式来保护那些好的东西（我和幼儿园），这一切又不被现在的超我所允许。在绘画时，"坏、愚蠢"的男孩的概念浮出水面。他被火车击中并被碾过。我开始努力思考这个男孩，是什么让他变得如此地坏和愚蠢？他一边说着水、火，一边用黑色在画作上乱涂乱画。我在思考是否有什么办法可以帮助这个男孩？在接下来我通过他不连贯的话语把自己的思路拼凑起来。母亲讨厌这个男孩并打他。他说出这一点时不带任何情感，但看起来像是一只从鸟巢掉下来的小鸟。我指出那个男孩一定很伤心。他同意我的说法。我试图将我认为占主导地位的感受提升到他的意识层面，通过将其与语言联系起来，因此"悲伤"这个词获得了一种切实的感觉。我们现在已经处于一个语言占主导地位的发展阶段。

我很欣慰地看到，从现在开始在他的绘画中可以找到不同的人了。在一个脆弱的客体关系中，有一个与他人相处又对抗的自体（self）。我们在会谈开始时曾读到过一本充满人物和风景的儿童书刊（类似于《沃尔多在哪里》这本书），现在这本书成为他的一个叙事线，籍此他可以将某些特定活动归因于某些特定的人，并成为另一场主题的对话开始人。

在他认可了我和"我们的"书之后，他发展出了快乐感。

然后我再次失去了他，我必须保持与他靠近，既是内心的，也是外在的。他不停地走到窗前，凝视着外面。他可以看到他住的房子，他的母亲和妹妹在那里。我站起来（我通常只在危急的情况下这样做）并站在他旁边。我们都凝视着窗外。首先，我们说出了路上汽车的颜色，这样确保我们俩看到的是同样的场景。他把口水涂抹在窗户上。他说它烧起来了，并说着火！火！（在一次与父母的谈话中，我了解到他们家确实发生过一次火灾。）我们交替互相引起对方对雨、雪、鸟还有其他东西的注意。

他想被别人理解的愿望经常会打击到我，让我感到虚弱。但他能用可以理解的句子说话了，能重申并理解我们一起阅读的句子了。有时他似乎泄气了，与世界没有任何联系，我甚至想到精神病和自闭症，这也因为虽然他的语言技能已经发展，但他仍然显示出一些粘滞性的特征。

有时候这就好像我正在情感上感动着一个孩子，而此前我从未体验过如此强烈的感受。这使他寻找庇护，同时愉快地迎接它。因此，有时他会出现退行的表现，一天都侧躺在床上，以至于我只能看到他的后背，这就把我置于不存在的状态。我认为这种退行是为了避免与现实接触，这里就像是一个充满幻想和不经允许就可以无所不能的地方（根据 John Steiner, 1993）。他很少在其他地方与我会面，有一次他跟我说，他害怕那个曾在一本书的封面上见过的黑人。他不怎么说话，但也说几句确有含义的句子。有时他似乎是如此孤独，无力获得任何东西，这让我重新考虑精神病的内在发展阶段。他的退行也是一种防御机制，作用是约束危险和破坏性的行为。同时这也设定一个边界。然后我们第一次将他对那个想伤害他的黑人的恐惧与想要破坏房间里电脑的冲动联系起来。

我们的会谈已经有了明确的结构，因为他现在明白每次会谈都会有明确的开始和结束。当我让他过来时，他会很快冲上楼梯进入治疗室。他现在可以将对我的矛盾情感加以分类，他察觉要分离时，会用我的话说"我们的时间到了"，然后起身、离开。但如果我提醒他现在没到时间时，他也能回来。有时他会斜靠在敞开的门边，脚朝着楼梯但头还在房间里。我们之间有些紧密，如此接近让我感到不好，这好像在向他做出某种承诺，但这种关系我又无法维持久远，因为我以后将不得不离开他。他化被动为主动，他想离开我。他喃喃自语，说这太过分了，他宁愿回到小组当中。他从我们房间的书架中选择的一本书成了一个联结（我们之间）的客体，通过这本书的主题，即口欲满足，他可以获得自我满足。该书中的男孩非常胖，被禁止食用快餐。但与此不同，Mesud 可以吃一切东西。他的攻击性和力比多欲望已经找到了一种自我诱发出来的表达方式。他能够体验自己，同时也意识到他对分离的敏感（通过"把我绑在椅子上"）以及他对被征服的恐惧。他已经有能力将我当作一个"容器（container）"了。

在暑假（2010 年）前后的会谈里，显示出他能够管理他的分离—攻击性和面对分离的恐惧和痛苦的防御机制的效果了。我双手都是泡沫，释放出一个个带有气味的泡泡，一支注射器正在将它们戳弄。他先躺到地板上，然后又要离开。他在楼梯最上一层站了相当一段时间。这让我有机会注意到他一定会认为我非常卑鄙和坏，因为我要去度假，这样我就能自主掌控时间了。我还告诉他，他不能起身并待在楼梯上，是因为他不能百分之百肯定我会回来。他咕噜着"混蛋"之类的话然后就离开了。在暑假期间，他出现了一个抽动症状：他会伸出舌头并让他的脸变得扭曲。这个家庭曾回他们的祖国旅游。在那里，他被视为"白痴"。他什么都不懂，也没有人能理解他。

当他向我伸出舌头时，我试图将情况解释为：他想对他真正喜欢的人说些什么，但他很难在他的脑海和嘴里找到正确的词。经过这么长时间的休息之后，他竭力想着"给我打叉"或给我个"减号"同时将好的地方归于他自己。他画了一张我的照片，覆盖整个页面，然后又把我给打了个叉。我开玩笑地反对，并声称这是多么卑鄙的行为。但我很满意他已经清楚了这些，并希望给自己个"加号"。与此同时，他发现了先画我然后再将我打叉的游戏。他洋洋自得地在房间里跳舞，念叨着"打叉啰！打叉啰！"接下来的会谈以捉迷藏游戏开始。我必须找到他，但我也必须躲在毯子下面，随后他就拉开了那个毯子。在愉快地看着对方的眼睛的那一刻，找到的乐趣是最重要的（根据 Winnicott，或许这就是"创造的时刻"）。与此同时，在治疗之外的有些时刻，他能看见我但似乎又不认识我。限于篇幅不能对在这里发展的思维和象征过程做精细的描述，因为Mesud可能将我当作像Ann Hurry那样的发展性客体了。

在（驱力）本能发展方面，显然 Mesud 不再沉浸于退行的口欲期的表现；相反，他正在安全地沿着肛欲期（驱力）本能水平发展，一切都围绕跑开，停留，抱持，放手，并整合了对我好的和坏的感受，我必须跟上他的发展。他将我贬低为一个减号，而他自己则是个加号。他也表现出想获得成功地进入生殖器期的倾向。

Mesud 不再弄湿自己或咬其他孩子，他也听大人的话。在游戏中他能够建造搭建稳固的桥梁和街道，最重要的是他不再逃开。

Mesud 现在已经 6 岁 8 个月了，但还是远远没有达到学龄儿童的发展水平。他的母亲已经向一个综合性特殊学校递交了申请，这使他有机会在普通学校加入一年级。当地方学校董事会的个案管理员来家访时，Mesud 问他的母亲这是不是 Schille 小姐的丈夫，由此我们可能会想象到俄狄浦斯关系。

总结

我们正在进行的预防研究中的许多像 Mesud 一样的孩子，正在一个不会为他们提供任何做梦和游戏的中介的环境中成长。那么精神分析能为这些孩子提供些什么呢？

这个问题就是这个章节的焦点内容。

我们知道，精神分析有着希望能够给弱势儿童予以支持这样一个悠久而负有盛名的传统。许多著名的精神分析人士，如在法兰克福有 August Aichhorn，Bruno Bettelheim，Anna Freud，Fritz Redlich，

Chezzi Cohen 和 Alois Leber 等，都一直从事"应用精神分析"或"精神分析教育学"的工作。这里我们不是关注过去的观点，而是试图说明我们在尝试将这个领域中的临床的和非临床的精神分析研究结合起来。秉承"基本的研究态度"（Leuzinger-Bohleber, 2007），我们尝试利用大量的临床的和实证性的精神分析知识来处理"风险儿童"所经受的创伤、早期情感忽视和虐待，以及把这些知识应用于他们的父母和法兰克福问题较多的地区里的幼儿机构的教师们。与其他学科的观念不同，例如，在精神分析教育学领域，我们是试图实现我们所谓的"拓展精神分析（outreaching psychoanalysis）"，一个精神分析师离开了他象牙塔般的私人办公室，然后到那些儿童和他们父母所在的地方，尝试为他们提供潜意识角度的深入理解，同时与教师密切合作。这种对一个在幼儿园里特殊孩子的复杂的、主要是潜意识过程的有区别性的理解，常常被证明对整个团队都非常有帮助。这些孩子在与其他孩子和老师的情感互动和社交行为方面的表现有时会引起老师的强烈情感反应和幻想，还会引起老师出现反移情、投射、投射性认同和开除孩子的冲动，这是分裂和生硬分离的表现。在我们看来，这是与这些"风险儿童"一起工作的教师的专业精神的前提之一，包括能够抱持和容纳这些饱受严重创伤的儿童（见上述案例）。

考虑到当代对复原力研究的结果，我们希望这些有助于提高教师给这些风险儿童，特别是那 23% 组织紊乱型依恋的儿童，提供替代性的安全客体关系的专业能力，尽管这在教师的日常工作中会遇到很多困难和严重挫折。事实证明，替代性的安全客体关系对于一些儿童是非常重要的，会让他们发展出顺应性行为（参见，例如 Hauser, Allen & Golden, 2006）。因此，尝试去了解这些受创伤儿童的心理世界是定期的团体督导中要重点关注的问题。对这些风险儿童的潜意识功能的理解经常被证明对教师非常有帮助，并在幼儿园创造出一种新的、更放松和更有凝聚力的氛围。

"拓展精神分析"的第二个方面是由每周都在幼儿园工作一次的经验丰富的儿童精神分析师创造出来的。他们向教师、父母以及个别儿童心理治疗中的一些孩子提供他们的专业技能和经验（例如，他们对某个孩子或一群孩子的观察）。如果不是这些儿童精神分析师，这些孩子和他们的父母永远不会想到去寻求儿童精神分析师的帮助。据我们所知，这种观念是相对较新的。我们正在建立一个充分考虑到教师和儿童心理分析师的不同专业技能的专业对话：教师仍然是教师的身份，精神分析师仍然是精神分析师的身份。专业身份不会混淆或混在一起，事实证明，教师认识并感受到对自己的专业技能和能力的深刻尊重和接纳是非常重要的。这是为每个孩子及其家庭提供富有成效的交流和创造性地联合解决问题的前提。治疗师通常不了解移民家庭的文化背景和特殊情况。他们需要教育工作者，有时是城市其他机构的社工的知识，以求对这些问题和某个孩子的行为中的潜意识部分进行充分的跨学科分析。这就是我们谈论"研究的基本态度"的一个原因：治疗师和督导师必须发现——进而"研究"——风险儿童的外部世界，以及无处不在的潜意识冲突和幻想。所有治疗师和督导师都定期会晤，交流他们的所见和所悟。

在 EVA 项目的框架内，我们有独特的机会将临床的和非临床的精神分析研究结合起来。我们不能在这里讨论方法学的问题。我们只报告了一些初步结果，例如所调查的所有儿童中有 23% 显示出一种紊乱的依恋模式，对我们来说，这表明我们的项目确实已经深入幼儿园，其中有许多"风险儿童"迫切需要我们的精神分析预防计划。

正如 Mesud 的案例研究可能已经说明的那样，至少对于一些孩子来说，参与我们研究的儿童分析师可以帮助这些孩子，打开一些中间媒介，从而可以在这个空间里为他们自己的心理发展而做梦和游戏。

（耿峰翻译　李晓驷审校）

参考文献

Cierpka, M. & Schick, A. (2006). Das Fördern von emotionalen Kompetenzen mit FAUSTLOS bei Kindern. In: M. Leuzinger-Bohleber, Y. Brandl & G. Hüther (Eds.), *ADHS—Frühprävention statt Medikalisierung. Theorie, Forschung, Kontroversen* (pp. 286–301). Göttingen, Germany: Vandenhoeck & Ruprecht.

De Bellis, M. & Thomas, L. A. (2003). Biologic findings of post-traumatic stress disorder and child maltreatment. *Current Psychiatry Reports, 5*: 108–177.

Egle, U. T., Hoffmann, S. O. & Joraschky, P. (Eds.) (2000). *Sexueller Mißbrauch, Mißhandlung, Vernachlässigung. Erkennung und Therapie psychischer und psychosomatischer Folgen früher Traumatisierungen*. Stuttgart, Germany: Schattauer.

Emde, R. N. (2011). Regeneration und Neuanfänge. Perspektiven einer entwicklungsbezogenen Ausrichtung der Psychoanalyse. *Psyche—Z Psychoanal, 65*: 778–807.

Fonagy, P. (2007). Violent attachment. Unpublished paper given at the conference, "In Gewalt verstrickt — psychoanalytische, pädagogische und philosophische Erkundungen", Kassel University, Germany, 9–10 February.

Fonagy, P. (2010). Veränderungen der klinischen Praxis: Wissenschaftlich oder pragmatisch begründet? In: K. Münch et al. (Eds.), *Die Psychoanalyse im Pluralismus der Wissenschaften* (pp. 33–81). Giessen, Germany: Psychosozial.

Fonagy, P. & Luyten, P. (2009). A developmental, mentalization based approach to the understanding and treatment of borderline personality disorder. *Development and Psychopathology, 21*: 1355–1381.

Garlichs, A. (1996). An der Seite der Kinder. Das Kasseler Schülerhilfe-Projekt. In: D. Hänsel & L. Huber (Eds.), *Lehrerbildung neu denken und gestalten* (pp. 153–164). Weinheim, Germany: Beltz.

Green, J., Stanley, C., Smith, V. & Goldwyn, R. (2000). A new method of evaluating attachment representations in young school-age children: The Manchester Child Attachment Story Task. *Attachment and Human Development, 2*: 48–70.

Hauser, S. T., Allen, J.-P. & Golden, E. (2006). *Out of the Woods: Tales of Resilient Teens*. London: Harvard University Press.

Heckman, J. J. (2008). Early childhood education and care: The case for investing in disadvantaged young children. *CESifo DICE Report, 6*(2): 3–8.

Klingholz, R. (2010). Ausländer her. *Der Spiegel, Nr. 35*, 30 August, pp. 129–131.

Laezer, K. L. (2011). *Erfahrungen mit der Aufmerksamkeit—Ergebnisse zweier empirischer, psychoanalytischer Studien zum sogenannten "ADHS"*. Unpublished paper given at the 58th VAKJP "Psychoanalyse der Aufmerksamkeit. Über Reize, ihre Verarbeitung und deren Entwicklung", Munich, Germany, 30 April.

Leuzinger-Bohleber, M. (2007). Forschende Grundhaltung als abgewehrter "common ground" von psychoanalytischen Praktikern und Forschern? *Psyche—Z Psychoanal, 61*: 966–994.

Leuzinger-Bohleber, M. (2010). Early affect regulation and its disturbances:Approaching

ADHD in a psychoanalysis with a child and an adult.In: M. Leuzinger-Bohleber, J. Canestri & M. Target (Eds.), *Early Development and Its Disturbances: Clinical, Conceptual and Empirical Research on ADHD and Other Psychopathologies and Its Epistemological Reflections* (pp. 185–206). London: Karnac.

Leuzinger-Bohleber, M., Fischmann, T. & Vogel, J. (2008). Frühprävention, Resilienz und "neue Armut"—Beobachtungen und Ergebnisse aus der Frankfurter Präventionsstudie. In: D. Sack & U. Thöle (Eds.), *Soziale Demokratie, die Stadt und das randständige Ich* (pp. 149–177). Kassel, Germany: Kassel University Press.

Leuzinger-Bohleber, M., Fischmann, T., Läzer, K. L., Pfenning-Meerkötter, N., Wolff, A. & Green, J. (2011). Frühprävention psychosozialer Störungen bei Kindern mit belasteten Kindheiten. *Psyche—Z Psychoanal, 65*: 989–1023.

Lyons-Ruth, K., Alpern, L. & Repacholi, B. (1993). Disorganized infant attachment classification and maternal psychosocial problems as predictors of hostile-aggressive behavior in the nursery school classroom. *Child Development, 64*: 572–585.

Lyons-Ruth, K., Bronfman, E. & Atwood, G. (1999). A relational diathesis model of hostile-helpless states of mind. In: J. Solomon & C. Goerge (Eds.), *Attachment Disorganization* (pp. 33–70). New York: Guilford.

Rutherford, H. J. V. & Mayes, L. C. (2011). Primäres mütterliches Präokkupiertsein: Die Erforschung des Gehirns werdender und junger Mütter mithilfe bildgebender Verfahren. *Psyche—Z Psychoanal, 65*: 973–988.

Sagi, A., Koren-Karie, N., Gini, M., Ziv, Y. & Joels, T. (2002). Shedding further light on the effects of various types and quality of early child care on infant mother attachment relationship: The Haifa study of early child care. *Child Development, 73*: 1166–1186.

Schweinhart, L. J., Barnett, W. S. & Belfield, C. R. (2005). *Lifetime Effects: The High/Scope Perry*

Nursery school Study through Age 40. Ypsilanti, MI: High/Scope Press.

Steiner, J. (1993). *Psychic Retreats: Pathological Organizations in Psychotic, Neurotic and Borderline Patients.* London: Routledge.

Stork, J. (1994). Zur Entstehung der Psychosen im Kindesalter. *Kinderanalyse, 2*: 208–248.

van Ijzendoorn, M. H. & Kronoenberg, P. M. (1988). Cross-cultural patterns of attachment: A meta-analysis of the Strange Situation. *Child Development, 59*: 147–156.

van Ijzendoorn, M. H. & Sagi-Schwartz, A. (2008). Cross-cultural patterns of attachment: Universal and contextual dimensions. In: J. Cassidy & P. R. Shaver (Eds.), *Handbook of Attachment* (pp. 880–906). New York: Guilford.

van Ijzendoorn, M. H., Sagi, A. & Lambermon, M. W. E. (1992). The multiple caretaker paradox: Data from Holland and Israel. *New Directions for Child Development, 57*: 5–24.

第五部分

现代文学中的梦

第十五章
想象的顺序——弗洛伊德的《梦的解析》和经典现代文学
Peter-André Alt

初步的方法学和系统性的思考

自笛卡尔以来，梦一直被局限在无法理解、没有意义的晦涩区域。欧洲启蒙运动通过宣称"梦是缺乏意义的典型"从而几乎禁止了对梦进行解析。直到弗洛伊德关于梦的理论的出现，才把对梦的解释从这种束缚中解脱出来。精神分析构成了自古典释梦师声称要根据梦的严格的固有结构来解释梦的观点以来的第一个（关于梦的）科学体系。随着潜意识的概念的诞生，出现了一个新的意义框架，它将梦归结为具有特殊意义的符号。弗洛伊德接着评估了他自己在这方面的科学成就，他在1914年宣称，伴随着他的梦的理论，他强烈地感受到，他正在——借用 Friedrich Hebbel 的话来说——"扰乱全世界的睡眠"（Freud, 1914d, p. 21）。

弗洛伊德在梦的理论中开辟了四个新领域，使得解析梦的实践充满发展活力。1. 梦的内容是次级思维过程的产物，它是因潜意识的梦的思维通过变形而产生的；因此它与超出意识范围的初级思维过程性质不同。2. 梦的根源在于潜意识；潜意识的拓扑学性质为人类提供了构建梦的工作

（dream-work）的心理装置。3.梦的功能类似于语言，其符号类似于人类语言，都是相互关联的（由 Jacques Lacan 所阐述的后弗洛伊德精神分析学说是第一个发现这种共同特征的）。凝集、置换、象征和润饰，每一个都根据独特的语言模式运作，构成了始于潜意识，终于前意识的"梦的工作"的原理。4.梦具有一种偏离其显现出的内容（梦的显意）的隐藏的思想（梦的隐意），梦的隐意由愿望所激发；通过稽查行为，这种思想以画面的形式转化为显梦的内容，并融入梦的叙事中。

　　人类心理个体化的建构通过这四个领域获得了它的特定特征。在考虑弗洛伊德理论的认识论架构时，上述每个领域都可能反过来归因于四个核心概念：思维、空间、语言和时间。在它们的特定形式中，每个领域都构成了弗洛伊德梦理论的认识论的普遍性，从中可以推断出意识在潜意识中有其结构之锚，并通过潜意识与这些能量来回互动以获得其特定的经济效益（根据 Paul Ricoeur，1974）。1.在梦中，思维是一个不完全遵循监管功能的过程，而是持续受到潜意识中发生的初始过程的影响。2.梦的空间代表着一个迷宫，一个难以理解的秩序和一个令人困惑的结构；很明显，弗洛伊德提供了早期现代拓扑学的现代版本，涉及大脑存储空间的分配，如亚里士多德和 Glen 所描绘的，这种存储空间的分配是用于人类的心理功能的。3.梦的语言是一种联结系统，在遵循相应的修辞规则的同时，不再顾及意识层面的说话者。4.相比之下，在梦中，时间的重要性从属于愿望满足的过程，在此过程中，过去（作为记忆的残余）和未来（作为愿望的客观产品），根据著名的《梦的解析》的结论，几乎是融合在一起的。

　　因此，人类的心理个体化并不是建构了一种客观现象，而更多的是以潜意识表象的相应的想象形式表现出来，就像在梦中那样，而梦又是由在意识中无法实现的驱力（力比多）的初级经济（primary economy）过程所造成的（Ricoeur, 1974, p.156ff）。这种解释模式所声称的表现力在很大程度上被低估了，因为它被认为是一种发现，实际上是一种智力的新的创造。因此，Michel Foucault（1971）提出一种虽然仍然是错误的，但却颇为吸引人的假设，声称可以指望通过更新、有意识的知识，也可以渗透到精神生活背后的那些领域，在弗洛伊德之前的心理学研究都是站在潜意识反面的立场的；然而，精神分析采取了直面那些迄今被忽视的心灵区域的方法，以便能够及时识别和理解它们（Foucault, 1971, p.448）。这种比较忽略了弗洛伊德通过使潜意识成为心理学的核心理论领域而实现的创造性思想行为。在这里，独立构建第二个思想领域的情景将更加准确：与 Foucault 提出的并让我们相信的假设相反，弗洛伊德并没有通过改变观点来完善他的见解，而是通过此后成体系的成果促进了潜意识结构（理论）成型的地质结构学成就来完善他的见解。产生该理论的知识对象以前并不是以另一种形式存在；表面上只是跨越知识海洋的发现者，实际上是拥有技术设计专业知识的建筑师。从理论上讲，精神分析已朝着现代概念的个体化迈出了决定性的一步。尽管这是个独立的进程，但它无论如何受到了异质心理的影响。由此可以得出结论，正如其自我特征所证明的那样，西方现代社会中的大幻灭经历了一系列的阶段，从哥白尼开始，然后到康德、达尔文和弗洛伊德（参见 Luhmann, 2000, p.351, note 66）。

正是由于弗洛伊德的理论，梦才自古以来第一次变得清晰，即可以被解析了，这反过来又使精神分析能够对现代文学施加如此普遍的影响。《梦的解析》真正诠释的目标使其成为诗歌小说的重要文本之一。然而，诗歌小说属于文学自身的法则之一，它不仅批判性地采用弗洛伊德的模型，而且还有效地改写了这个模型。文学知识总是由那些对不完全是传记经历和理论的组合所进行的改写、转化和分解行为的结果构成的。下面就是这种发现，在三位作者的作品中通过他们自己的方式表达了他们与弗洛伊德梦的理论的独特关系，这三位作者是：雨果·冯·霍夫曼斯塔尔（Hugo von Hofmannsthal），亚瑟·施尼茨勒（Arthur Schnitzler）和弗兰茨·卡夫卡（Franz Kafka）。

梦的戏剧：Hugo von Hofmannsthal

正如 Carl Jacob Burckhardt 在 1923 年 11 月评价他的那样，对于 Hofmannsthal 来说，"心理学"是一种"渗透神话"的手段（Burckhardt, 1954, p.356f）。悲剧"俄狄浦斯和斯芬克斯"（受 Josephin Péladan 一个于 1903 年上演的戏剧的启发）最初计划作为三部曲的第二部分。由 Max Reinhardt 执导的，于 1906 年 2 月 2 日在柏林德意志剧院首演的这部戏剧就是这一过程的典型例子。这个章节以一个对梦的叙述开始，在一个准回忆的讨论中，俄狄浦斯向他的仆人菲尼克斯讲述了他如何在特尔斐请求神谕来调查其在福基斯时所产生的日益增长的怀疑，他声称自己不是波利布斯的儿子。阿波罗通过梦的方式为他自己的身份提供了答案。在梦中，俄狄浦斯获得了两个层面的信息。最初，他作为一个不知情的部分穿越了几代人："……我内心中的自我经历了持续的更新。其他人总是在我身边，他们的崇高的形象在火焰中相互融合（von Hofmannsthal, 1979，p.395）"。俄狄浦斯梦到的生命之梦，是受世代繁殖原则支配的。人们不禁要注意到叔本华的哲学思想——关于意志的跨个体玄学对年轻的 Hofmannsthal 的影响，这种影响已得到很好的研究。在 1850 年后来的一项名为"关于对个体命运中外显意志的超自然性的推测（Transcendente Spekulation über die anscheinende Absichtlichkeit im Schicksale des Einzelnen）"的研究中，叔本华强调，"从某种意义上说，生命大梦的主题仅有一个，即生存下去的意志……这是所有生物都会梦到的一种大梦，因此所有人都会梦到它。因此，所有事物都是相互交织和相互依存的"（Schopenhauer, 1977, p.242）。显而易见，在Hofmannsthal的戏剧中，俄狄浦斯关于生命的梦同样从叔本华的意志理论中汲取了灵感。

在俄狄浦斯故事的第二层次，生命之梦的后面是乱伦的梦，梦中的英雄陶醉在酒神的世界里，觉得自己的存在是完美的。他杀死了一个不知名的男人，并且"与一个女人结合在一起，在她的臂弯中我感到神圣"。犯罪和色情相互交织，被杀的男人，脸上覆盖着毛巾，屈辱地躺在欲望之床的边上。在变态的过程中，心爱的人变成了俄狄浦斯的母亲，后者又变成了阿波罗神，他向恐怖的英雄宣告梦将在现实中得到满足："……杀戮的欲望 / 通过你父亲和母亲得到补偿 / 为你拥抱的欲望而赎罪，因此它在梦中出现 / 因而它将成为现实"（von Hofmannsthal, 1979，p.396）。Paul Ricoeur指出，从精神分析的角度来看，Sophocles的俄狄浦斯悲剧只代表一种"梦"（Ricoeur, 1974, p.529）。Hofmannsthal对这一神话的改编将这一发现贯穿于其的全部文学结论之中。在这里，梦是上帝不再明言的神谕，但却由释梦者将之公布于众。在画面中所述的梦境作为在事件过程中预先设立的法则得以完美实现。当然，这里所揭示的，不是什么更高的神圣真理，而更多的是超自然的生命的准则，其结果就是个性的消亡。俄狄浦斯的形象刻画了回归到叔本华的意志学说核心的特征，并在当他发出"为什么？ / 我真的没有像那个女人那样成为碎片吗？ / 在特尔斐我真的上床了吗？什么原因？ / 这依然是这些最后的日子里被诅咒的梦吗？"这些疑问时得以宣示世人（von Hofmannsthal, 1979, p.473）。这部戏剧试图进入"自我王国的虚伪深坑的最深处"（根据 von Hofmannsthal 在 1904 年 8 月写给 Hermann Bahr 的一封信中的表述），"寻找那不再是我的我，或者那个世界"（von Hofmannsthal, 1937, p.473; Worbs, 1983, p.298）。

　　Hofmannsthal 在 1903 年就对《梦的解析》进行了深入的研究，然后源自这本著作，他采用了欲望作为事件的动机；俄狄浦斯的梦源于他对性爱的欲望，就像他血管里脉动的"欲望"所表明的那样。与之相反，当进入代际传递的命题，对于叔本华来说意志领域的特征就是直接与驱力相联系：分离个体化（"不是关系的破裂"）、与父亲的特质融合、做"生命之梦"（"像被搅动的水，我的生活一片混乱"）（von Hofmannsthal, 1979, p.396）。俄狄浦斯一到底比斯就忘乎所以地庆祝存在，这反过来又使人想起尼采关于生命的无条件存在和丰足的哲学。在梦中，它的特征是神魂颠倒的主题，将情爱冲动与一个主要的美学范畴联系起来，即尼采关于悲剧的写作和他的酒神概念。在这方面可以肯定的是，从谱系来看，尼采将戏剧性的处理追溯到"梦"和"视觉"的现象学。在梦中，陶醉的唱诗班看着"狄俄尼索斯大人"（Nietzsche, 1999, p.62）。当 Hofmannsthal 让俄狄浦斯的梦在结局时达到高潮——极端的酒神般的现实状态——由此，超越了善与恶，他以此种古典体裁历史的原始形式，激活了由尼采构思的音乐悲剧的美学程式。

　　俄狄浦斯的梦是由叔本华的意志玄学、尼采的生命概念和弗洛伊德的欲望理论三个方面来解释的。他最初是通过这种三元意义得到神谕的，这暗示了 Hofmannsthal 的黑暗悲剧的发展。俄狄浦斯在一种基本的乱伦欲望的支配下完成了他的欲望的命运，这种欲望由意志和酒神般的状态，以及在狂欢中庆祝生命所支配。通过这种方式，Hofmannsthal 以一种独特的方式将三个不同的理论领域联系起来。他对梦的描述并不是 Leonhard Frank 和 Franz Werfel 几年之后尝试的那种不加批判地采用精神分析的结果；Hofmannsthal 的表现方式在相当程度上突破了同质系统的局限，并呈现出一种典型的模糊性。这一过程是由戏剧的技术推动的，戏剧通过其美学安排：在这里，欲望、意志和庆祝构成了具有诗意的结构特征，从而维持了梦模式的三重基础，使 Hofmannsthal 得以上演自己版本的俄狄浦斯神话。在梦中，这些元素紧密地结合在一起，然而，随着悲剧的发展，他们又按照戏剧（艺术创作）的规律渐次展开。首先是欲望：通过悲剧性的讽刺手法，同样的一种欲望，先是帮助俄狄浦斯逃离其养母，现在又迫使他投入他真正的母亲的怀抱。情节的模式符合倒错性的原则，在剧情中，将完全是心灵的部分——潜意识，转移到了戏剧创作领域。在一篇Hofmannsthal觉得非常有趣、发表在1904年文章中，Hermann Bahr 将悲剧的诗意的效果与精神分析治疗的过程进行了比较，它们都是"可怕的回忆所有邪恶的治疗过程"。从这个意义上说，在悲剧的审美空间里，俄狄浦斯其实是经历了一个强加给他的驱力变迁的治疗过程。其次是意志：俄狄浦斯去往底比斯——将戏剧从精神分析的说教性的示范所施加的约束中解放出来——相当于他将自己陷入到代际束缚之中——这种神奇的力量导致他个人在意志的支配下对世界所做的承诺被废除。被人民拥立为救世主和未来统治者的英雄体现的不是个性原则，而是一种普遍的意志法则："在我的血管里 / 我掌握着这个世界……"（ von Hofmannsthal, 1979, p. 466 ）。最后是庆祝：悲剧体现在皇家加冕礼的狂欢庆祝中，实际上就是在与王后伊俄卡斯忒的狂喜媾和中。根据舞台编导，俄狄浦斯现在表现出"极度激动""醉酒"和"狂喜"的状态（ von

Hofmannsthal, 1979, p. 480f）。此时，作为戏剧背景的阿克罗尼亚男高音被悲悯的生命庆祝所打断，犹如 Reinhardt 为柏林舒曼马戏团的观众所导演的歌剧那样的结局倾向，为该剧提供了十分恰当的剧情安排。

在 Hofmannsthal 的作品中，释梦的三个核心理论人物构成了戏剧创作的模型。与 Sophocles 笔下的主人公不同，俄狄浦斯似乎受制于梦的支配，这绝非偶然。舞台编导反复强调，他要么"看起来像在梦游"，要么"好像从一个沉重的梦中醒来"，要么表现得"好像处于有意识的梦境状态"。同样，对底比斯国王拉伊俄斯的谋杀也是发生在"仿佛是在做梦的状态"（von Hofmannsthal, 1979, pp.383, 390, 389, 409）。该梦的情节秩序是由英雄行为所遵循的规律所决定的。当第一次遇见俄狄浦斯时，王后伊俄卡斯忒也感觉到这是一个"梦"的实现；斯芬克斯向他喊道："向你致敬，俄狄浦斯！向一个正在做沉梦的人致敬。"（von Hofmannsthal, 1979, pp.463, 476）相反，随着情节的展开，克瑞翁以一种讽刺的姿态解释道："……国王不做梦，这就是国王的梦／梦是源自他的内心尚未变得明晰的想法……"（von Hofmannsthal, 1979, p. 421）。自然地，在悲剧的戏剧模式中，正是这种梦的三元实体的存在，阻止了我们对仅仅反映精神分析解释模式的部分的识别。Hofmannsthal 在剧中安排了梦的三种含义，使它们相互分隔和疏离。在叔本华哲学的支撑下，一个意志的实验领域从弗洛伊德的重要的自我考古学（archaeology of the ego）中浮现出来；通过尼采的观点，这种模糊的玄学发展成为酒神变体的美学实例；亚里士多德式的宣泄观点，即悲剧的涤罪思想，在剧中以戏剧仪式性的生命的音乐庆典的狂欢的维度得以体现。尽管现在弗洛伊德学派的作品不再为此痴迷，文学仍然使俄狄浦斯的故事具有了多元化的地位，因此，通过上述的处理，使得该剧具有了现代美学的特征。可以说它升华了科学对神话的绥靖，再次把神话带回到一个矛盾情感的地带。

（译者注：在关于俄狄浦斯的神话中，克瑞翁是在底比斯王国的王后伊俄卡斯忒之兄，在国王拉伊俄斯因偶然因素被俄狄浦斯杀死之后，克瑞翁成为底比斯的国王。是他下诏谁能除掉对底比斯王国有巨大威胁的怪兽斯芬克斯，就让位于谁，并让其和妹妹，其实也是俄狄浦斯的生母——伊俄卡斯忒成婚。）

双面人的梦：Arthur Schnitzler

在第一次世界大战前杰出的德语作家中，毫无疑问，Arthur Schnitzler 对精神分析有着最深刻的理解。他早在 1900 年 3 月，弗洛伊德的《梦的解析》这本书刚出版不久，也就是说，在这部著作开始对公众产生影响很早之前就读过该书。直到 20 世纪 20 年代，Schnitzler 为弗洛伊德所有主要著作的第一版都写了评论。1904 年至 1925 年间，他在"论精神分析"的标题下积攒了一系列笔记，这是一本关于"精神"常态专著的基础，在他看来，他怀疑"精神"常态在弗洛伊德关于癔症的研究中占有重要地位。Schnitzler 早期的文学作品经常包含一系列这样的片段，在这些片段中，梦的精神分析的解释被定义为"先于文字之前（avant la lettre）"（在这方面，人们首先想到的是1899年上演的戏剧《比阿特丽斯的面纱》）。但那些显然对弗洛伊德学说已经非常熟悉的作品又如何呢？在后来的作品中，于 1926 出版的《绮梦春色》尤有特殊意义，Stanley Kubrick 将其改编成电影，片名是《大开眼戒》，一部非常著名的影片。这本书首次刊登在 1925 年至 1926 年间的几期柏林期刊《圣母之死》上，其第二版与后来的其他故事一起，于1931年（这也是Schnitzler去世的那一年）收录于《创伤和命运》卷下。

　　日常生活的支离破碎、自主的感知能力的扬弃、色情的幻想以及欺骗性的经历构成了这段婚姻故事的主题结构，通过使渐行渐远的伴侣重新团聚，最终导致了（婚姻）现状的加强。作品再次叙述了对提高生活体验的渴望，是梦再次揭示了这一点。显然，在这种情况下，Schnitzler 的中篇小说的结构具有着双重意义。弗里多林的夜间冒险行为似乎是在做梦：他未经邀请去参加一个放纵情欲的化装舞会，然后爱上了一个此前不认识的人，最后通过暴露自己的身份才逃避了神秘主人的致命愤怒。与此相反，弗里多林的妻子艾伯丁所做的梦却十分真实，梦中弗里多林出现了不忠的行为（时间上是同步的），她对这段经历给予了评论。然而，就弗里多林而言，他认为自己是为了妻子无私地牺牲了自己。作者以一种交错的修辞手法，表现了梦与现实的关系。在相当长一段时间的犹豫之后，弗里多林向艾伯丁坦白了他在化装舞会上的经历，他坦陈，那好像就是"一场梦"。在该中篇小说的结尾写道："没有梦……完全是梦。"（Schnitzler, 1961, p. 502f.）这种梦与现实的混淆导致了显著的双重效应。弗里多林既出现在自己的色情幻想之中，同时也出现在艾伯丁的梦中；在影片的最后，我们可以清楚地看到，艾伯丁不仅是躺在床上做着梦，而且梦中和弗里多林在舞会上遇到的那个戴着面具的引人注目的人有着同样的身份。每个人都必须最终摆脱和抛弃各自的双重人格，才能使配偶们再次发现彼此。因此，在梦中自我牺牲的弗里多林遇到了他的死亡，就像在那天夜里遇到的美丽的无名女人那样。人的双重性——其本身就包含梦的逻辑成分并贯穿于这个小说事件之中，最后必须被统一，这样道德才能获胜，这样一个在经验上稳定的现实的画面才能从令人困惑的梦中浮现出来。然而，同时性的冲击效果依然存在：外部和谐的结局无法抵消这一影响，因为读者同时失去了对位于想象之外的现实系统客观性的信任。

　　Schnitzler 的故事不仅揭示了人们在夜间做梦和清醒时的色情幻想，它还提供了一个现代版的极具浪漫色彩的双面人的故事，弗洛伊德在祝贺 Schnitzler1922 年 5 月 14 日 60 岁生日的信中，不无讽刺意味地写了一句事后成为金句的话："我是出于对双面人的恐惧才回避你的。"（ Freud, 1955, p.97）众所周知，这个主题在早期阶段激发了人们对精神分析的兴趣：有人回想起 Otto Rank 在《意象》发刊第三年（1914 年）发表的一篇关于双面人的论文，以及弗洛伊德关于"神秘性"（ the Uncanny ）的论文（1919h），其中最引人注意的是 E.T. A. Hoffmann 的作品。虽然 Schnitzler 的中篇小说玩了双重角色的游戏,这样绝不是为了产生令人惊讶的虚幻效果（如在浪漫主义的幻想文学中所见的那样），而是隐晦地说明了并不存在区分现实与梦的明显的红线。弗里多林和艾伯丁以双重身份的形式在故事中出现，纠缠在梦的网络中，被虚幻的世界所吞没，而为了保留他们自己的身份最后必须逃离这个虚幻的世界。Schnitzler 的剧作对想象和现实加以弥散的处理，必然会打破梦的精神分析概念的边界。这不仅仅是做梦者充满愿望的想法，而更多的是通过中篇小说《双面人》传达了现实不稳定的思想。归根结底，它的结论符合弗洛伊德梦的理论的观点：当代人的个体对客观现实的幻觉已经消失，取而代之的是他的思维所产生的那些虚拟结构。

似在梦中写作：Franz Kafka

　　弗洛伊德的《梦的解析》对文学的影响是不言而喻的。这里涉及人们已将用语言样的方法来接近前意识（preconscious）的模型扩展到他们自己的叙事结构之中。叙事的过程和做梦的过程符合同一原则，Franz Kafka 的作品就是一个典型例子（参见下面所述。也参见 Alt，2001）。最重要的是，Kafka 在描述故事发生的时间和地点时所使用的技术手段可以归为弗洛伊德所观察到的梦的叙事模型之下（参见 Engel，1999，p. 248ff.; Foulkes，1965; Stern，1984）。他的散文结构具有时空转换、叠加、突然跳跃等显然不符合日常逻辑的特征。在这方面，一些最令人不安的阅读体验是这样一种转换混乱和愤怒的过程，其中大部分，正如 Adorno 所指出的，在大多数情况下是完全不加评论的（Adorno，1955，pp.454ff）。然而，恰恰是这种不加解释的叙事方式，将非理性融入到一种内在的尚不违规的叙述过程中，这就是 Kafka 的故事与梦的结构之间的联系；弗洛伊德关于在前意识的显意中有隐意的表象的语言形式的理论在这里以史诗本身的结构得以再现。

　　Kafka 是通过记录自己的梦来确定这种结构的，他在其日记和信件中对这些梦做了很多的注解。在这个过程中，出现了两种类型的梦：可以明确区分与后者不同的夜间梦，和他直接记录下的大部分没有任何进一步解释，也未经过任何文学修饰的白日梦（参见 the structure of Kafka，1992）。Kafka 的正式工作是在布拉格的雇员意外保险研究所。下午两点上班，在美美地享受完中餐后，他会习惯性地斜靠在沙发上，偶尔也会在床上躺上很长一段时间。一般情况下，他会坐下来写作到深夜，而在写作之前他必须先出去散散步才能在当晚睡好觉（Kafka，1999，p.204）。Kafka 在 1920 年 8 月底给 Milena Jesenská 的一封主题为"日常生活"的信中提到自己的作息规律（Kafka，1999，p.229）：他花上整个下午的时间睡在床上或靠在沙发上，在这种昏睡的状态下，Kafka 思考着故事的画面和开头，有时甚至是完整的故事。正如 Kafka 在 1922 年 2 月 26 日的日记中所记载的那样，他把这种过渡状态描述为"半催眠幻想"（Kafka, 1994d, p.223; Kafka, 1994b, p.42; 1994c, p.182; 1994d, p.216;1967, pp.264, 501; Guntermann, 1991, p.76）。可以看出，当处于睡眠和清醒意识临界点的虚幻世界，这些处于昏睡状态的人会唤起他们内心的诗意。意识到这一点，Kafka 把自己的梦摘录下来。对于读者来说，这些笔记具有一种独特的模棱两可性，因为它们很难与文学敏感性和碎片区分开。

Kafka 对自己的梦进行了记录，从而能实践着文学想象的行为。传记性的梦的素材为他开辟了一个更广阔的领域，在这里他可以探索在自由文学创作的初级阶段的图片创作和故事建构的可能性。记录梦境最初意味着找出结构模式，而不必猛然跃入无遮拦的诗意幻想。作为叙事模式，梦提供了决定性的推动力：通过相互联系、分层和叠加，Kafka 展现了这种叙事技巧，通过使用这些技巧，Kafka 也试图完美地模仿梦境，以达到令人满意的写作形式。在1911年12月17日的日记中，他写道：怀疑自己想写一本自传的动力源于一种暗示，即"还有什么能像记录自己的梦一样容易……"（Kafka,1994b,p. 232）。期刊中梦的内容允许随意运用任何文学体裁加工，这就允许在一个艰难的实验领域进行复杂的写作的过程，以测试其是否能直接面质潜意识的语言结构。与此同时，它也提供了一个机会，策略性地克服了 Kafka 在周期性循环中遭受的巨大写作限制和阻碍。正是这种协议的明显的修正特征，通过隐藏写作行为的创造性成就，欺骗了作者。由于梦是一个没有任何战略考量的由幻想生成的开放存储库，它能够显著地影响和激励一个作家的文学创作，例如没有草稿和结构方案的 Kafka（参见 Engel，1999，esp.p.241ff.）。

毫无疑问，与潜意识的语言结构的相遇成为了 Kafka 作为作家的主要力量。事实上，他最初梦到了许多故事，后来才通过想象的行为，将它们构建成扩大的虚构文本，这些可以通过一些例子来展示。这一发现对小说的写作尤为重要，小说的史诗世界是根据梦的规律来组织的，并且有选择地受到真实梦的素材的启发。最后尽管同样重要，但我们应该对它在叙事建构本身所起的作用来进行估计，在 Kafka 的例子中，它遵循了诺瓦利斯（Novalis）所理解的"联想结构"，这是梦和诗歌的共同特征之一（Novalis，1978，p.241ff）。

梦和叙事之间的联系在 1914 发表的小说《审判》中尤为明显。随着剧情的发展，这部作品的主人公约瑟夫·凯恩于一天早上还在床上时就被逮捕。正如 Kafka 日记中提到的，从睡眠到意识清醒的过渡状态的特征是一种莫名的紧张状态，而这种紧张状态可以由潜意识的幻想所唤起。在小说手稿版本的第一章，凯恩告诉执行逮捕任务的警卫："至少在睡觉和做梦的时候，人似乎是处于一种与清醒时截然不同的状态。"因为这里有揭示梦与现实之间存在隐秘联系的危险（Kafka，1997，p.37）。后来 Kafka 删掉了这些过于暴露的句子而不是替换了这些句子。因此，约瑟夫·凯恩的故事可以被视为一个即将跨入清醒现实门槛的梦的幻想，一个因发现自己的觉醒意识可被一种语言模式所揭示而产生罪恶感的叙事拼图。

同样，1922 年发表的小说《城堡》的开头部分也会让人联想到接下来的故事具有梦的特征。一天晚上凯恩很晚才来到一个村子，沉睡在客栈里："天气很暖和，农夫们也很安静，他用疲惫的眼睛打量了一下他们，然后入睡。"作者解说道：凯恩的梦是从被城堡管理部门的代表叫醒的那一刻开始的。有趣的是，凯恩看起来是在恍惚状态下完成的审问。在这种状态下，小说清楚地揭示了他对自己是否意识清晰的怀疑："必须有人允许才能过夜吗？"凯恩问道，好像是在试图说服自己，也许，他没有梦到此前的这些信息（Kafka, 1994a, pp.9f）。在小说里，这位英雄后来又进一步深入到迷宫般的村子世界，这都是根据梦的指令发生的，他似乎不再从梦中醒来。

　　Kafka 的小说讲述的是英雄们的梦，此种假设不仅仅只是他的作品所引发的无数评论中的一个脚注，而是它设定了任何阅读他的作品的读者都必须遵循的条件。正是因为这些符合梦的叙述结构，所有传统的解释艺术都必然失灵。在这种情况下，那种基于文学作品无前后矛盾的解释方法注定会失败。Kafka散文的原创性并不在于展现了意义的矛盾结构（这一属性与许多其他现代作家如Rilke、Musil、Joyce的作品有着共同之处），它的本质特征更多地表现在对史诗材料的理性论证、修辞连贯性以及形式安排法则的藐视。它继承了梦的成分，梦的叙事模式，正如 Kurt Tucholsky 在 1920 年的早期评论中所强调的那样，Kafka 的小说和叙事作品显然是对梦的模仿（Born, 1979, p.95f.）。为什么凯恩既有罪又无罪，既是骗子又是受害者，只有在梦的逻辑背景下才能被理解。Kafka 的作品采用了置换、叠加、顺序颠倒等梦的修辞和叙事技巧——这是一种扭曲客观空间和时间坐标的艺术并允许重新配置或重塑人物、建筑物和地点。作为 Kafka 的读者，如果错误判断这种梦的诗学形式前提和构成其变幻不定的基础的规则，就不可能读懂他的文学，Kafka 是一个虽怀揣理性的指南，却在疯狂世界中漫步的人。

总结

Theodor W. Adorno 在 1944 年写的发表于 1951 年的《道德底线》（ *Minima Moralia* ）中写道："在'梦见我'和'我梦见'之间是不同的世界。但哪个更真实？灵魂很少会做梦，做梦的自我（ ego ）也很少。"（ Adorno, 1951, p.252 ）

正如格言所描述的那样，客体并不是梦的主宰。这个精神分析的不愉快信息似乎是以新的力量结构取代了旧的结构。正如古典时代的预言性梦中，自我就像一张空白的叶子，上面镌刻着神谕，所以弗洛伊德的梦理论中的自我就存在于一个不适宜居住的地方，笨拙的驱力在那里运作。正因为如此，现代文学有了批判性和产出的冲动，因为它把梦作为一个将想象的世界转移到虚拟现实中的媒介，提供了对于一个封闭的科学系统来说仍然无法理解的模糊性。现代文学叙述梦的故事的方式表明，无论精神分析知识的阴影如何强烈，它仍然保留了超越理论思想的独特的描写和解释能力。文学中的梦是一种具有自主等级和独特矛盾心理的审美事件，其意义难以用同质性的解释方法来解释。

人类创造语言形象的驱力与其文化世界一样古老。正如尼采 1873 年在巴塞尔的关于修辞学的讲座中谈到这一驱动力以及它与梦的关系一样："它总是通过安排新的转移、隐喻、转喻的方式来混淆概念的名称和内涵；它永远表现出一种欲望，想要重新建立一个充满警觉的人类世界，这个世界充满色彩，不规则，毫无联系，毫无后果，就像梦中的世界一样吸引人"（ Nietzsche, 1993, p.381 ）。运用隐喻的驱力与梦遵从的是同一法则。因此，作为隐喻驱力的媒介，文学便可以超自由的方式，再次将现代精神分析的关于梦的知识转换成图象结构并通过画面关联的戏剧来导演它。

Robert Musi（罗伯特·穆西尔）在 1930—1942 年公映的《无品之人》中用一个似是而非的公式将此种自由概括为："有可能感（sense of possibility）"，这种"有可能感"回避了事实的力量，也包含了"不仅是神经衰弱的人的梦想，而且还有尚未被唤醒的上帝的意图"（Musil, 1978, p.16）。这种"有可能感"是由美学决定的。作为一种模拟现实的方式，它的发展取决于想象力对它所开放的范围。现代文学在探索梦境这一广阔的领域时，也利用了这一范围。它所使用的制图材料来自精神分析知识的储存。然而，这段旅程本身却进入了未知的领域——一个超越了弗洛伊德的领域。

（耿峰翻译　李晓驷审校）

参考文献

Adorno, T. W. (1951). *Minima Moralia. Reflexionen aus dem beschädigten Leben*.Frankfurt, Germany: Suhrkamp, 1981. [*Minima moralia: Reflections from Damaged Life*. London: Verso, 2005.]

Adorno, T. W. (1955). *Prismen. Kulturkritik und Gesellschaft* (3rd ed.).Frankfurt, Germany: Suhrkamp, 1987. [*Prisms*. London: Spearman,1967.]

Alt, P.-A. (2001). Erzählungen des Unbewußten. Zur Poetik des Traums in Franz Kafkas Romanen. [Narratives from the Unconscious. About the Poetic of the dreams in Franz Kafka's Novels.] In: F. R. Marx & A. Meier (Eds.), *Der europäische Roman. Festschrift für Jürgen C. Jacobs* (pp. 153–174).Weimar, Germany: VDG.

Born, J. (Ed.) (1979). *Franz Kafka. Kritik und Rezeption zu seinen Lebzeiten 1912–1924*. [Franz

Kafka: Critique and Receiption in his life time 1912–1924.] Frankfurt, Germany: Fischer.

Burckhardt, C. J. (1954). Begegnungen mit Hugo von Hofmannsthal. [Encounters with Hugo von Hofmannsthal.] *Die Neue Rundschau,*65: 341–357.

Engel, M. (1999). Literarische Träume und traumhaftes Schreiben bei Franz Kafka. Ein Beitrag zur Oneiropoetik der Moderne. [Literary Dreams and Franz Kafka's Dreamlike Writing. A Contribution to the Oneiropoetic in Modern Times.] In: B. Dieterle (Ed.), *Träumungen. Traumerzählungen in Film und Literatur* (pp. 233–262). St. Augustin, Germany: Gardez!-Verlag.

Fick, M. (1993). Ödipus und die Sphinx. Hofmannsthals metaphysische Deutung des Mythos. [Oedipus and the Sphinx. Hofmannsthal's Metaphysical Interpretation of the Myth.] *Jahrbuch der deutschen Schillergesellschaft,32*: 259–290.

Foucault, M. (1971). *Die Ordnung der Dinge. Eine Archäologie der Humanwissenschaften,*U. Köppen (Trans.). Frankfurt, Germany: Suhrkamp, 1974.[*The Order of Things: An Archaeology of the Human Sciences.* London: Routledge, 1996.]

Foulkes, A. P. (1965). Dream Pictures in Kafka's Writings. *Germanic Review,*40: 17–30.

Freud, S. (1900a). The Interpretations of Dreams. *S. E., 5.* London: Hogarth Press.

Freud, S. (1914d). On the History of the Psychoanalytic Movement. *S. E., 14:*7–66. London: Hogarth.

Freud, S. (1955). Briefe an Arthur Schnitzler. [Letters to Arthur Schnitzler.]*Die Neue Rundschau, 66*: 95–106.

Guntermann, G. (1991). *Vom Fremdwerden der Dinge beim Schreiben. Kafkas Tagebücher als literarische Physiognomie des Autors.* [*From Becoming Strange of the Things During Writing. Kafka's Diaries as Literary Physiognomy of the Author.*] Tübingen, Germany: Niemeyer.

Kafka, F. (1967). *Briefe an Felice [Bauer] und andere Korrespondenz aus der Verlobungszeit.*

[*Letters to Felice [Bauer] and Other Correspondences in the Time of Engagement*.] E. Heller & J. Born (Eds.). Frankfurt, Germany:Fischer.

Kafka, F. (1982). *Briefe an Milena [Jesenská]. [Letters to Milena (Jesenská)*.] Erweiterte und neu geordnete Ausgabe. J. Born & M. Müller (Eds.).Frankfurt, Germany: Fischer.

Kafka, F. (1992). *Träume. [Dreamings.*] G. Giudice & M. Müller (Eds.). Frankfurt,Germany: Fischer.

Kafka, F. (1994a). *Das Schloß. Roman. In der Fassung der Handschrift*. H.-G. Koch (Ed.). Frankfurt, Germany: Fischer. [*The Castle. New York: Knopf,* 1954.]

Kafka, F. (1994b). *Tagebücher 1909–1912*. [*Diaries 1909–1912*.] H.-G. Koch (Ed.). Frankfurt, Germany: Fischer.

Kafka, F. (1994c). *Tagebücher 1912–1914*. [*Diaries 1912–1914*.] H.-G. Koch (Ed.). Frankfurt, Germany: Fischer.

Kafka, F. (1994a). *Tagebücher 1914–1923*. [*Diaries 1914–1923*.] H.-G. Koch (Ed.). Frankfurt, Germany: Fischer.

Kafka, F. (1997). *Der Process. Historisch-kritische Ausgabe sämtlicher Handschriften,Drucke und Typoskripte*. R. Reuß & P. Staengle (Eds.). Frankfurt,Germany: Stroemfeld. [*The Trial.* New York: Knopf, 1975.]

Kafka, F. (1999). *Briefe 1900–1912*. [*Letters 1900–1912*.] H.-G. Koch (Ed.).Frankfurt, Germany: Fischer.

Luhmann, N. (2000). *Die Politik der Gesellschaft*. [*The Politics of Society*.]A. Kieserling (Ed.). Frankfurt, Germany: Suhrkamp.

Musil, R. (1978). *Gesammelte Werke* (*Volume 1: Der Mann ohne Eigenschaften*).A. Frisé (Ed.). Reinbek, Germany: Rowohlt. [*The Man Without Qualities*.London: Picador, 1997.]

Nietzsche, F. (1993). *Kritische Gesamtausgabe (Volume 2.3: Vorlesungsaufzeichnungen SoSe 1870–SoSe 1871)*. [*Critical Edition of the Complete Works.*] G. Colli & M. Montinari (Eds.). Berlin: de Gruyter.

Nietzsche, F. (1999). *Studienausgabe (Volume 1: Die Geburt der Tragödie, Unzeitgemäße Betrachtungen I–IV, Nachgelassene Schriften 1870–1873)*. [Study Edition (Birth of the Tragedy et al.).] G. Colli & M. Montinari (Eds.). Berlin: de Gruyter.

Novalis, (1978). *Werke, Tageb cher und Briefe (Volume 2: Das philosophischtheoretische Werk)*. [*Works, Diaries and Letters.*] H.-J. Mähl & R. Samuel (Eds.). Munich, Germany: Hanser.

Péladan, J. (1903). *OEdipe et le Sphinx*. Paris: Mercure de France.

Ricœur, P. (1974). *Die Interpretation. Ein Versuch ber Freud*. E. Moldenhauer (Trans.). Frankfurt, Germany: Suhrkamp. [*Freud and Philosophy: An Essay on Interpretation*. New Haven/London: Yale University Press, 1970.]

Rank, O. (1914). *The Double*. London: Karnac Books, 1989.

Schnitzler, A. (1961). *Gesammelte Werke (Volume 1-2: Die erzählenden Schriften)*.[*Collected Works.*] Frankfurt, Germany: Fischer.

Schopenhauer, A. (1977). *Zürcher Ausgabe. Werke in zehn Bänden (Volume 7)*. [Zurich Edition.] A. Hübscher (Ed.). Zurich, Switzerland: Diogenes.

Stern, M. (1984). Der Traum in der Dichtung des Expressionismus bei Strindberg, Trakl und Kafka. The Dream in the Fiction of Expressionism by Strindberg, Trakl and Kafka. In: T. Wagner-Simon & G. Benedetti (Eds.), *Träum und Träumen* (pp. 113–132). Göttingen, Germany: Vandenhoeck & Ruprecht.

von Hofmannsthal, H. (1937). *Briefe 1900–1909*. [*Letters 1900–1909.*] Vienna:Bermann-Fischer.

von Hofmannsthal, H. (1979). *Gesammelte Werke (Volume 2: Dramen II)* [*Collected Works (Volume 2: Drama)*.], B. Schoeller (Ed.). Frankfurt, Germany: Fischer.

Worbs, M. (1983). *Nervenkunst. Literatur und Psychoanalyse im Wien der Jahrhundertwende.* [*Art of Nervous. Literature and Psychoanalysis in Vienna at the Turn of the Century*.] Frankfurt, Germany: Europäische Verlags-Anstalt.

索　引

───────────────

注：索引对应页码均为原书页码。——编者注

图书在版编目（CIP）数据

梦的意义：构建精神分析临床研究与非临床研究的
桥梁 / (英) 彼得·冯纳吉（Peter Fonagy）等编; 耿
峰等译. -- 重庆：重庆大学出版社, 2022.9
（鹿鸣心理. 西方心理学大师译丛）
书名原文：THE SIGNIFICANCE OF DREAMS: Bridging
Clinical and Extraclinical Research in Psychoanalysis
ISBN 978-7-5689-3377-3

Ⅰ.①梦… Ⅱ.①彼… ②耿… Ⅲ.①梦—精神分析
Ⅳ.①B845.1

中国版本图书馆CIP数据核字（2022）第117984号

梦的意义：构建精神分析临床研究与非临床研究的桥梁
MENGDE YIYI：GOUJIAN JINGSHEN FENXI LINCHUANG YANJIU YU
FEILINCHUANG YANJIU DE QIAOLIANG

〔英〕彼得·冯纳吉（Peter Fonagy）
〔德〕霍斯特·卡切尔勒（Horst Kächele）
〔德〕玛丽安·鲁辛格－博莱伯（Marianne Leuzinger-Bohleber） 编
〔英〕大卫·泰勒（David Taylor）

耿 峰 郑 诚 王建玉 李 璐 蔡琴凤 杨静月 刘 钰 译
李晓驷 郑 诚 审校

鹿鸣心理策划人：王 斌
策划编辑：敬 京
责任编辑：敬 京
责任校对：谢 芳
责任印制：赵 晟

重庆大学出版社出版发行
出版人：饶帮华
社址：（401331）重庆市沙坪坝区大学城西路 21 号
网址：http://www.cqup.com.cn
印刷：重庆升光电力印务有限公司

开本：787mm×1092mm 1/16 印张：25.75 字数：321 千
2022 年 9 月第 1 版 2022 年 9 月第 1 次印刷
ISBN 978-7-5689-3377-3 定价：118.00 元